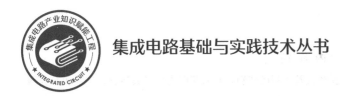

集成电路基础与实践技术丛书

SoC设计基础教程
——技术实现

Basic SoC Design Tutorial
Technical Implementation

／ 张 庆 ／ 编著

电子工业出版社

Publishing House of Electronics Industry

北京·BEIJING

内 容 简 介

本书是编著者结合多年的工程实践、培训经验及积累的资料，并借鉴国内外经典教材、文献和专业网站的文档等编著而成的。

本书全面介绍了 SoC 的重要设计和技术实现。本书依次介绍了时钟及产生电路、复位及其同步化、跨时钟域设计、低功耗设计、标准库、设计约束和逻辑综合、验证、DFT。本书注重基本概念、方法和技术的讨论，加强了对 SoC 设计方法学和设计规范的介绍。

本书可供从事 SoC 设计的专业工程师、从事芯片规划和项目管理的专业人员，以及相关专业的师生使用。

图书在版编目（CIP）数据

SoC 设计基础教程. 技术实现 / 张庆编著. -- 北京：

电子工业出版社，2025. 1. --（集成电路基础与实践技

术丛书）. -- ISBN 978-7-121-48902-0

Ⅰ. TN402

中国国家版本馆 CIP 数据核字第 2024KV7728 号

责任编辑：牛平月

印　　刷：涿州市般润文化传播有限公司
装　　订：涿州市般润文化传播有限公司
出版发行：电子工业出版社
　　　　　北京市海淀区万寿路 173 信箱　　　邮编：100036
开　　本：787×1092　　1/16　　印张：21.5　　字数：470 千字
版　　次：2025 年 1 月第 1 版
印　　次：2025 年 3 月第 3 次印刷
定　　价：108.00 元

凡所购买电子工业出版社图书有缺损问题，请向购买书店调换。若书店售缺，请与本社发行部联系，联系及邮购电话：（010）88254888，88258888。

质量投诉请发邮件至 zlts@phei.com.cn，盗版侵权举报请发邮件至 dbqq@phei.com.cn。

本书咨询联系方式：niupy@phei.com.cn。

为何要写这本书

多年来，编著者在担任团队和项目负责人期间做过一系列技术培训，组织技术培训的原因有很多。一是一些优秀员工被选中担任新项目或新团队的负责人，虽然他们具有良好的职业素养，在以往的工作中也积累了不少 SoC 设计的知识和经验，很多人对一些 IP 或部分设计环节尤为熟悉，但普遍缺乏对 SoC 系统或子系统的完整理解，对 SoC 设计全流程的认识不足，如何帮助他们尽快进入角色，具备把控团队和项目的技术能力，成为加强团队建设和保证项目顺利进行的关键。二是每年都有刚毕业的新员工加入团队，现有团队也会不断更新，为了维持团队运转和项目开展，需要进行人力资源的调度，相应的技术交流和培训非常有必要，其既可以使员工了解自己负责的部分在整个 SoC 设计中的作用，又可以使员工清楚项目对相应工作的要求，以及前后相邻工作之间的协作关系，从而发掘职业兴趣，激发工作热情，更快、更好地适应新的工作任务，融入团队。三是通过专业培训，可以加强 SoC 设计方法学的传播，推广和落实设计规范，强化设计指导，尤其是对一些案例的重点介绍，有助于员工加深印象，形成良好的设计习惯，保证团队设计风格的统一性。四是不同设计环节的团队往往使用不同的工具和专业术语，经常出现交流不畅甚至无法沟通的情形，较为明显的是前端设计工程师与后端设计工程师之间沟通困难，严重的话会直接影响项目的进度和质量，因此需要加强团队的技术沟通能力，技术培训提供了一个机会，通过介绍各个主要设计环节的知识，帮助设计工程师了解彼此的工作，熟悉对方所使用的概念和方法，甚至使用对方的专业术语来描述和讨论问题，从而提高团队的工作质量和效率。

一些技术培训偏重基本概念、原理和方法的介绍，较适合初、中级设计工程师参加；一些技术培训偏重专题的技术交流，较适合中、高级设计工程师参加；还有一些技术培训是跨专业知识的介绍，除设计工程师外，还适合芯片架构师、芯片规划人员和项目管理人员参加。这些技术培训都得到了广大员工的热烈回应，获得了很多积极的反馈。

近年来，SoC 设计产业蓬勃发展，大量公司和新项目都急需优秀的从业人员，加之新人不断进入 SoC 设计行业，很多人跨越了原本的专业领域，需要进行培训，以便尽快适应新工作。担任新项目和新团队的负责人也需要学习新知识。在朋友和同事的鼓励下，编著者在以往培训经验的基础上，结合多年的工程实践，经过整理、完善和充实资料，编写了本书。

内容选择和组织

目前，市面上已经有很多关于 SoC 设计的专业书籍，各种期刊和网站上也可以找到大量文章。本书在内容选择和组织上符合读者的需求。本书假定读者已具备电路和电子技术的基本知识，旨在让每位读者都能够对 SoC 设计有一个基本、正确、全面的了解，为进一步的学习和工作打下坚实的基础。本书偏重专业培训和交流，不是学术专著。

首先，SoC 设计的应用领域很广，涉及的 IP 种类繁多，如果都进行详细介绍和深入讨论，需要极大的篇幅，本书试图兼具深度和广度地介绍 SoC 设计，使读者尽可能获取芯片的主要知识。芯片架构师、建模工程师、芯片规划和项目管理人员更需要具备的是广阔的技术涉猎范围，但并不需要样样精通，因此本书对部分内容进行了适当剪裁，可以满足他们的需要。芯片设计工程师需要对芯片具有较全面的了解及对各个模块的深入讨论，建议有关读者进一步阅读相关文献。

其次，由于 SoC 设计需使用多种 EDA 工具，因此存在不同的供应商和工具版本，甚至使用的专业术语也不一致。本书着重整理和介绍了 EDA 工具所依赖的基本概念和方法，避免成为特定 EDA 工具的使用手册，建议对 EDA 工具感兴趣的读者阅读专门的工具使用手册和参考资料。

再次，对于本书中各个章节所涉及的主题，从基本概念到复杂的应用场景均需要相当大的篇幅才能介绍全面，编著者在进行技术培训时发现，一般初、中级设计工程师对基本概念和方法较有兴趣，这些内容符合他们的工作需求，而中、高级设计工程师通常承担复杂的设计任务，更关注复杂的应用场景，如果放在一起介绍，听众往往会失去耐心和重点。鉴于此，编著者将两者进行了适度切分，本书偏重基本概念和方法的介绍，而同步编写的《SoC 设计高级教程》则偏重复杂应用场景的介绍，并添加了一些专题内容。

最后，SoC 设计是一个硬件实现过程，本书提供了大量图表，配合文字叙述，帮助读者理解并建立 SoC 的硬件实现图像。

内容体系

本书共 8 章。前 5 章主要介绍了 SoC 的的基础设计。其中，第 1 章介绍了时钟及产生电路；第 2 章介绍了复位及其同步化；第 3 章介绍了跨时钟域设计；第 4 章介绍了低功耗技术；第 5 章介绍了标准库。后 3 章主要介绍了 SoC 设计的重要环节。其中，第 6 章介绍了设计约束和逻辑综合；第 7 章介绍了验证；第 8 章介绍了 DFT。

在阅读和学习本书的过程中，建议读者同步查阅其配套书籍《SoC 设计基础教程——系统架构》，以便获得更全面和深入的知识。

本书的后继——《SoC 设计高级教程》介绍了 SoC 设计的专门知识和先进技术。

本书覆盖内容较多，读者可以按章节顺序阅读，也可以根据兴趣和需要挑选阅读。

补充阅读

在国内外的专业网站上，有很多对 SoC 设计的专业介绍、心得、总结和翻译资料，覆盖了几乎所有 IP、EDA 工具和设计环节，编著者列出了成书过程中参考过的文献，感兴趣的读者可扫描前言后面的二维码进一步阅读。

本书读者

本书的读者主要是从事 SoC 设计的专业工程师、从事芯片规划和项目管理的人员。通过阅读本书，SoC 架构设计师和芯片设计工程师将加深对 SoC 和 SoC 设计全流程的了解，IP 设计工程师可以加深对全芯片和其他模块的设计方法及流程的了解。此外，本书也为芯片规划和项目管理人员提供了技术细节。

本书的部分内容可以用作大学的教学内容和企业的培训内容，供老师、具有电子技术知识的高年级本科生和研究生，以及从事 SoC 设计的专业人员阅读。

结语

虽然编著者动笔时充满了热情和勇气，但是在写作过程中不断遭遇挫折，甚至有些难以为继：一方面是工作量超出了编著者最初的估计，有些内容也超出了编著者的认知和经验；另一方面是写作期间的工作变动和任务调整影响了写作进度，有些内容只能忍痛舍弃。所幸终于成文，非常感谢所有予以支持的朋友和同事。

限于编著者水平，书中难免存在错误和疏漏之处，欢迎读者予以指正，以便再版时修正。

致谢

本书初稿曾经供小范围读者阅读，他们给出了很多建议。在修改稿的基础上，多位技术专家认真审读了全文，并提出了很多修改意见。审阅专家有夏茂盛（第 1 章、第 2 章）、林忱（第 3 章）、刘贵生（第 3 章）、安英杰（第 4 章）、田宾馆（第 5 章、第 6 章）、潘宏亮（第 5 章、第 6 章）、骆建平（第 5 章）、李季（第 7 章）和贾俊波（第 8 章）。另外，众多朋友花费时间，帮忙制作了大量插图，他们（按笔画排序）是马腾、王一涛、王利静、王魏、巨江、田宾馆、刘洋、刘浩、孙浩威、李季、李涛、李敬斌、杨天赐、杨慧、肖伊璠、张广亮、张珂、陆涛、周建文、胡永刚、柳鸣、韩彬、焦雨晴、谭永良、樊萌、黎新龙等。没有他们的付出，本书难以成文出版，编著者在此向他们深深致谢。

在本书选题和撰写过程中，得到了电子工业出版社牛平月老师的大力帮助和支持，在此致以衷心的感谢！

本书参考文献和延伸阅读请扫码获取。

本书提供两个附录：附录 A 专业术语的中英文对照和附录 B 设计术语索引，请扫码获取。

参考文献与延伸阅读

附录

目录

第 1 章

时钟及产生电路

时钟是时序逻辑的基础,在同步数字电路中决定逻辑单元的状态更新,协调数字电路的动作。

最常见的时钟是占空比为 50% 的方波,通常具有恒定频率。时序逻辑单元可电平触发或边沿触发。其中,电平触发可分为高电平触发和低电平触发;边沿触发可分为上升沿触发、下降沿触发、双沿(上升沿和下降沿)触发。

本章首先介绍了时钟和时钟树,接着讨论了时钟源,最后重点介绍了时钟产生电路。

1.1 时钟和时钟树

芯片的时钟通过时钟分布网络(Clock Distribution Network,CDN)传送到所有时序逻辑单元。

时钟生成与分布网络由三个主要部分组成,如图 1.1 所示。

① 时钟源:包括 PLL(Phase Locked Loop,锁相环)、DLL(Delay-Locked Loop,延迟锁定环)、振荡器等。

② 时钟生成电路:包括时钟分频电路、时钟多路选择器和时钟门控(Clock Gating)电路等。

③ 时钟分布网络:可分为树状时钟分布网络、网格状时钟分布网络等。

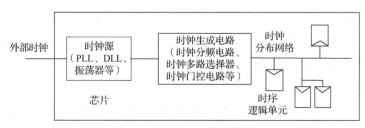

图 1.1 时钟生成与分布网络

SoC 的时钟可由外部直接输入，也可由外部晶体和内部振荡器组合产生，还可由内部振荡器产生。通过 PLL 及内部分频器可以产生芯片工作所需的各种频率的时钟。

时钟树（Clock Tree）是最常见的时钟分布网络，是由缓冲器或反相器对搭建而成的平衡的树状结构，如图 1.2 所示。

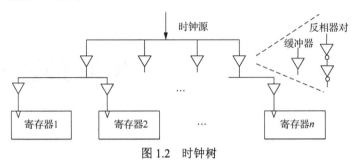

图 1.2　时钟树

（1）时钟描述。

图 1.3 所示为一个典型时钟的波形，可从时钟周期、时钟频率、占空比、上升时间、下降时间等方面对其进行描述。

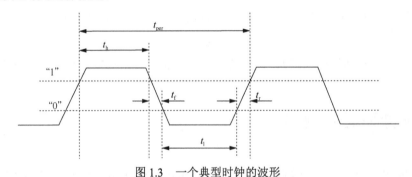

图 1.3　一个典型时钟的波形

- 时钟周期：用 t_{per} 表示，单位为μs。
- 时钟频率：时钟周期的倒数，单位为 MHz。
- 高脉冲宽度：表示时钟高于阈值"1"的持续时间 t_h，单位为 ns。
- 低脉冲宽度：表示时钟低于阈值"0"的持续时间 t_l，单位为 ns。
- 占空比：高脉冲宽度与时钟周期的百分比。
- 上升时间：时钟从阈值"0"到阈值"1"的过渡时间 t_r，单位为 ps。
- 下降时间：时钟从阈值"1"到阈值"0"的过渡时间 t_f，单位为 ps。

时序元件分布在芯片的不同地方，由于路径差异等因素，同一时钟到达不同时序元件的时间和特性各有差异，如图 1.4 所示。

（2）时钟转换。

时钟的上升沿跳变或者下降沿跳变所需的时间称为时钟转换时间，如图 1.5 所示。时钟转换时间与输入转换时间、输出电容负载有关。

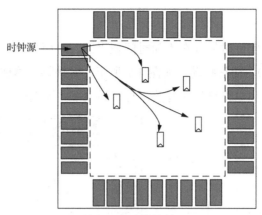

图 1.4　时钟传播

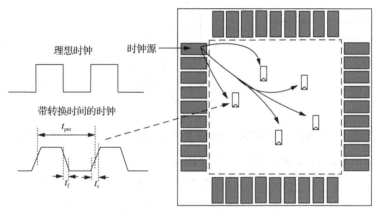

图 1.5　时钟转换时间

（3）时钟偏斜。

同一时钟在到达不同时序元件的时钟端口之间存在时间差。这个时间差称为时钟偏斜（Clock Skew）或时钟偏移，如图 1.6 所示。时钟偏斜体现了空间域（Spatial Domain）上的时钟差异，与时钟频率并没有直接关系，而主要与时钟线的长度及驱动的时序元件的负载电容、个数有关。

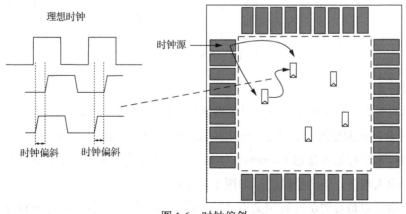

图 1.6　时钟偏斜

（4）时钟抖动。

相对于理想时钟，实际时钟存在不随时间积累的、时而超前时而滞后的偏移，称其为时钟抖动（Clock Jitter），简称抖动，如图 1.7 所示。时钟抖动体现了时域上的时钟差异，与器件噪声、电源噪声和电路设计等有关，与时钟频率并无直接关系。

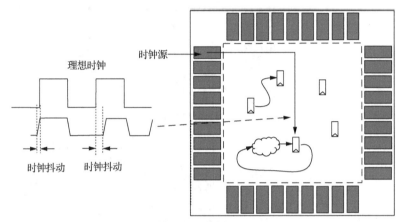

图 1.7 时钟抖动

时钟偏斜和时钟抖动都影响时钟网络分支的延迟差异（相位差异），在综合约束中用时钟不确定性（Clock Uncertainty）来表示它们的影响，如图 1.8 所示。

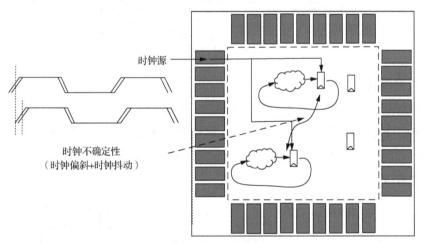

图 1.8 时钟不确定性

（5）时钟延迟。

时钟从时钟源（如晶体振荡器）出发到达触发器时钟端口的延时称为时钟延迟（Clock Latency），包含时钟源延迟（Clock Source Latency）和时钟网络延迟（Clock Network Latency）。

时钟源延迟又称插入延迟（Insertion Delay），是时钟从实际时钟源到达时钟定义点（如模块的时钟输入端口）的传输时间，如图 1.9 所示。

时钟网络延迟是时钟从时钟定义点（端口或引脚）到触发器时钟引脚的传输时间，如

图 1.10 所示。

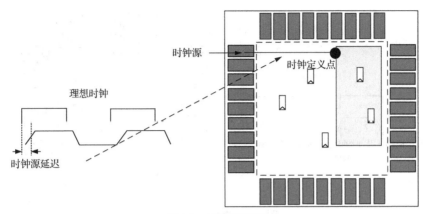

图 1.9　时钟源延迟

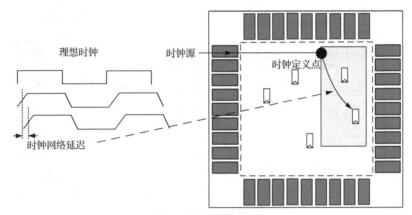

图 1.10　时钟网络延迟

以图 1.11 为例介绍时钟延迟，图 1.11 中的时钟源延迟是 3ns，时钟网络延迟是 1ns。

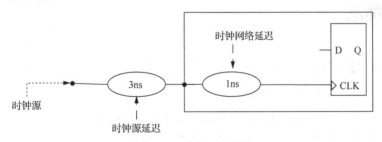

图 1.11　时钟延迟举例

时钟网络可以用时钟转换时间、时钟不确定性和时钟延迟来表征，如图 1.12 所示。

☺ **理想时钟网络**

理想时钟网络是指时钟源具有无限的驱动能力，可实现零上升/下降转换时间、零时钟偏斜、零时钟抖动、零时钟源延迟和零时钟网络延迟，如图 1.13 所示。这只是理想时钟网络，一般在 RTL（Register Transfer Level，寄存器传输级）仿真、综合和早期静态时序分析

（Static Timing Analysis，STA）等过程中使用，不代表最终物理实现。

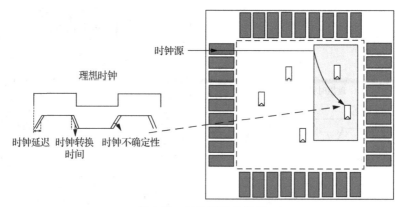

图 1.12 时钟网络的表征

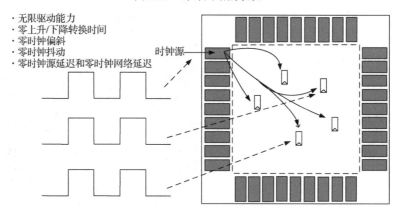

图 1.13 理想时钟网络

1.2 时钟源

　　时钟由时钟发生器产生，最常见的时钟源有振荡器（Oscillator）和 PLL。一些常见时钟源的频率及起振时间如表 1.1 所示。

表 1.1 一些常见时钟源的频率及起振时间

时钟源	频率	起振时间/ns
内部快速 RC 振荡器	8MHz	0.001～0.010
低功耗 RC 振荡器	31MHz	0.3
主晶体振荡器	8MHz	0.5～1.0
内部快速 RC 振荡器+PLL	32MHz	1.0
主晶体振荡器+PLL	32MHz	1.5～2.0
辅助晶体振荡器	32.768kHz	100～1000

1.2.1　振荡器

常用的振荡器有基于相移电路的 RC 振荡器和基于机械谐振器件的晶体振荡器，如图 1.14 所示。

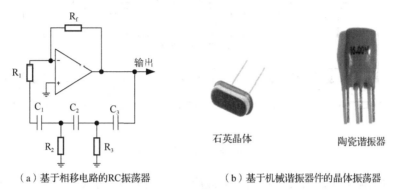

（a）基于相移电路的RC振荡器　　　　　　（b）基于机械谐振器件的晶体振荡器

图 1.14　常用的振荡器

（1）RC 振荡器。

采用 RC 选频网络构成的振荡器称为 RC 振荡器，一般可产生几赫兹到几十千赫兹的低频时钟，如图 1.15 所示。其结构简单、启动快、成本较低，但输出频率受温度和电压的影响大、精度较差，会出现 5%～50% 的波动，适用于对频率精度和稳定性要求不高的场合。

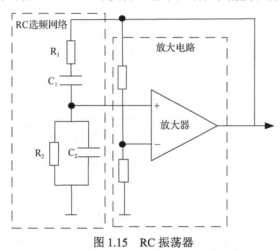

图 1.15　RC 振荡器

通过调整 RC 振荡器电路中的电容或电阻可以校准 RC 振荡器的频率，如图 1.16 所示。

（2）晶体振荡器。

最常用的时钟源是晶体（Crystal）。晶体是无源器件，也称为无源晶体振荡器或晶体谐振器，包括石英（或其晶体材料）晶体谐振器、陶瓷谐振器和 LC 谐振器等，需要借助振荡电路才能工作。将晶体与振荡电路集成在一起，构成一个完整的谐振振荡器，称为晶体振荡器或有源晶振。晶体振荡器需要外部电源供电。

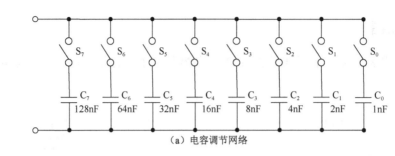

（a）电容调节网络

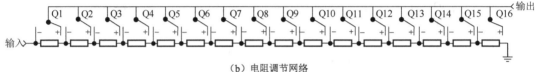

（b）电阻调节网络

图 1.16　RC 振荡器频率校准

石英晶体谐振器利用石英晶体的压电效应产生高精度振荡频率，因常作为电路外接器件而被标识为 XTAL（External Crystal Oscillator，外部振荡器）。

石英晶体振荡器由石英晶体、振荡电路和输出驱动器构成，可输出指定频率和信号模式的时钟。晶体振荡器常用的输出模式包括 TTL、CMOS、ECL、PECL、LVDS、Sine Wave。其中，TTL、CMOS、ECL、PECL、LVDS 属于方波；Sine Wave 属于正弦波。CMOS 晶体振荡器以串联谐振频率振荡并输出方波，如图 1.17 所示。

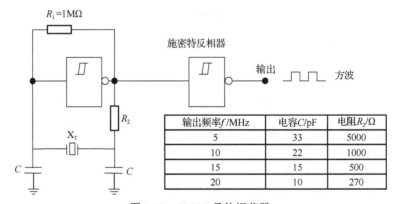

输出频率f/MHz	电容C/pF	电阻R_2/Ω
5	33	5000
10	22	1000
15	15	500
20	10	270

图 1.17　CMOS 晶体振荡器

石英晶体振荡器的种类较多，选用时需考虑多方面因素，包括所要求的频率、稳定度、输入电压和功率、输出波形和功率、可调性、设计复杂性、成本和晶体器件特性等。常用的石英晶体振荡器有皮尔斯振荡器、考毕兹振荡器和克拉泼振荡器等。

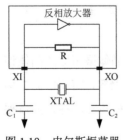

图 1.18　皮尔斯振荡器

皮尔斯振荡器由 1 个石英晶体谐振器、1 个反相放大器、1 个反馈电阻和 2 个外接电容组成。工作时，石英晶体谐振器和外接电容形成一个 π 型滤波器，向内部的反相放大器提供 180°相移，从而将皮尔斯振荡器锁定在指定频率上，如图 1.18 所示。

采用晶体调整技术修正晶体时钟的方法有两种：一种是直接调整外部负载电容或外部使用可变电容器，如图 1.19 所示；另一种是对引脚上的电容进行内部微调，如图 1.20 所示。

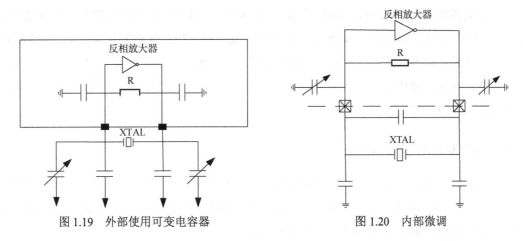

图 1.19　外部使用可变电容器　　　　　　　　图 1.20　内部微调

大多数消费类 SoC 和由电池供电的 SoC 都利用低成本晶体和内置振荡电路来产生时钟。高端应用，如数据中心、通信芯片、工业芯片和音频/视频芯片，通常使用外部晶体振荡器为 SoC 内置的 PLL 提供参考时钟。有些 SoC 也会直接使用片外时钟，优点是独立和隔离的时钟经过了优化，降低了时钟抖动，同时将串扰降至最低。三种 SoC 的时钟源如图 1.21 所示。

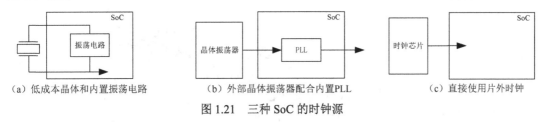

（a）低成本晶体和内置振荡电路　　（b）外部晶体振荡器配合内置PLL　　（c）直接使用片外时钟

图 1.21　三种 SoC 的时钟源

不同时钟源的性能比较如表 1.2 所示。

表 1.2　不同时钟源的性能比较

时钟源	准确性	优点	缺点
晶体	中高	成本低	对 EMI、振动和湿度敏感，阻抗匹配电路复杂
晶体振荡器模块	中高	对 EMI 和湿度不敏感，没有其他组件或匹配问题	高成本、高功耗、对振动敏感、体积较大
陶瓷谐振器	中	成本较低	对 EMI、振动和湿度敏感
集成硅振荡器	中低	对 EMI、振动和湿度不敏感，启动快速、体积小，没有其他组件或匹配问题	温度灵敏度通常比晶体和陶瓷谐振器差，某些类型的电源电流较高
RC 振荡器	非常低	成本最低	通常对 EMI 和湿度敏感，温度和电源电压抑制性能差

（3）压控振荡器。

压控振荡器（Voltage Controlled Oscillator，VCO）是指输出频率与输入控制电压有对应关系的振荡电路。在通信系统电路，特别是 PLL 电路、时钟恢复电路和频率综合器电路中，压控振荡器是关键部件。

压控振荡器的类型有晶体压控振荡器、RC 压控振荡器和 LC 压控振荡器。调频范围、灵敏度、频率稳定度（Frequency Stability）和相位噪声是压控振荡器的重要特性，通常优选低相位噪声的压控振荡器。晶体压控振荡器的频率稳定度高，调频范围窄；RC 压控振荡器的频率稳定度低，调频范围宽；LC 压控振荡器居二者之间。常用的 LC 压控振荡器是克拉泼振荡器和考毕兹振荡器。

1.2.2 频率稳定度与精度

振荡器用于提供基准频率，其主要技术指标是频率稳定度（即振荡频率保持不变的能力）、频率分辨率、频率精度、开机时间、压控特性和抗干扰性能等。如果频率变化超出了应用场景的要求，则可能发生时序错误或工作异常。

（1）频率稳定度。

习惯上根据采样时间长短来区分长期频率稳定度和短期频率稳定度。长期是指日、月或更长。短期是指分、秒或更短。在观察时间内，频率稳定度用频率变化的最大值和标称频率的比值来表示，单位是 ppm（百万分之一）。图 1.22 所示为晶体振荡器输出频率随时间变化的示意图。

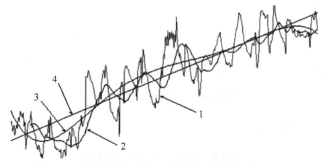

图 1.22　晶体振荡器输出频率随时间变化的示意图

长期频率稳定度：在数小时、数月甚至数年内发生的频率变化，主要由晶体振荡器中的器件老化或所处环境条件（如温度、激励电压、磁场、负载电容）变化引起。

短期频率稳定度：在几分、几秒或更短时间内发生的频率变化，主要由各种随机噪声及一些快速变化的器件寄生参数引起。在通信系统中，重点考虑的是晶体振荡器的短期频率稳定度，也就是晶体振荡器的相位噪声特性。低相位噪声意味着输出的振荡信号有更低的相位抖动和失真，可提供更加精确的时钟基准源。

在图 1.22 中，曲线 1 和曲线 2 分别是每隔 0.1s 和 1s 测量一次频率的结果，表现了晶体振荡器的短期频率稳定度；曲线 3 是每隔 100s 测量一次频率的结果，表现了晶体振荡器的漂移特性；曲线 4 是每隔 1 天测量一次频率的结果，表现了晶体振荡器的老化特性。

频率稳定度的表征主要分为时域频率稳定度的表征和频域频率稳定度的表征两大类。

时域频率稳定度的表征：在时域中，阿伦（Allan）方差用作频率稳定度的表征量，又称为二次取样方差或双取样方差；在实际应用中，采用阿伦方差的均方根值来表征，当实际测量采用有限的测量次数时，其估值表达式为

$$\sigma_y(t) = \sqrt{\frac{1}{2(M-1)}\sum_{i=1}^{M-1}(\overline{y_{i+1}} - \overline{y_i})^2}$$

式中，t 是采样时间；$\overline{y_i}$ 是 t 时间内相对频率偏移测量值；M 是连续测量次数。

频域频率稳定度的表征：在频域中，频率源输出信号的随机相位或频率起伏表现为噪声调制边带，统称为相位噪声。相位噪声通常用各种谱密度来表征。

（2）频率分辨率。

频率分辨率是指系统能够分辨的最小频率差异。例如，如果一个系统能够区分出 0.428Hz 和 0.427Hz 的信号，则其频率分辨率为 0.001Hz。

（3）频率精度。

频率精度（Frequency Accuracy）是指输出频率的准确程度，即实际输出频率与给定频率之间的误差，通常用单位 ppm 表示，1ppm 表示每一百万个理想时钟周期内会产生一个时钟周期的偏移量，也可以用百分之一（%）或十亿分之一（ppb）的形式表示。此外，频率精度还可以用频率偏差形式表示，通常以 Hz 为单位。

影响频率精度的因素有（调整）频差、温度频差、负载变化、电源电压和老化率等。

① 频差。

频差是指在基准温度（25±2）℃的条件下，工作频率相对于标称频率所允许的偏差，也称为调整频差。例如，12MHz/±30ppm 表示频差为 ±(30/1000000)×12MHz=±360Hz。

② 温度频差。

温度频差是指在规定的温度范围内，工作频率相对于基准温度时工作频率的允许偏差，通常所说的晶体振荡器频率稳定度指的就是温度频差。

图 1.23 所示为频率稳定度与频率精度的关系。

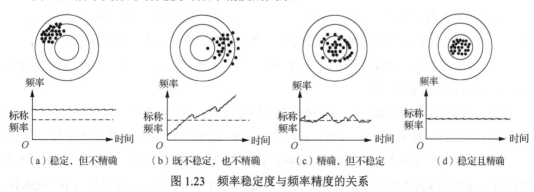

图 1.23 频率稳定度与频率精度的关系

1.2.3 石英晶体振荡器类型

国际电工委员会（IEC）将石英晶体振荡器分为 4 类：普通晶体振荡器（PXO）、电压控制式晶体振荡器（VCXO）、温度补偿式晶体振荡器（TCXO）和恒温控制式晶体振荡器（OCXO），目前发展中的还有数字补偿式晶体振荡器（DCXO）等，如图 1.24 所示。

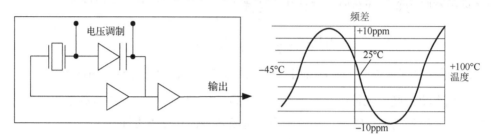

（a）电压控制式晶体振荡器

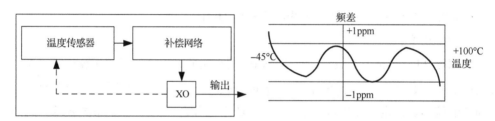

（b）温度补偿式晶体振荡器

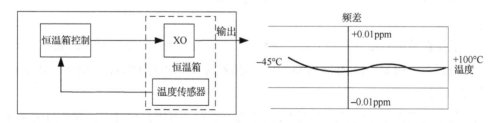

（c）恒温控制式晶体振荡器

图 1.24 石英晶体振荡器类型

普通晶体振荡器的频率精度为 $10^{-5}\sim10^{-4}$ 量级，频率范围为 1～100MHz，频率稳定度为 ±100ppm。其没有采用任何温度补偿措施，价格低廉，通常用作微处理器的时钟源。

电压控制式晶体振荡器的频率精度为 $10^{-6}\sim10^{-5}$ 量级，频率范围为 1～30MHz，频率稳定度为 ±50ppm，通常用于 PLL。

温度补偿式晶体振荡器采用温度敏感器件进行频率补偿，频率精度为 $10^{-7}\sim10^{-6}$ 量级，频率范围为 1～60MHz，频率稳定度为 ±(1～2.5)ppm，通常用于电话、双向无线通信设备等。

恒温控制式晶体振荡器将晶体和振荡电路置于恒温箱中，以消除环境温度变化对频率的影响，频率精度为 $10^{-10}\sim10^{-8}$ 量级，对某些特殊应用可达到更高，频率范围 1～70MHz，频率稳定度为±(0.05～0.3)ppm。由于采用了恒温槽技术，因此恒温控制式晶体振荡器的频率温度特性是所有晶体振荡器中最好的。恒温控制式晶体振荡器的电路设计精密，其优点是短期频率稳定度较好、相位噪声较低，主要缺点是功耗大、体积大，需要 5 分钟左右的加热时间才能正常工作等。

各种石英晶体振荡器的温度频差和老化率如表 1.3 所示。

表 1.3　各种石英晶体振荡器的温度频差和老化率

石英晶体振荡器	典型温度频差	老化率
普通晶体振荡器	±(10～100)ppm	±(1～5)ppm/年
电压控制式晶体振荡器	±(1～10)ppm	±(1～5)ppm/年
温度补偿式晶体振荡器	±(0.5～5)ppm	±(0.50～2)ppm/年
恒温控制式晶体振荡器	±(0.01～1)ppm	±(0.05～0.5)ppm/年

1.2.4　PLL

PLL 和 DLL 都是常见的锁相环，主要功能有消除时钟延迟、合成频率（倍频和分频）和校正时钟（占空比和相位）。

图 1.25 所示为 PLL 和 DLL 的原理图。

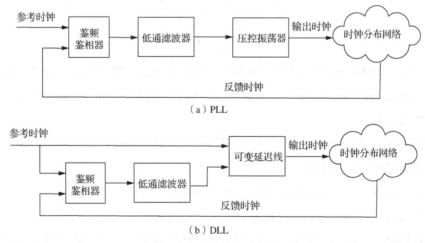

图 1.25　PLL 和 DLL 的原理图

（1）PLL。

PLL 控制逻辑将参考时钟与反馈时钟进行比较，并调整压控振荡器时钟，直到参考时钟的上升沿与反馈时钟对齐为止，即 PLL 被"锁定"。

（2）DLL。

DLL 在参考时钟与反馈时钟之间插入可变延迟线，从而引入延迟，直到两时钟的上升沿对齐为止，即 DLL 被"锁定"。

PLL 主要应用于频率合成、频率变换、时钟恢复和同步通信等领域，DLL 主要应用于时钟生成、时钟对齐、数据采样和数据提取等领域。在实际应用中，应根据具体的应用场景和性能要求选择锁相环。

1.2.4.1　PLL 的工作原理

PLL 由鉴频鉴相器（Phase Frequency Detector，PFD）、充电泵、低通滤波器、压控振荡器、分频器构成，如图 1.26 所示。刚接通电源时，压控振荡器内部电路开始振荡并产生一个时钟，该时钟经过分频器分频后被送至鉴频鉴相器与参考时钟进行相位对比，充电泵根据相位偏差方向产生一个矫正电压。该电压经过低通滤波器后送至压控振荡器，使得压控振荡器的振荡频率改变并趋近电路的设定频率。一旦两时钟的相位同步，PLL 就开始输出设定频率的时钟并正常工作。

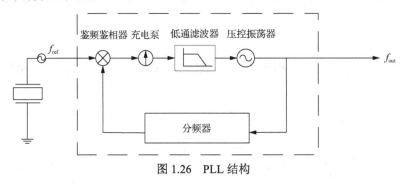

图 1.26　PLL 结构

PLL 用于实现系统时钟相对于参考时钟（内部或外部）的"相位"同步，也可用作频率合成器（Frequency Synthesizer），即输出高频信号。其频率稳定度与参考时钟几乎相当。

（1）PLL 组件。

鉴频鉴相器：将参考时钟与压控振荡器输出的反馈时钟进行比较，所得误差信号用于驱动低通滤波器和压控振荡器。

充电泵：将数字误差脉冲转换为模拟误差电流。

低通滤波器：对模拟误差电流积分以生成压控振荡器的控制电压。

压控振荡器：频率与控制电压成比例的低摆幅振荡器，其频率将根据控制电压升高或降低，直到达到设定值为止。

分频器：对压控振荡器时钟进行分频以生成反馈时钟。

（2）参考时钟。

参考时钟通常为固定的工作频率，可以有多种来源，包括晶体、普通晶体振荡器、温度补偿式晶体振荡器、恒温控制式晶体振荡器，以及其他设备输出的恢复时钟、直接数字式频率合成器（Direct Digtal Frequency Synthesizer）的输出时钟等。

在经典的整数 N 频率合成器中，输出频率的分辨率由参考时钟频率确定。通常采用良好的基于晶体的高频源并将其分频，如图 1.27 所示。例如，如果需要 200kHz 的分辨率，则参考时钟频率必须为 200kHz 或其整数分频，可以将 10MHz 时钟除以 50 来实现所需的参考时钟频率。

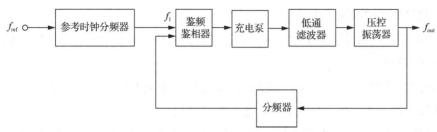

图 1.27 整数 N 频率合成器的参考时钟

（3）PLL 锁定。

在 PLL 中，鉴频鉴相器和充电泵共同构成误差检测模块。当参考时钟与反馈时钟的频率相等时，误差将保持恒定，并且环路被称为处于"锁定"状态。

PLL 锁定操作如图 1.28 所示。在阶段 1，参考时钟与分频时钟中的一个时钟比另一个时钟快得多，PLL 频率几乎连续调整。在阶段 2，控制电压上/下交替，致使相位慢慢调整，直到两个时钟对齐为止，此阶段的持续时间取决于环路带宽，带宽越宽，速度越快，持续时间越短。在阶段 3，当检测到最后一个周期误差之后，使用内部计数器等待若干时钟周期后将锁定信号置为高电平。锁定时间通常指定为输出时钟达到最终值一定范围内所需的时间。

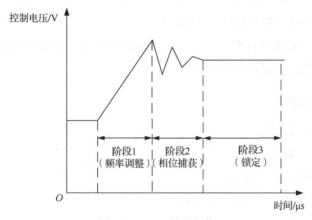

图 1.28 PLL 锁定操作

1.2.4.2 PLL 的性能指标

PLL 的性能指标如下。

① 频率范围或调谐带宽。

② 步长或频率分辨率：最小的频率增量。在北美蜂窝系统中，步长为 30kHz；在中国、

日本和远东，步长为 25kHz；在欧洲，GSM 蜂窝系统需要 200kHz 的步长；在 FM 广播电台中，步长为 100kHz。

③ 切换速度（锁定时间）：PLL 将压控振荡器从一种频率重新调谐到另一种频率的时间量度。此参数通常取决于步长。

④ 相位噪声：信号质量指标。可以通过多种方式指定相位噪声，如时钟抖动、FM 噪声或频谱分布密度。

⑤ 杂散信号电平：信号频谱中离散的、确定的、周期性干扰"噪声"的量度。谐波（有时是次谐波）通常不被视为杂散信号，需要单独处理。

⑥ 其他参数：尺寸、电源电压范围、接口协议种类、温度范围、可靠性等。

由于 PLL 将相位和频率锁定到输入信号，因而 PLL 输出信号的频率精度等于输入信号的频率精度，即

$$\Delta f_{in} \ = \ 输入频率 \times (\pm PPM)$$

$$\Delta f_{out} = \ 输出频率 \times (\pm PPM)$$

式中，Δf_{in} 是输入频率偏差；Δf_{out} 是输出频率偏差；PPM 是频率精度。

假设一个 8 倍频 PLL 的输入基准晶体频率为 16MHz，频率精度为 20PPM。

由于 16MHz 信号的频率精度为 20PPM，因此输入频率偏差 Δf_{in} = $16 \times 10^6 \times (\pm 20 \times 10^{-6})$ = ± 320Hz，即输入频率范围为 15.99968～16.00032MHz（15999680～16000320Hz）。

输出频率 f_{out} = $8 \times (16 \times 10^6)$ = 128MHz，由于输出信号的频率精度也为 20PPM，因此输出频率偏差 Δf_{out} = $128 \times 10^6 \times (\pm 20 \times 10^{-6})$ = ± 2560Hz，即输出频率范围为 127.99744～128.00256MHz（127997440～128002560Hz）。

需要指出的是，如果目标时钟频率除以参考时钟频率，得到的是无限循环小数，那么实际配置值的微小误差会导致精度损失。

1.2.4.3　PLL 的类型

（1）整数 N 频率合成器。

图 1.29 所示为整数 N 频率合成器。

（2）小数 N 分频频率合成器。

图 1.30 所示为小数 N 分频频率合成器。

小数 N 分频频率合成器的输出频率 f_{out} 是参考频率 f_{ref} 的（$N \times F$）倍。其中，N 是分频系数的整数部分，F 是小数部分，取值范围为 0～1。

图 1.31 所示为 Sigma-Delta 调制式小数分频频率合成器。Sigma-Delta 调制器在每个参考时钟周期中创建一个二进制输出信号。如果为逻辑 1（高电平），则输出信号分配数值 1；如果为逻辑 0（低电平），则输出信号分配数值 0。这样该输出信号的平均值为 F。当 F 为 0.37 时，意味着 Sigma-Delta 调制器平均在 100 个参考时钟周期中输出了 37 个 1。

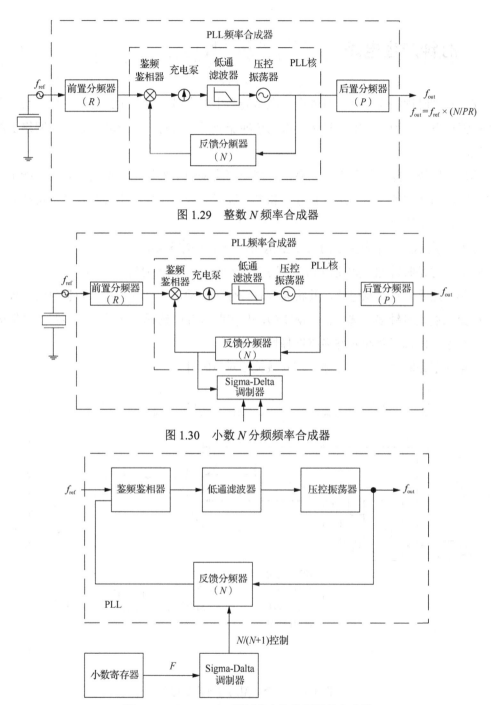

图 1.29　整数 N 频率合成器

图 1.30　小数 N 分频频率合成器

图 1.31　Sigma-Delta 调制式小数分频频率合成器

　　当 PLL 工作在低功耗模式时，所有模拟电路都将关闭，f_{ref} 将被忽略，PLL 强制输出低电平。

1.3 时钟产生电路

在接收到时钟源信号后，时钟产生电路会产生多个时钟以提供给芯片的各模块。在最简单的情形下，时钟产生电路只是一系列缓冲器或反相器对，以驱动时钟分布网络上的大量负载。

芯片各模块可能工作于不同频率。对同一模块来说，根据场景不同，其也可能工作于不同频率，因此时钟产生电路具有分频和多路选择功能。此外，模块的时钟应可独立开启或关闭以降低系统功耗。

图 1.32 所示为一个典型的时钟产生电路，由 4 层电路组成。

- 第一层是时钟源，如使用 PLL 基于参考时钟产生高频时钟。
- 第二层是时钟分频电路，其将高频时钟分频后输出，分频系数可为整数或小数。
- 第三层是时钟多路选择器（MUX），从多路时钟中选择一路输出。多路选择器分为动态多路选择器和静态多路选择器两种。
- 第四层是时钟门控，可独立打开或关闭对应时钟。

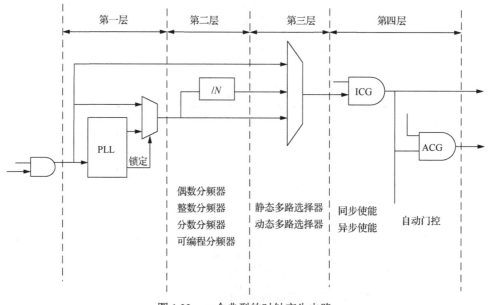

图 1.32　一个典型的时钟产生电路

由组合逻辑生成的时钟会引入时钟毛刺和时钟延迟，如图 1.33 所示。其中，时钟毛刺会导致功能问题，时钟延迟会导致时序问题，应当避免它们出现。原则上，时钟应该由触发器（Flip Flop，FF）直接输出，如图 1.34 所示。

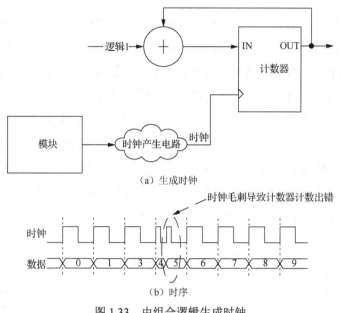

（a）生成时钟

（b）时序

图 1.33 由组合逻辑生成时钟

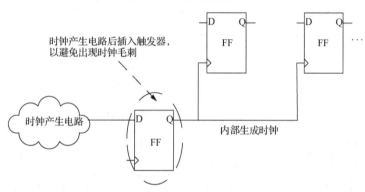

图 1.34 由触发器直接输出时钟

1.3.1 时钟分频电路

时钟源输出的时钟需要通过分频器产生不同模块需要的工作频率。

1. 行波分频器

行波时钟（级联时钟）是指一个触发器的输出用作另一个触发器的时钟输入，经常用于异步计数器和分频电路设计。行波分频器如图 1.35 所示。

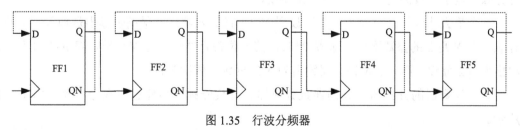

图 1.35 行波分频器

行波分频器的原理简单、设计方便，分频时钟的占空比为 50%。行波分频器是异步计数器。与同步计数器相比，行波分频器所需的门电路较少，可以降低芯片的峰值功耗。

行波分频器中前一级触发器的输出端连接后一级触发器的时钟端，每当时钟端的信号产生上升沿时，其输出就会翻转。触发器在不同时间改变状态，第一级触发器状态的改变传播到最后一级触发器的延迟累加起来形成整体延迟。行波分频器包含的触发器越多，整体延迟就越大，很可能会影响到链中触发器的建立时间和保持时间，也为电路综合分析和静态时序分析带来挑战。一般而言，应该采用同步计数器而尽量避免使用行波分频器。

图 1.36 所示为行波分频器的累积偏移。其中，CLK1 连到触发器 FF4 和 FF6，CLK3 连到触发器 FF5。这样从 FF4 到 FF5 的累积偏移为两个触发器延迟。

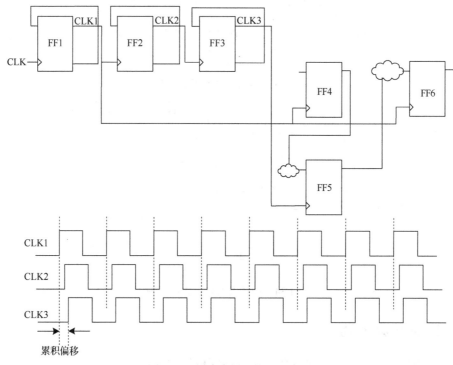

图 1.36　行波分频器的累积偏移

2. 基于计数器的分频器

计数器的实质是对输入的驱动时钟进行计数，在某种意义上，计数器等同于对时钟进行分频。基于计数器的分频器如图 1.37 所示。

一个最大计数长度为 N（从 0 计数到 $N-1$）的计数器，其最高位输出是输入频率的 N 分频。当 N 是 2 的整数次幂，即 $N=2^n$ 时，第 n 位寄存器输出为 N 分频，第 $n-1$ 位寄存器输出为 $N/2$ 分频，第 $n-2$ 位寄存器输出为 $N/2^2$ 分频，依次类推。

基于计数器的分频器可分为偶数分频器、奇数分频器和任意整数分频器，如图 1.38 所示。

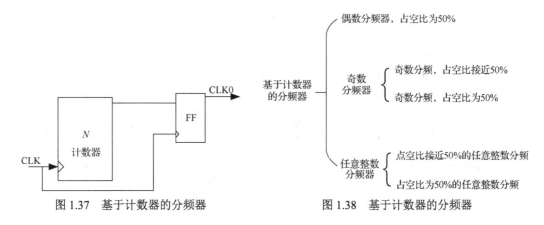

图 1.37 基于计数器的分频器   图 1.38 基于计数器的分频器

（1）偶数分频器。

偶数分频器（占空比为 50%）的实现简单，计数器在时钟的上升沿或者下降沿计数，当计数值等于分频系数的一半或分频系数时，信号便翻转，如图 1.39 所示。

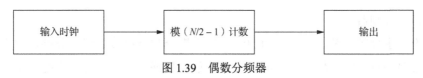

图 1.39 偶数分频器

图 1.40 所示为 4 分频电路的时序波形图，分频系数是 4，计数器在时钟的上升沿计数，计数值 CNT 从 00→01→10→11→00→……，一直循环计数，CNT 的最高位 CNT[1]其实就是一个 4 分频时钟。

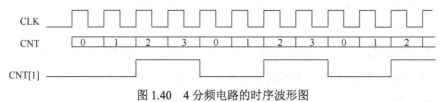

图 1.40 4 分频电路的时序波形图

图 1.41 所示为多路时钟分频器，单一时钟输入，多路时钟输出，不用的输出时钟可以悬空，分频系数为 2^N，可实现 2 分频、4 分频、8 分频和 16 分频。

图 1.42 所示为分频系数可调的偶数分频器。在图 1.42 中，电路（1）工作在配置时钟域（CFG_CLK），用于产生单比特电平指示信号，当配置的分频系数（DIV_PARAM）

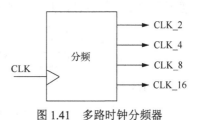

图 1.41 多路时钟分频器

发生变化时，电平指示信号会翻转。当电路（2）检测到电平指示信号翻转时，会产生一个时钟周期的脉冲信号，将分频系数锁存到寄存器中。从分频系数发生改变到脉冲信号产生，历经了多个时钟周期，其间分频系数已经稳定。电路（3）是分频电路，保证输出时钟具有完整的时钟周期。

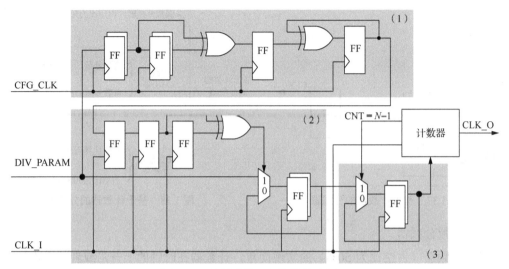

图 1.42　分频系数可调的偶数分频器

（2）奇数分频器。

如果不要求分频时钟的占空比为 50%，则奇数分频器可按照偶数分频器的方法进行分频，即计数器先对分频系数 N 进行循环计算，然后根据计数值选择一定的占空比输出分频时钟。

如果奇数分频器输出的分频时钟的高低电平只差一个时钟周期，则可以利用源时钟双边沿特性并采用"与"操作或"或"操作的方式将分频时钟的占空比调整到 50%。

因占空比不同，所以奇数分频主要有以下两种实现方法。

① 占空比接近 50%。

当计数器的值等于分频系数加 1 或者减 1 的一半或等于分频系数时，时钟翻转。

图 1.43 所示为占空比不为 50% 的 3 分频时钟。用一个计数器在上升沿计数，每次计数到 1 时，时钟翻转一次，每次计数到 3 时，时钟再翻转一次并重置计数器为 0，周期重复，便可得到 3 分频时钟，其占空比不是 50%。

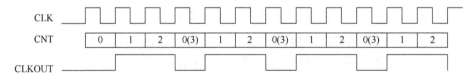

图 1.43　占空比不为 50% 的 3 分频时钟

② 占空比为 50%。

通过"或"操作产生具有 50% 占空比的奇数分频时钟的通用算法如下：假设 N 分频（N 是奇数），先设置一个计数长度为 N 的上升沿计数器，时钟在上升沿计数器为 $(N-1)/2$ 的时候翻转，在计数到 N 的时候再次翻转，这样相当于得到一个 N 分频时钟 A；再设置一个计数长度为 N 的下降沿计数器，时钟在下降沿计数器为 $(N-1)/2$ 的时候翻转，在计数到 N 的时候再次翻转，这样相当于得到一个 N 分频时钟 B；最后将 A 和 B 相或，就可以得到占空比为 50%的奇数分频时钟。

对输入时钟的上升沿和下降沿分别计数，根据两个计数器得到两个错位输出的时钟，对两个时钟进行"与"操作，可以弥补相差的时钟，实现 50%的占空比。

采用"或"操作产生占空比为 50%的 3 分频时钟，如图 1.44 所示。

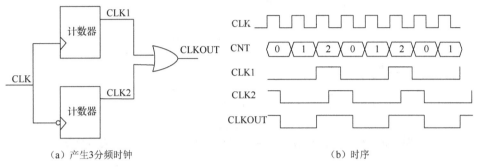

（a）产生3分频时钟　　　　　　　　　　　　（b）时序

图 1.44　采用"或"操作产生占空比为 50%的 3 分频时钟

利用源时钟（CLK）上升沿分频出高电平为 1 个时钟周期、低电平为 2 个时钟周期的 3 分频时钟 CLK1。

利用源时钟下降沿分频出高电平为 1 个时钟周期、低电平为 2 个时钟周期的 3 分频时钟 CLK2。

两个 3 分频时钟应该在计数器相同数值、不同边沿下产生，相位差为半个时钟周期。对两个时钟进行"或"操作，便可以得到占空比为 50%的 3 分频时钟 CLKOUT。

采用"与"操作产生占空比为 50%的 3 分频时钟，如图 1.45 所示。

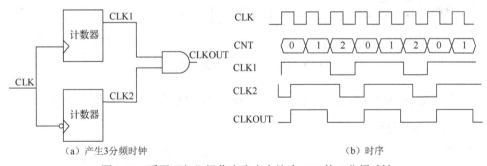

（a）产生3分频时钟　　　　　　　　　　　　（b）时序

图 1.45　采用"与"操作产生占空比为 50%的 3 分频时钟

利用源时钟（CLK）上升沿分频出高电平为 2 个时钟周期、低电平为 1 个时钟周期的 3 分频时钟 CLK1。

利用源时钟下降沿分频出高电平为 2 个时钟周期、低电平为 1 个时钟周期的 3 分频时钟 CLK2。

两个 3 分频时钟应该在计数器相同数值、不同时钟边沿下产生，相位差为半个时钟周期。对两个时钟进行"与"操作，便可以得到占空比为 50%的 3 分频时钟 CLKOUT。

利用单个计数器也可以实现占空比为 50%的奇数分频。首先对输入时钟的上升沿计数，产生一个 N 分频时钟 A，然后在输入时钟的下降沿对该分频时钟打拍得到另一个错位的 N 分频时钟 B，对两个时钟进行"或"操作或"与"操作，便可实现占空比为 50%的奇数分频。图 1.46 所示为利用单个计数器及"或"操作实现占空比为 50%的奇数分频。

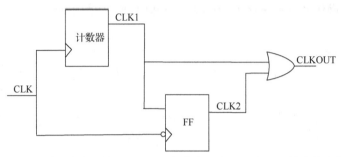

图 1.46　利用单个计数器及"或"操作实现占空比为 50%的奇数分频

（3）任意整数分频。

① 占空比接近 50%的任意整数分频。

最简单的任意整数分频电路就是一个计数器，当计数器的值等于分频系数加 1（或减 1）的一半或分频系数时，时钟翻转。虽然此方法很简单，但分频系数为奇数时占空比可能很差。

② 占空比为 50%的任意整数分频。

在多时钟周期（Multi-Cycle）设计中，分频电路同时提供分频时钟（CLKOUT）和使能信号（CLKEN），且使能信号与分频时钟之间具有一定的关系，如图 1.47 所示。

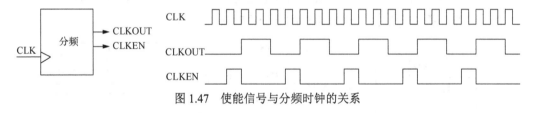

图 1.47　使能信号与分频时钟的关系

使能信号能作为相位信号用于快、慢时钟域之间的数据采样，如图 1.48 所示。

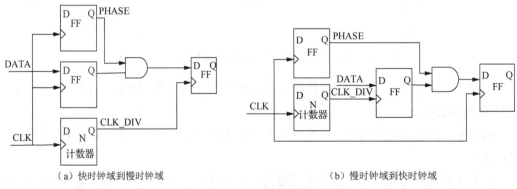

（a）快时钟域到慢时钟域　　　　　　　　　　（b）慢时钟域到快时钟域

图 1.48　带相位的采样

在图 1.49 中，虽然进行时序分析时默认 CLK1_DIV 和 CLK2_DIV 为同相时钟，但使能信号的相位差却导致分频时钟出现了相位差，复位信号的相位差也会造成类似结果。

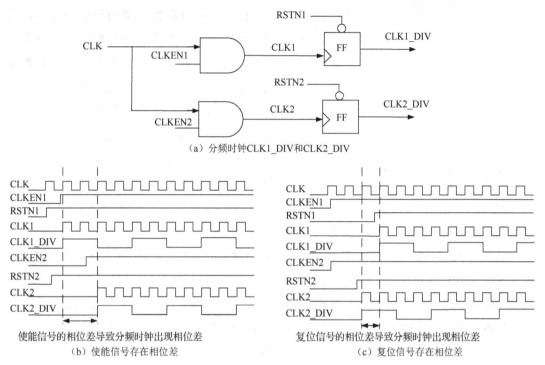

（a）分频时钟CLK1_DIV和CLK2_DIV

使能信号的相位差导致分频时钟出现相位差

（b）使能信号存在相位差

复位信号的相位差导致分频时钟出现相位差

（c）复位信号存在相位差

图 1.49　分频时钟出现相位差

3．小数分频

（1）半整数分频。

利用时钟的双边沿逻辑，可以对时钟进行半整数分频。半整数分频的实现方法有很多，但是无论怎么调整，半整数分频时钟的占空比都不可能是 50%。

半整数分频器又称 N+0.5 分频器，设计思路是利用模 N 计数器，从 0 计数到 N 时输出 1，为了实现 N+0.5 个时钟周期，输出 1 的持续时间为半个时钟周期，因而需要将输入时钟的下降沿变成上升沿，这样就可以输出半个时钟周期长度的 1。将输入时钟的上升沿变成下降沿是通过 2 分频电路的输出时钟与输入时钟异或来实现的，如图 1.50 所示。

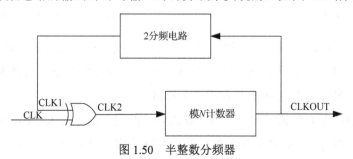

图 1.50　半整数分频器

图 1.51 所示为 2.5 分频时钟的时序波形图。

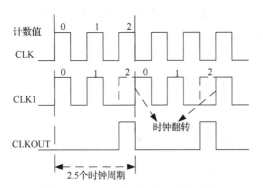

图 1.51　2.5 分频时钟的时序波形图

（2）任意小数分频。

任意小数分频器也称为分数分频器，其基本原理是设计两个不同分频系数的整数分频器，通过控制单位时间内两种分频系数出现的不同次数来获得所需的小数分频系数。具体地说，在若干个分频周期中，采用某种方法使某几个分频周期多计或少计一个数，从而在整个计数周期的总体平均意义上获得一个小数分频系数。一般而言，$N+B/A$ 分频（$A>B$）可以用（$A-B$）次 N 分频加上 B 次（$N+1$）分频来实现。由于分频器的小数分频系数不断改变，因此分频后得到的时钟相位抖动较大。

以 8.7 分频为例。原时钟 87 个周期的总时间等于分频后的时钟 10 个周期的总时间。先做 3 次 8 分频得到时钟周期数是 24，再做 7 次 9 分频得到时钟周期数是 63，总共为 87 个时钟周期，其间分频时钟跳变 20 次，总共 10 个周期。8.7 分频的原理如图 1.52 所示。

具体实现时可以先输出 3 个 8 分频时钟，再输出 7 个 9 分频时钟，也可以将 3 个 8 分频时钟均匀地插入 7 个 9 分频时钟。总体来说，后者的时钟相位抖动会更小。

一个小数分频器由两部分组成：分频系数为 ZN 和 ZN+1 的两路分频器、ACC 计数器，如图 1.53 所示。其中，分频器在输入信号 ENOUT=0 时是 ZN 分频，在输入信号 ENOUT=1 时是 ZN+1 分频；ACC 计数器的作用是对 ZN 分频和 ZN+1 分频的脉冲次数计数，对于一位小数，计数总次数为 10（两位小数的计数总次数为 100，依次类推），输出信号 ENOUT 的值决定下次是 ZN 分频还是 ZN+1 分频。

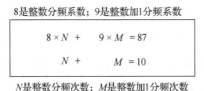

8 是整数分频系数；9 是整数加 1 分频系数

$8\times N+\quad 9\times M=87$

$N+\quad M=10$

N 是整数分频次数；M 是整数加 1 分频次数

图 1.52　8.7 分频的原理

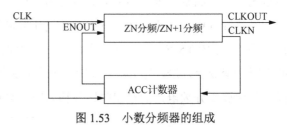

图 1.53　小数分频器的组成

具体实现过程可以分为以下几种情况：①先做 N 次 ZN 分频，再做 M 次 ZN+1 分频；②先做 M 次 ZN+1 分频，再做 N 次 ZN 分频；③将 N 次 ZN 分频平均插入 M 次 ZN+1 分频；④将 M 次 ZN+1 分频平均插入 N 次 ZN 分频。

由于前两种情况的分频时钟不均匀，导致时钟的相位抖动很大，因此在设计中使用得非常少。后两种情况的时钟频率均匀性稍好，时钟的相位抖动较小。

仍以 8.7 分频为例。8.7 分频的原理是用 3 次 8 分频和 7 次 9 分频对应的时钟总时间来等效原时钟 87 个周期的总时间。选用前面所述的前 3 种情况实现 8.7 分频的过程又称为混频，如图 1.54 所示。

4. 级联分频器

如果偶数分频的分频系数是 2 的幂，则可以通过将 2 分频器级联来实现。例如，4 分频器可通过将两个 2 分频器级联来实现，如图 1.55 所示。

计数次数	第1种情况	第2种情况	第3种情况
0	8	9	9
1	8	9	9
2	8	9	9
3	9	9	8
4	9	9	9
5	9	9	9
6	9	9	8
7	9	8	9
8	9	8	9
9	9	8	8

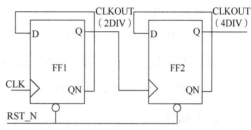

图 1.54　混频实现 8.7 分频　　　　图 1.55　将两个 2 分频器级联得到 4 分频器

如果时序路径上的寄存器时钟来自由多个分频器级联而成的电路，那么当时钟分叉较早时，会导致相应时序路径上出现较大的 OCV（On-Chip Variation，片上变化）效应，如图 1.56 所示。分频器 M1 和 M2 的存在使得 FF1 的时钟（CLK2）与 FF2 的时钟（CLK4）之间偏差较大，增加了保持时序收敛的难度。

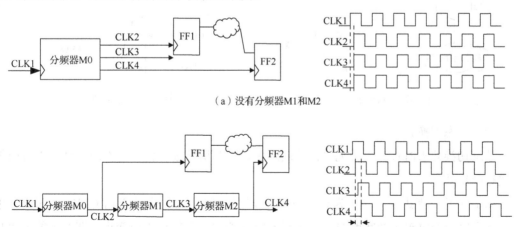

（a）没有分频器M1和M2

（b）有分频器M1和M2

图 1.56　级联分频器中的 OCV 效应

1.3.2 时钟切换电路

芯片根据应用场景不同，可能使用不同的时钟。例如，当处理器系统正在运行后台代码时，处理器时钟可能来自晶体振荡器；当处理器系统收到一定的处理任务时，其工作时钟从晶体振荡器产生的时钟切换到 PLL 产生的高频时钟；当没有任务需要处理时，处理器进入睡眠模式，在此期间，PLL 和晶体振荡器可以关闭，仅保留实时计数器（Real Time Counter，RTC）运行，从而最小化功耗。因此，时钟电路设计需要支持无故障地从一种时钟切换到另一种时钟，如图 1.57 所示。如果时钟故障进入处理器系统，则某些寄存器可能会因出现亚稳态（Metastable State）而进入不确定状态，致使处理器系统不能正常操作。

时钟切换（Clock Switching）分为静态切换和动态切换两种方式。其间只要出现频率更高的窄脉冲，不论电平高低，都称为时钟毛刺。

（1）静态切换。

当进行静态切换时，如果模块电路处于非工作状态或复位状态，即使出现时钟毛刺也不会导致触发器误触发。静态切换不关心切换过程中是否出现时钟毛刺，其实现代码如下。

```
assign CLKOUT = SEL ?  CLK1 : CLK0
```

如图 1.58 所示，当 SEL 为 1 时选择 CLK1，否则选择 CLK0。在实际设计中，如果可能，建议直接调用代工厂提供的标准单元库中的 CKMUX 单元。

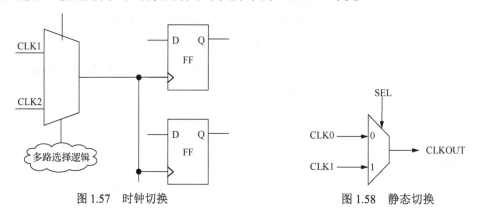

图 1.57　时钟切换　　　　　　　　　　图 1.58　静态切换

（2）动态切换。

动态切换要求时钟输出中无时钟毛刺产生，因此切换选择信号在不同时钟域中可能需要进行同步处理。

图 1.59 中，考虑在 CLK0 为高电平的时候进行时钟切换。如果此时 CLK1 正好为高电平，那么输出的时钟脉冲宽度与 CLK1 或 CLK0 相比，可能变大或变小，即有可能产生时钟毛刺；如果此时 CLK1 正好为低电平，那么输出肯定为窄脉冲，即产生了时钟毛刺。从 CLK1 向 CLK0 切换的情况与之类似。所以，若两时钟在高电平时切换，则有可能产生时钟毛刺；若两时钟在电平相反时切换，则肯定产生时钟毛刺。

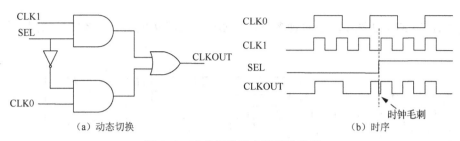

图 1.59 动态切换时出现时钟毛刺

由此可见，应该选择两者都为低电平时进行切换。此时的切换过程：首先，改变切换选择信号，进行时钟切换；接着，在 CLK0（或 CLK1）为低电平时停掉 CLK0（或 CLK1）的选择端；然后，在 CLK1（或 CLK0）为低电平时打开 CLK1（或 CLK0）的选择端；最后，完成时钟切换，实现正常工作，如图 1.60 所示。

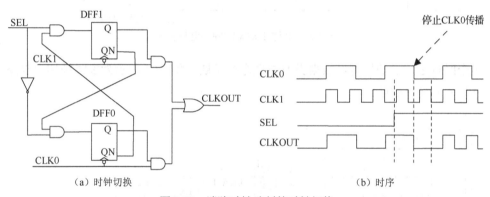

图 1.60 消除时钟毛刺的时钟切换

图 1.60 中，两个触发器分别由 CLK0 和 CLK1 驱动，如果两者异步，则可能存在亚稳态问题。解决的办法是采用双触发器来消除亚稳态，如图 1.61 所示。

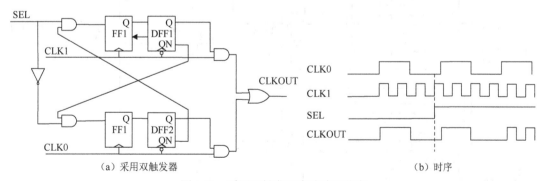

图 1.61 采用双触发器来消除亚稳态

图 1.62 所示为 2 选 1 动态时钟多路选择器。复位后，默认输出时钟为 CLK0。在时钟切换过程中，需要保持当前时钟和待切换时钟有效，切换完成后才能关闭当前时钟，否则有可能导致时钟切换不成功。例如，从 CLK0 切换到 CLK1，需要保证输出时钟为 CLK1

后，再关闭 CLK0。2 选 1 动态时钟多路选择器内部已经实现切换选择信号的同步化。

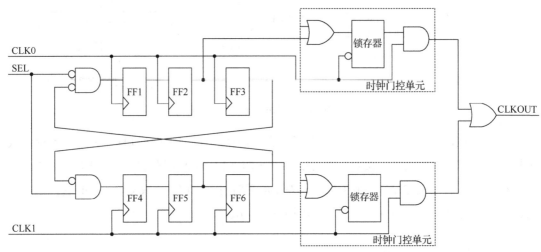

图 1.62　2 选 1 动态时钟多路选择器

多个时钟之间的切换可以根据类似原理进行拓展。图 1.63 所示为多时钟切换电路，支持 3 个异步时钟之间的切换。

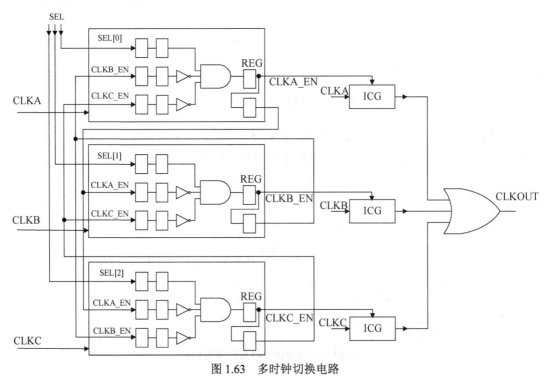

图 1.63　多时钟切换电路

（3）DFT 模式下的时钟可控性。

时钟设计需要考虑 DFT（Design For Test，可测性设计）的要求，基本原则是在测试模式下，时钟要受 ATE 控制。

1.3.3 时钟门控电路

时钟在门控逻辑电路的控制下可以打开或关闭。当使能信号有效时打开时钟,当使能信号无效时关闭时钟,如图 1.64 所示。当关闭时钟之后,其所驱动的寄存器就停止跳变,降低了动态功耗。

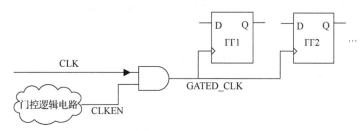

图 1.64 时钟门控电路

从理论上说,门控逻辑电路可以通过与门或或门来实现,如图 1.65 所示。

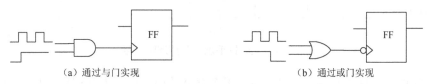

（a）通过与门实现　　　　　　　　　　（b）通过或门实现

图 1.65 门控逻辑电路

图 1.66 所示为一个由与门实现的时钟门控电路。

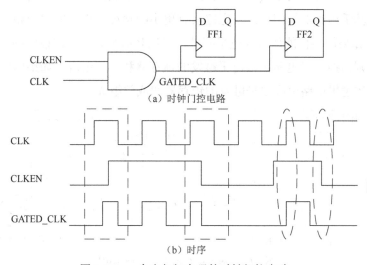

（a）时钟门控电路

（b）时序

图 1.66 一个由与门实现的时钟门控电路

由图 1.66 可知,如果在时钟（CLK）为高电平时开启或者关闭使能信号（CLKEN）,就会导致产生的门控时钟（GATED-CLK）高电平被截断,变成时钟毛刺;但使能信号在时钟为低电平时跳变就不会产生影响。因此,我们希望设计一种电路,让使能信号仅仅在时钟为低电平时翻转,在时钟为高电平时保持不变。低电平触发的锁存器便能实现这个目标,无时钟毛刺的门控逻辑电路如图 1.67 所示。

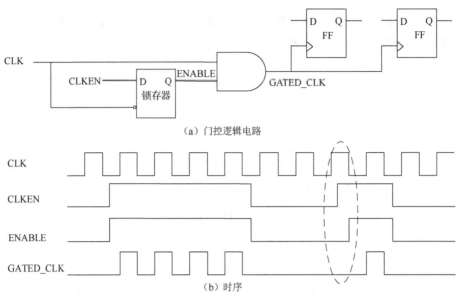

（a）门控逻辑电路

（b）时序

图 1.67　无时钟毛刺的门控逻辑电路

触发器通常由两个锁存器组成。与基于锁存器的门控逻辑电路相比，基于触发器的门控逻辑电路面积增加了一倍，功耗也增加了，最重要的是在时钟下降沿捕获使能信号输入，这意味着必须在半个时钟周期内完成门控操作，而基于锁存器的门控逻辑电路能够使用整个时钟周期。基于锁存器的门控逻辑电路具有更小的功耗、更小的面积和更好的时序，如图 1.68 所示。如果门控使能信号高电平有效，即在高电平时打开门控时钟，在低电平时关闭门控时钟，则门控逻辑电路由低电平触发的锁存器和与门组成。如果门控使能信号低电平有效，则门控逻辑电路由高电平触发的锁存器和或门组成。

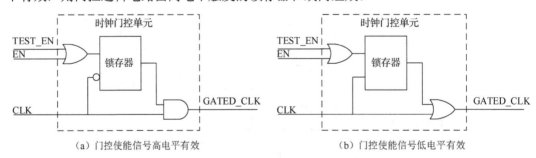

（a）门控使能信号高电平有效　　　　　　　　　（b）门控使能信号低电平有效

图 1.68　基于锁存器的门控逻辑电路

虽然可以使用多个单独的标准单元库中的逻辑门单元来构建门控逻辑电路，但需要在综合、物理实现、静态时序分析中进行一些额外的时序检查。

一般 ASIC 库都提供一个标准的集成时钟门控（Integrated Clock Gating，ICG）单元。在芯片设计时，设计者应该直接从 ASIC 库中调用，防止综合过程中对逻辑门单元进行重新排序，导致时序违例。

需要指出的是，当门控使能信号和复位信号来自同一时钟域时可直接使用，如图 1.69 所示。

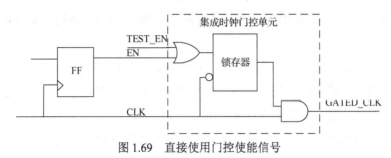

图 1.69　直接使用门控使能信号

若门控使能信号和复位信号来自不同的时钟域，则不能直接使用，如图 1.70 所示。

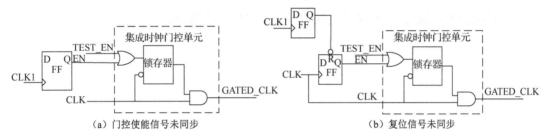

（a）门控使能信号未同步　　　　　　　（b）复位信号未同步

图 1.70　不能直接使用门控使能信号

图 1.71 所示为典型的门控逻辑电路。其中，门控使能信号和复位信号都经过了同步处理。

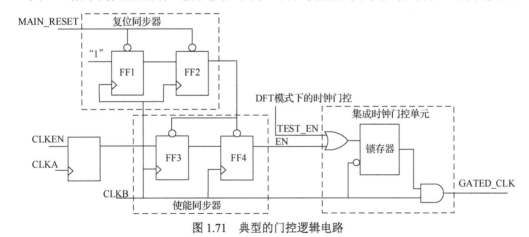

图 1.71　典型的门控逻辑电路

小结

- 芯片的全局时钟信号通过时钟分布网络传送到所有时序元件。时钟生成与分布网络包括时钟源、时钟生成电路、时钟分布网络。

- 时钟的基本属性包含周期（频率）、相位、占空比和转换时间。时钟树的属性还包括时钟偏斜、时钟抖动和时钟延迟。理想时钟网络是指时钟源具有无限的驱动能力，可实现零上升/下降转换时间、零时钟偏斜、零时钟抖动、零时钟源延迟和零时钟网络延迟。

- 时钟由时钟发生器产生，最常见的时钟源有振荡器和 PLL。

- PLL 主要用于消除时钟延迟、合成频率和校正时钟，其组件包含鉴频鉴相器、充电泵、低通滤波器、压控振荡器和分频器。

- 时钟产生电路由时钟源、时钟分频电路、时钟多路选择器和时钟门控组成。基于计数器的分频器可分为偶数分频器、奇数分频器和任意整数分频器。时钟切换有静态切换和动态切换两种方式，要根据需求合理选用，以防出现时钟毛刺。时钟门控设计应该直接调用 ASIC 库中所提供的集成时钟门控单元。

第 **2** 章

复位及其同步化

芯片复位的主要目的是使其内部寄存器（触发器和锁存器）进入确定状态，使电路从确定的初始状态开始运行。复位信号可以是高电平有效，也可以是低电平有效。

- 上电复位：避免上电后进入随机状态而使电路紊乱。
- 中间复位：如果电路运行时发生异常，如状态异常、中断异常、程序"跑飞"，就可以对电路进行复位，使其重回正常状态。
- 仿真时需要电路具有已知的初始值，否则控制信号的初始不定态会导致后续运行结果的不定态。通常情况下，控制信号的初始不定态对控制通道非常致命，但对数据通路的影响不明显。

并非所有电路都需要复位功能，复位电路不仅消耗了逻辑资源、占用了芯片面积，还增加了电路设计的复杂性，如要考虑复位的策略、复位电路的布局布线等。如果有其他方法能保证寄存器的初始确定性，就可以去掉复位电路，如在高速流水线设计中，一般采用寄存器值逐级传递的方式进行初始化。此外，有些存储元件（如 SRAM 和 DRAM 等）没有复位功能，芯片上电后需假定其内容为随机未知值。

本章将介绍复位的分类、异步复位信号的同步及复位网络。

2.1 复位的分类

复位可以分同步复位和异步复位。

2.1.1 同步复位

复位信号作为组合逻辑的一部分被送至触发器的数据端，在时钟的有效边沿影响或复位触发器，如图 2.1 所示。

复位信号

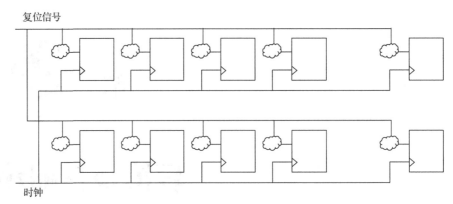

时钟

图 2.1　同步复位

为了实现同步复位，编码时必须使用 if/else 优先级的方式，其中复位信号只能置于 if 条件下，其他组合逻辑置于 else 条件下。

```verilog
module load_syn_ff (clk, in, out, load, rst_n)
    input clk, in, load, rst_n;
    output out;
    always @ (posedge clk)
        if (!rst_n)
            out<=1'b0;
        else if (load)
            out<= in;
endmodule
```

同步复位电路如图 2.2 所示。

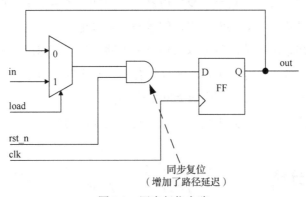

图 2.2　同步复位电路

（1）同步复位的优点。

① 不带复位端的触发器面积较小，但由于复位信号生成电路添加到触发器的数据输入路径，导致总的门电路节省得或许并不显著。

② 复位只发生在时钟的有效边沿，不易受复位信号上毛刺的影响。

③ 通过使用同步复位和将预先确定的时钟周期数作为复位过程的一部分，可以在复位

网络中使用触发器,以降低复位信号时序收敛的难度,保证整个复位域在同一时钟周期内释放。

(2) 同步复位的缺点。

① 复位信号必须保持在足够时间内有效,以便在时钟有效边沿能够采集到。解决办法:可以采用脉冲捕捉电路或者利用计数器对复位信号进行脉冲展宽。

② 必须依赖时钟来实现复位,因此触发器复位必须等到下一个时钟有效边沿才有效。如果使用门控时钟,则当没有门控时钟时就不能复位,如图 2.3 所示。

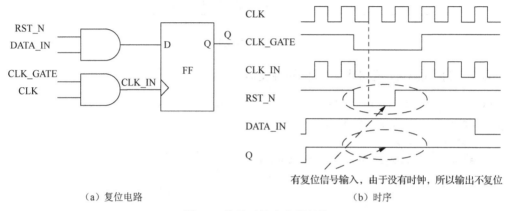

（a）复位电路   （b）时序

图 2.3 依赖时钟来实现复位

③ 增加了数据端的延迟,影响时序收敛。

(3) 总线设计中的同步复位问题。

系统上电之后,由于系统时钟可能仍未正常工作,同步复位处于无效状态,各个芯片(模块)的总线接口处于未知状态,因此当多个芯片同时输出数据时,可能导致总线电平冲突,严重时甚至损坏芯片。

有两种方法可用于防止系统上电时内部总线出现竞争:一种方法是采用异步上电复位方式控制初始状态,即使用异步复位,使能信号 OE 输出 0,如图 2.4（a）所示;另一种方法是使用复位信号直接控制使能信号 OE,如图 2.4（b）所示。

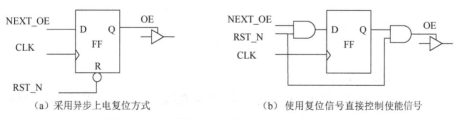

（a）采用异步上电复位方式   （b）使用复位信号直接控制使能信号

图 2.4 防止系统上电时内部总线出现竞争的方法

2.1.2 异步复位

异步复位利用触发器的复位端来实现。当复位信号到达触发器的复位端时,触发器便进入复位状态，直到复位信号撤销，如图 2.5 所示。

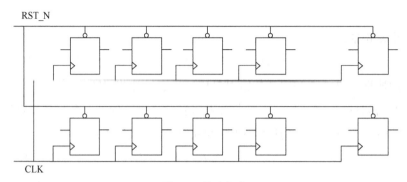

图 2.5 异步复位

以下 RTL 代码可产生带异步复位的触发器。

```verilog
module load_asyn_ff (clk, in, out, load, rst_n)
   input clk, in, load, rst_n;
   output  out;
   always @ (posedge clk or negedge rst_n)
     if (!rst_n)
        out<=1'b0;
     else if (load)
        out<= in;
endmodule
```

异步复位电路如图 2.6 所示。

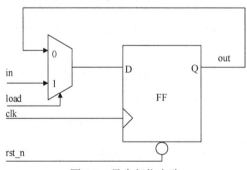

图 2.6 异步复位电路

（1）异步复位的优点。

① 复位信号直接连接到触发器的复位端，不会在数据路径上附加逻辑，没有额外的延迟加入。

② 复位与时钟无关，不管时钟有效边沿有没有到来，只要复位信号有效，触发器就会复位，从而保证了实时性，如图 2.7 所示。

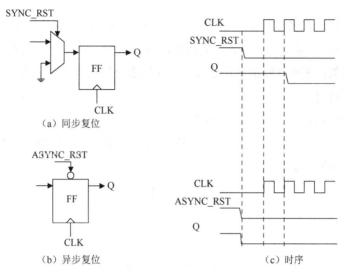

图 2.7 异步复位的实时性

（2）异步复位的缺点。

① 带复位端的触发器面积较大、功耗较高。

② 噪声或毛刺可能会导致假复位。

③ 对时序收敛和分析造成困难，如全芯片同一时钟周期内复位释放、复位路径的时序分析要等物理实现后才能进行。

④ 增加设计复杂性，并可能间接增加整体电路的复杂性和资源消耗。

（3）复位释放。

异步复位时，复位施加和复位释放都与时钟无关。一般情况下，复位施加不会出现问题，复位释放会出现问题。如果在触发器的时钟有效边沿附近释放异步复位信号，则触发器的输出可能出现亚稳态，导致电路的复位状态丢失，复位失败。为此，异步复位信号的释放必须满足触发器的复位恢复时间（Reset Recovery Time）和复位解除时间（Reset Removal Time）要求，如图 2.8 所示。

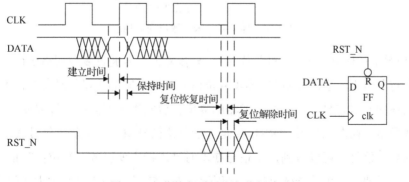

图 2.8 复位恢复时间和复位解除时间

复位恢复时间：在释放异步复位信号前，复位边沿（从有效变成无效的跳变时刻，通常是 0→1 的时间点）与下一个时钟有效边沿之间的时间，对应数据端的建立时间。

复位解除时间：在释放异步复位信号后，复位边沿与上一个时钟有效边沿之间的时间，对应数据端的保持时间。

（4）异步复位过程中可能出现的问题。

① 对单一触发器而言，若不满足其复位恢复时间或者复位解除时间要求，则可能会导致出现亚稳态，如图 2.9 所示。

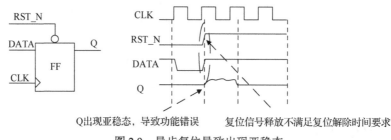

图 2.9　异步复位导致出现亚稳态

② 并非所有情况都会导致出现亚稳态，当复位值与此时的输入值相同时，便不会出现亚稳态。在图 2.10 中，输入信号本身就是低电平，无论是复位还是不复位，输出一直都是低电平，不会出现亚稳态。

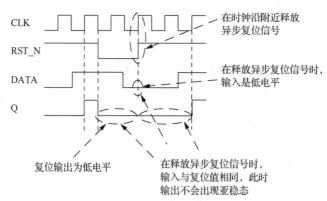

图 2.10　异步复位未导致出现亚稳态

③ 复位释放的时间不一致。对芯片而言，异步复位信号通过复位网络到达各个触发器。复位网络具有非常大的扇出和负载，异步复位信号到达不同触发器的时间存在不同的延迟。如果复位网络的延时差异导致不同触发器的复位释放发生在不同的时钟周期，则电路功能可能会出现异常。在图 2.11 中，RST_N 是异步复位信号源，异步复位信号 A、B、C 是到达触发器的异步信号。可以看到，A 信号在本时钟周期内就释放了复位；B 信号由于复位恢复时间不满足要求，可能导致触发器出现亚稳态；C 信号由于延时太大（但是满足了复位解除时间），在下一个时钟周期才释放复位。

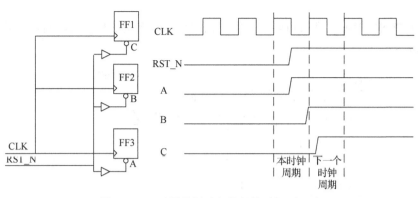

图 2.11　延时差异导致复位释放时间不一致

2.2　异步复位信号的同步化

解决复位释放问题的方法是让异步复位信号实现同步释放。异步复位信号的同步释放电路称为复位同步器，其对外部输入的异步复位信号进行处理，产生一个同步之后的复位信号，既能异步复位电路中的触发器，又不存在复位释放问题，如图 2.12 所示。

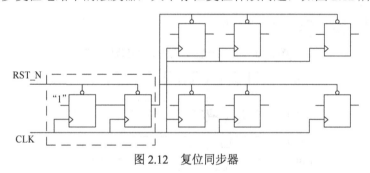

图 2.12　复位同步器

（1）复位同步器不会出现亚稳态。

图 2.13 中，在异步复位信号有效期间，第一级触发器 FF1 的输入是 1，输出 DB1 是 0，第二级触发器 FF2 的输出 DB2 也是 0。如果复位释放刚好出现在当前时钟有效边沿附近（图 2.13 中 T1 时刻），则由于 FF1 的输入与原输出不同，有可能出现亚稳态；对于 FF2 而言，当前输入与原输出相同，不可能出现亚稳态。在下一个时钟有效边沿（图 2.13 中 T2 时刻），虽然 DB1 可能是 0 或 1，但已经稳定为一个确定值，FF2 输出也是稳定值，不会出现亚稳态。

因此，在由两级触发器组成的复位同步器中，第一级触发器可能会产生亚稳态，但由于第二级触发器的存在，亚稳态不会传播下去。换句话说，即使第二级触发器的复位释放在时钟有效边沿附近，也不会出现亚稳态，总是输出稳定的复位信号。

（2）异步复位信号的去抖。

由于异步复位与时钟无关，当外部输入的异步复位信号出现毛刺时，任何满足触发器最小复位脉冲宽度的输入都有可能引起触发器复位，即便使用复位同步器，问题仍然存在，如图 2.14 所示。

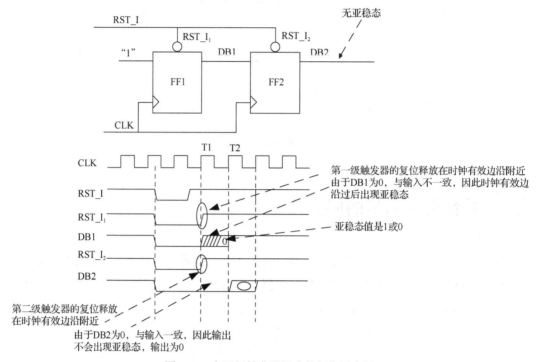

图 2.13　由两级触发器组成的复位同步器

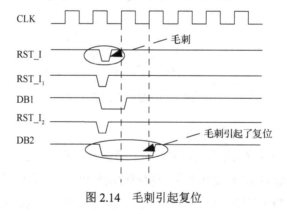

图 2.14　毛刺引起复位

　　通常外部输入的异步复位信号通过带施密特触发器的 I/O 引脚引入芯片，利用去抖电路也可以过滤毛刺。

　　去抖电路可以不依赖时钟而实现。图 2.15 所示为利用延迟电路实现去抖的电路。图 2.16 所示为利用延迟电路和 SR 触发器实现去抖的电路。

　　图 2.17 所示为依赖时钟实现去抖的电路。其主要原理是输入的异步复位信号低电平持续至少两个时钟周期，输出才可能有效。

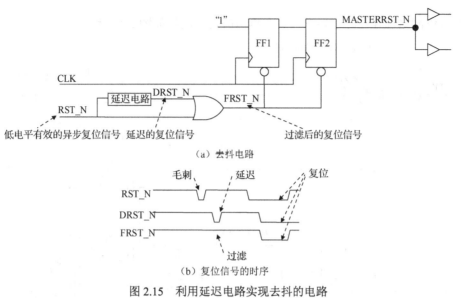

（a）去抖电路

（b）复位信号的时序

图 2.15 利用延迟电路实现去抖的电路

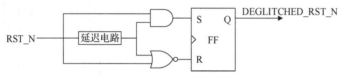

图 2.16 利用延迟电路和 SR 触发器实现去抖的电路

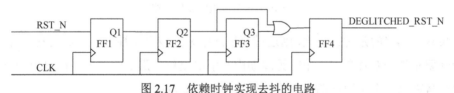

图 2.17 依赖时钟实现去抖的电路

2.3 复位网络

当复位信号驱动的触发器太多时，无法只靠单一的复位同步器，使用多组"并联"的复位同步器，可以分担负载压力，如图 2.18 所示。由于复位信号到达各组复位同步器的时间存在差异，而且各组复位同步器的第一级触发器可能出现亚稳态，导致同一时钟域的触发器可能在不同的时钟周期释放，即使满足被驱动触发器的复位恢复时间和复位解除时间要求，电路也可能工作异常。

在芯片内部，复位信号往往使用复位网络（树）来驱动众多触发器。无论是同步复位还是异步复

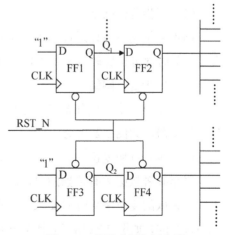

图 2.18 并联式复位同步器

位，对复位网络都存在时序要求。一个典型的复位网络如图 2.19 所示。

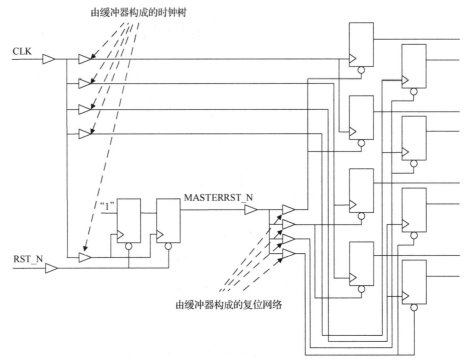

图 2.19　一个典型的复位网络

如果复位网络的延时比较大，则通过复位网络来完成复位释放可能需要几个时钟周期。如果设计要求整个芯片在同一个时钟周期内来解除复位，那么就需要平衡复位网络，以保证复位信号在同一个时钟周期内到达每个触发器的复位端。

通常使用顶层和模块级组合的分布式同步电路（复位重定时触发器或异步复位同步器）来简化大型芯片的复位网络设计。当模块内部加入本地复位同步器后，利用综合和分析工具就可以实现模块的复位时序分析和调整，无须等待整个芯片的物理设计完成之后再进行。

（1）同步复位网络。

同步复位网络可以通过插入同步触发器来实现，每个模块都含有本地的复位重定时触发器，其时序分析比较容易，如图 2.20 所示。

（2）异步复位网络。

异步复位网络通过分布式添加复位同步器来实现，每个层级或模块都含有本地的异步复位同步器，如图 2.21 所示。

（3）多时钟域复位。

每个时钟域必须有单独的复位同步器和分布式复位网络，这样才能保证复位信号满足不同时钟域的复位解除时间要求。在多时钟域中，异步复位信号的同步释放是在各自时钟域中进行的，如图 2.22 所示。比如异步 FIFO 存储器，写时钟域就用写时钟进行同步释放，读时钟域就用读时钟进行同步释放。

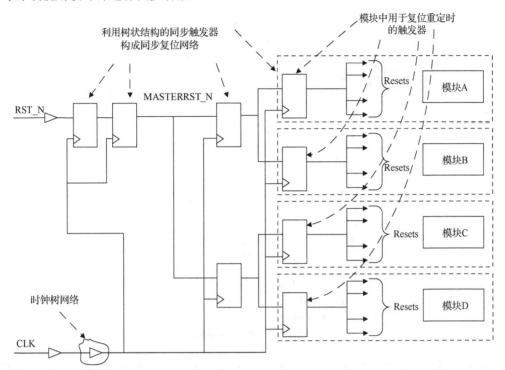

图 2.20　同步复位网络

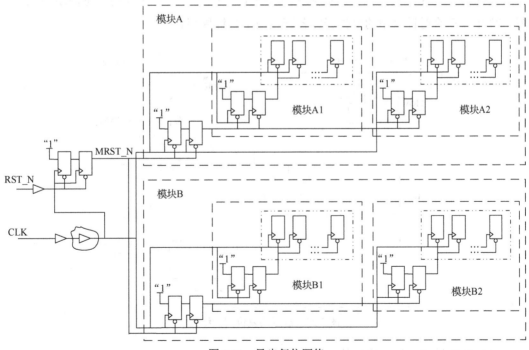

图 2.21　异步复位网络

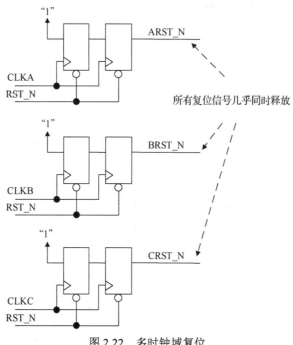

图 2.22　多时钟域复位

多时钟域的复位释放顺序存在两种情形：大部分多时钟域对复位释放顺序并没有特殊要求；有些多时钟域的复位释放必须按顺序进行，此时可使用级联的复位同步结构。在图 2.23 中，三个时钟域中的复位释放各延迟两个时钟周期。

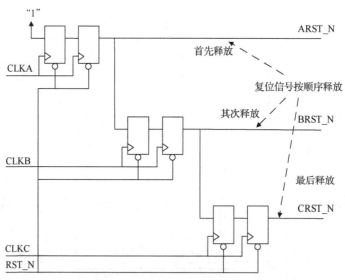

图 2.23　级联的复位同步结构

（4）DFT 模式下复位信号的可控性。

在进行 DFT 时，要求测试复位信号直接来自 I/O 引脚。如果内部触发器的复位信号不能直接被 I/O 引脚所控制，就必须进行适当修改，以保证 DFT 模式下复位信号的可控性。至于复位同步器中的触发器，一般排除在扫描链外，可不受上述规则约束。

小结

- 复位可使芯片内部的寄存器进入确定状态，电路从确定的初始状态开始运行。复位可分为同步复位和异步复位。
- 异步复位信号必须满足一定的复位恢复时间和复位解除时间要求，否则可能会出现亚稳态。解决方法是让异步复位信号实现同步释放。
- 使用带施密特触发器的 I/O 引脚或者利用去抖电路可以过滤复位信号上的毛刺。
- 通常使用顶层和模块级组合的分布式同步电路（复位重定时触发器或异步复位同步器）来简化大型芯片的复位网络设计。

第 **3** 章

跨时钟域设计

同步时钟域的时钟之间具有固定的频率和相位关系，异步时钟域的时钟之间没有固定关系。从广义上来说，跨时钟域（Clock Domain Crossing，CDC）包括跨同步时钟域和跨异步时钟域。通常所称的跨时钟域设计拥有两个或多个时钟，且时钟之间的频率不同或同频不同相。跨时钟域设计的关键是将数据或控制信号正确地进行跨时钟域传输。

本章首先介绍了跨时钟域设计的基本概念和同步器设计，然后分别讨论了单比特信号和多比特信号的跨时钟域设计。

3.1 跨时钟域设计的基本概念

在数字电路设计中，不同时钟域之间存在信号交互，如图 3.1 所示。模块 A 由时钟 CLKA 驱动，属于 CLKA 时钟域；模块 B 由时钟 CLKB 驱动，属于 CLKB 时钟域。当 CLKA 的频率高于 CLKB 时，称 CLKA 时钟域为快时钟域，称 CLKB 时钟域为慢时钟域。如果 CLKA 和 CLKB 是同步时钟，则称为跨同步时钟域，否则称为跨异步时钟域。根据信号特性，跨时钟域可进一步分为控制信号的跨时钟域和数据信号的跨时钟域。

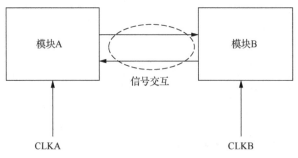

图 3.1　不同时钟域之间的信号交互

图 3.2 中，CLKA 和 CLKB 是异步时钟。DA 信号从 CLKA 时钟域传输到 CLKB 时钟域，所经路径被称为跨时钟域路径。

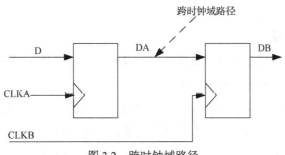

图 3.2　跨时钟域路径

在数字电路设计中，跨时钟域的情形极其普遍。例如一个 USB 转串口模块，串口会因波特率不同而工作在不同的时钟频率下，USB 接口会因速度不同而运行在不同的时钟频率下。USB 接口时钟与串口时钟之间不存在任何相位关系，USB 接口与串口分属不同的时钟域，两者之间的相连路径即为跨时钟域路径。

3.1.1　亚稳态

对时序逻辑电路来说，每一个触发器的输入数据都必须在其时钟跳变沿前后的一段时间内保持稳定，这样才能保证触发器锁存到正确值，此即触发器的建立时间和保持时间。在此时间窗口内，输入数据不允许发生改变，否则输出数据不稳定，出现亚稳态。亚稳态是器件的固有属性，不能消除，只能减少其发生概率。

对于同步时钟域的信号来说，可以通过时序分析来保证其满足建立时间和保持时间要求，不会出现亚稳态。对于异步时钟域的信号来说，数据与时钟之间的相位关系完全不可控，因此有可能出现亚稳态。静态时序分析工具通常不会用于分析跨异步时钟域路径。

（1）亚稳态的产生与传输。

以 CMOS 反相器为例，其电平传输特性曲线如图 3.3 所示。

图 3.3 中，$V_{out}=V_{in}$ 处对应的电压称为 CMOS 反相器的阈值电压。CMOS 反相器在阈值电压附近迅速完成输出电平的切换，在其他区域，输出电平几乎不变。

当输入为 0～1V 时，CMOS 反相器识别输入为低电平，CMOS 反相器的输出为高电平（大于 2.25V）；当输入为 1.5～2.5V 时，CMOS 反相器识

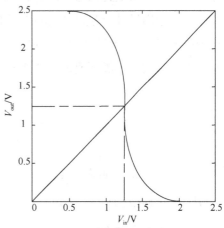

图 3.3　CMOS 反相器的电平传输特性曲线

别输入为高电平，CMOS 反相器的输出为低电平（小于 0.25V）；当输入为 1～1.5V，也就是在阈值电压附近时，CMOS 反相器可能识别输入为低电平，也可能识别输入为高电平，输出可能出现亚稳态。

（2）亚稳态的危害。

当输入数据不满足建立时间或者保持时间要求时，触发器很可能捕捉到该输入数据的电平处于未定义的电平区间，使输出出现亚稳态。

出现亚稳态以后，触发器输出在稳定之前可能为高电平，也可能为低电平，甚至产生毛刺、振荡，最终将随机稳定在高电平或低电平，与输入没有必然关系。因此，亚稳态导致逻辑出现误判的概率较大，进而导致系统故障，并且输出 0 与 1 之间的中间电压值还会使得下一级电路出现亚稳态，即导致亚稳态的传播。除此之外，亚稳态还可能使其他电路进行非预期工作，增加功耗，损坏器件，导致芯片无法使用。

（3）亚稳态的恢复时间与平均故障间隔时间。

亚稳态的时序参数如图 3.4 所示。

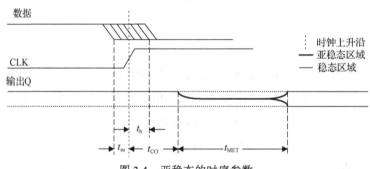

图 3.4　亚稳态的时序参数

图 3.4 中，t_{su} 表示建立时间；t_h 表示保持时间；t_{CO} 表示时钟到输出的延时；t_{MET} 表示输出从亚稳态恢复到稳态所需的额外时间。

原本输出经过一定延时（t_{CO}）后便会达到稳定，但由于出现了亚稳态，输出会继续延迟一段时间（t_{MET}）后才达到稳定。不过，稳定并不意味着一定正确。该持续时间称为亚稳态的恢复时间，一般不超过一个或两个时钟周期，具体时间取决于触发器的性能。如果亚稳态的恢复时间过长，就有可能被下一级触发器捕获，使其也出现亚稳态，造成亚稳态的传播。

建立时间和保持时间共同决定亚稳态窗口的宽度，如图 3.5 所示。亚稳态窗口越大，进入亚稳态的概率越高。采用先进工艺的逻辑器件具有更小的亚稳态窗口。

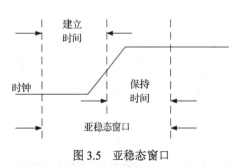

图 3.5　亚稳态窗口

触发器处于亚稳态可能会使系统产生故障，故

障发生率的倒数称为平均故障间隔时间（Mean Time Between Failures，MTBF），可表示为

$$\text{MTBF} = \frac{e^{t_r/\tau}}{T_0 \times f_c \times f_a}$$

式中，t_r 为允许的正常传播延时；τ 为触发器的亚稳态时间常数；T_0 为亚稳态窗口的宽度；f_c 为触发器的时钟频率；f_a 为异步输入信号的频率。

平均故障间隔时间是触发器采样失败的时间间隔，该值越大，说明系统采样失败的可能性越小，即系统越稳定。通常情况下，高速芯片的平均故障间隔时间较小。

亚稳态的产生不可避免，使用同步器、降低时钟频率、采用反应更快的触发器及减少输入信号的转换时间都可以减少其产生和传播。

3.1.2　跨时钟域问题

一般来说，如果芯片中存在多个时钟域，那么就必然存在跨时钟域路径。如果处理不当，则容易出现亚稳态、毛刺、多路扇出和重新聚合等问题，导致芯片不能稳定工作或者不能正常工作。

1. 毛刺

（1）竞争。

在组合逻辑电路中，某个输入变量通过两条或多条路径传输到输出端，由于每条路径的延时不同，因此到达输出端的顺序存在先后，此现象称为竞争。其中不会产生错误输出的竞争称为非临界竞争，产生暂时性或永久性错误输出的竞争称为临界竞争。

（2）冒险。

信号在芯片内部通过连线和逻辑单元时存在一定延时，该延时的大小与连线的长短和逻辑单元的数量有关，同时受器件的制造工艺、电压、温度等条件的影响，信号的高、低电平转换也需要一定的过渡时间。当多路信号的电平发生变化时，其组合逻辑输出往往会出现一些不正确的尖峰脉冲，称为毛刺，产生毛刺的现象称为冒险（Hazard）。冒险的出现说明电路一定存在竞争，但竞争不一定会产生冒险。

由竞争和冒险引发的毛刺可能会对电路逻辑造成严重后果，甚至影响设计功能。

在静态时序分析中，时序分析工具并不会对跨时钟域路径进行例行的时序检查，因此必须由设计者考虑相关影响。

以图 3.6 为例进行分析。在 CLKA 时钟域中，DA1 和 DA2 分别为两个触发器的输出。在理想状态下，DA1 和 DA2 到达与门两输入端的时间相同，但由于后端布局布线和环境等因素影响，导致不同路径的传播延时存在差异，从而使该与门的输出存在毛刺。CLKB 时钟域与 CLKA 时钟域为异步时钟域，彼此之间不存在固定的相位关系，假设此毛刺恰好在 CLKB 时钟域中被采样，那么就会使 DB1 和 DB2 生成非期望值，如出现高电平信号，导致

后继的电路功能出现问题。

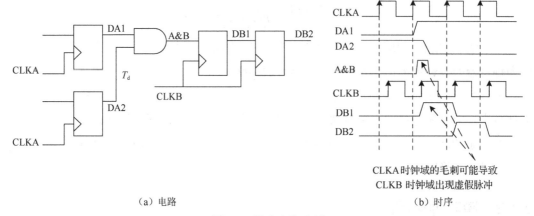

（a）电路 （b）时序

图 3.6 输出产生毛刺

有多种方法可以减少和消除毛刺：由于毛刺是一个非常窄的脉冲，因此可以在输出端接入滤波电容；在输入端引入选通脉冲；在产生冒险现象的电路中增加冗余电路；引入负脉冲，在输入信号发生竞争的时间内，将可能产生干扰脉冲的门锁住；采用可靠编码等。

（3）毛刺的产生。

毛刺的产生与数据模式、跨时钟域门电路有关。在图 3.7 中，当某些状态发生转换时，或门输出在下一个时钟沿到来前，会先出现一个中间值（毛刺），然后才达到最终稳定值。例如，当由状态 1 向状态 2 转换，即 DA1 由 1→0、DA2 由 0→1 时，输出 B 可能出现中间状态，即由 1→0→1。同样，当由状态 2 向状态 1 转换时，输出 B 也可能出现中间状态。如果不使用这两种状态转换，则可以避免产生毛刺。

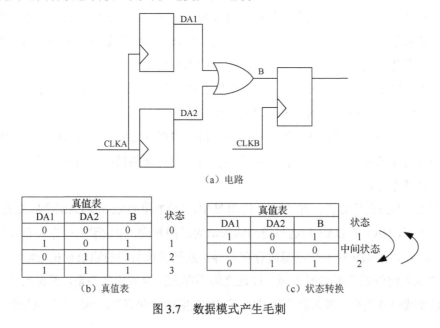

（a）电路

真值表			状态
DA1	DA2	B	
0	0	0	0
1	0	1	1
0	1	1	2
1	1	1	3

真值表			状态
DA1	DA2	B	
1	0	1	1
0	0	0	中间状态
0	1	1	2

（b）真值表 （c）状态转换

图 3.7 数据模式产生毛刺

将图 3.7 中的或门换成与门后，即便使用相同的数据模式，也不会出现中间状态，不会产生毛刺，如图 3.8 所示。

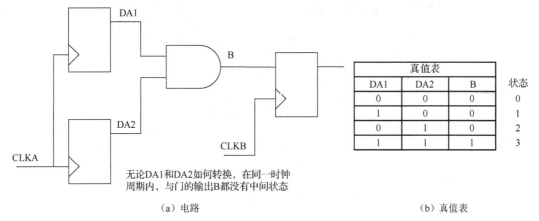

（a）电路　　　　　　　　　　　　　　　　（b）真值表

图 3.8　数据模式不产生毛刺

2．数据聚合

两个或多个相互关联的源信号经过不同路径同步后又汇聚（Convergence），可能丢失原来的相关性。

关联信号从一个时钟域传输到另一个时钟域，并分别使用同步器进行同步。如果所有关联信号同时变化，并且源时钟和目标时钟边沿接近，则由于传输延时不一致，某些关联信号可能会在第一个时钟周期内被捕获到目标域中，另一些关联信号则可能会在第二个时钟周期内被捕获到目标域中，导致目标端信号值出现无效组合，即原关联信号间的数据一致性丢失。如果由这些信号共同控制某些设计功能，则无效组合会导致功能错误。

图 3.9 中，当 EN1 和 EN2 转换时钟域后，期望得到的值是 0b00 和 0b11，但由于 EN1 和 EN2 到达 CLKB 时钟域的时间有差异，实际得到的值是 0b00、0b10 和 0b11，最终导致后继电路的功能出现问题。

3．多路扇出

多路扇出是指信号从一个时钟域分多路进入另一个时钟域（见图 3.10），由于不同路径上延时差（T_p）的存在，因此 DA1 和 DA2 到达 CLKB 时钟域的时间不同，导致 DB1 和 DB2 这两个本该同时有效的信号实际上相差一个 CLKB 时钟周期，从而有可能影响后继电路的功能。

4．数据丢失

由于时钟频率不同，在目标时钟域中可能无法捕获源时钟域数据，或者由于亚稳态存在而在第一个时钟周期内无法正确捕获源时钟域数据，如图 3.11 所示。

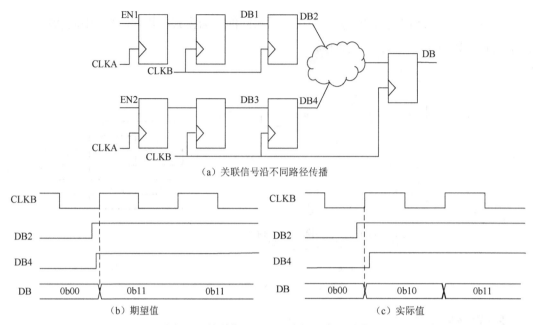

（a）关联信号沿不同路径传播

（b）期望值　　　　　　　　（c）实际值

图 3.9　关联信号沿不同路径同步后重聚

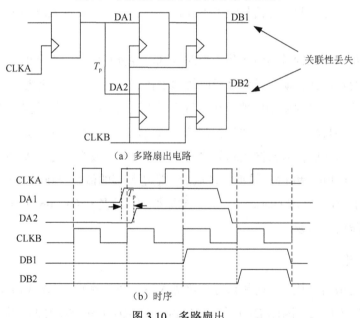

（a）多路扇出电路

（b）时序

图 3.10　多路扇出

（1）从快时钟域到慢时钟域的数据跨越。

从快时钟域到慢时钟域的数据跨越可能出现数据丢失，如图 3.12 所示。

（2）从慢时钟域到快时钟域的数据跨越。

从慢时钟域到快时钟域的数据跨越一般没有数据丢失的风险。但若目标时钟仅稍快于源时钟，则数据丢失风险仍然存在，因为一旦两个时钟的边沿几乎对齐，那么在接下来的几个时钟周期内它们将非常靠近。

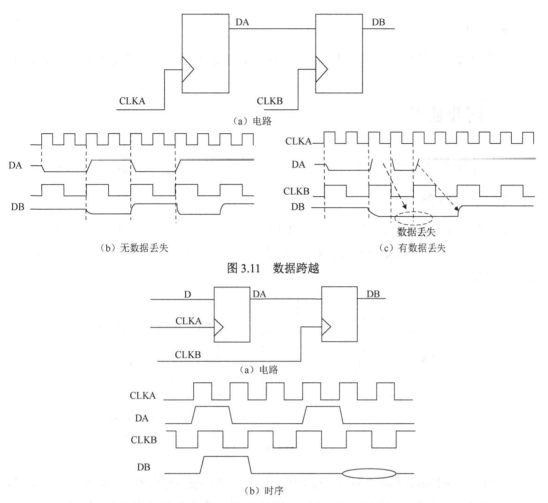

（a）电路

（b）无数据丢失

（c）有数据丢失

图 3.11　数据跨越

（a）电路

（b）时序

图 3.12　从快时钟域到慢时钟域的数据跨越

在图 3.13 中，由于建立时间违例，在源时钟第一个边沿生成的数据很可能无法在目标时钟域被可靠捕获，源触发器在目标时钟的第二个边沿到来之后立即发送另一个数据，又会导致保持时间违例，因此源触发器发送的数据可能无法在目标时钟的两个边沿之一被可靠捕获，导致数据丢失。

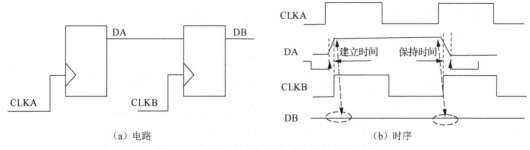

（a）电路

（b）时序

图 3.13　从慢时钟域到快时钟域的数据跨越

5．异步复位

异步复位信号的释放类似于数据在时钟跳变沿附近发生改变，可能会导致出现亚稳态。

3.2 同步器设计

跨时钟域的信号传输可能会出现亚稳态，需要进行同步以减小亚稳态的出现和传播概率。

1．电平同步器

最简单的单比特信号跨时钟域同步方法是使异步输入信号通过由两个触发器构成的电平同步器，如图 3.14 所示。电平同步器可以使平均故障间隔时间变得足够大，足以满足一般应用的要求。

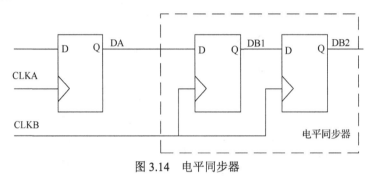

图 3.14　电平同步器

当信号跨时钟域传输时，不同情形下的延迟可能会导致信号在不同的时钟周期被采样，如图 3.15 所示。由图 3.15 可知，情形 1 中 DB0 采样到高电平比情形 0 中 DB0 采样到高电平晚一个时钟周期。

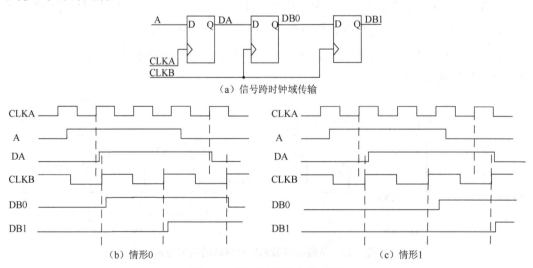

（a）信号跨时钟域传输

（b）情形0　　　　　　　　　　　（c）情形1

图 3.15　跨时钟域的传输延迟

为了使电平同步器正常工作，跨时钟域路径上不应存在组合逻辑电路，这就要求信号先在源时钟域打拍后发送，然后直接在目标时钟域中打拍，这样经过两个目标时钟周期后便可成为有效信号。

图 3.16 中，跨时钟域路径中存在组合逻辑电路，可能会出现竞争、冒险，导致电平同步器采样到错误数据。

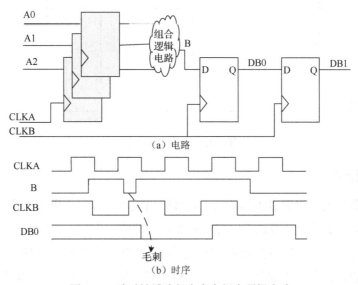

图 3.16　跨时钟域路径中存在组合逻辑电路

当信号从慢时钟域传输到快时钟域时，信号通常能被采样，但此时电平同步器的输出为电平信号，无法产生与目标采样时钟等宽的脉冲信号；当信号从快时钟域传输到慢时钟域时，信号必须持续至少一个同步时钟周期，以确保被采样。因此，快时钟域的信号不适合采用电平同步器。

（1）多级同步器。

当时钟频率极高时，可能需要三级或更多级同步器，如图 3.17 所示。多级同步器虽然可以将亚稳态的出现概率降到更低，但并不会完全消除亚稳态，反而会影响电路功耗。

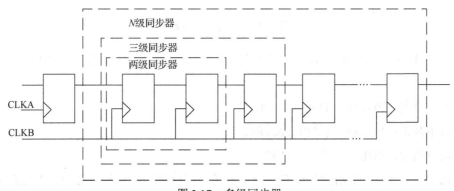

图 3.17　多级同步器

（2）半周期同步器。

图 3.18 中，两级同步触发器工作在同一个时钟的不同边沿，只需半个时钟周期便足以降低亚稳态出现的概率。使用半周期同步器可以减小数据延时，通常用于慢速时钟。

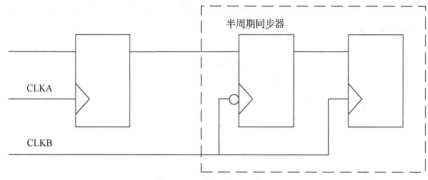

图 3.18　半周期同步器

2. 边沿同步器

边沿同步器在电平同步器的基础上，通过输出端的逻辑组合可以完成对信号边沿的提取，识别上升沿、下降沿及双边沿，并产生相应的脉冲。

信号先在目标时钟域打两拍完成同步之后，再外接一个触发器，相当于将信号向后延迟一个时钟周期。随后，通过双输入与门对同步信号和延迟信号进行逻辑组合，完成边沿提取，得到一个与目标时钟域的采样时钟周期等宽、高电平有效的脉冲。上升沿同步器如图 3.19 所示。

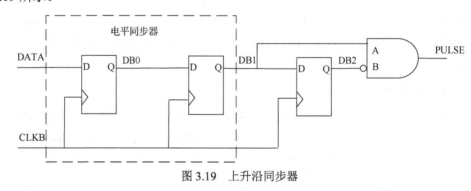

图 3.19　上升沿同步器

假设图 3.19 中三个触发器（从左到右）的输出分别为 DB0、DB1、DB2，则有如下结果。

提取上升沿：PULSE = DB1 & (~DB2)。

提取下降沿：PULSE = (~DB1) & DB2。

提取双边沿：PULSE = DB1 ^ DB2。

相比电平同步器，边沿同步器的作用主要是检测跨时钟域信号的边沿，产生脉冲输出，适用于要求输出脉冲的电路，并且仅适合从慢时钟域到快时钟域的信号传输。

3．脉冲同步器

前述两种同步器都只适合从慢时钟域到快时钟域的信号传输。当从快时钟域传输单比特信号到慢时钟域时，则需要利用脉冲同步器。其原理是先将源时钟域的脉冲转化为电平信号，再进行同步，最后将同步完成的电平信号转化为脉冲。

将脉冲之间的区域变为高电平称为结绳（Toggle），因此脉冲同步法也被称为开环结绳法。

① 利用二选一选择器实现。

对于图 3.20 所示的脉冲同步器，假设初始时，触发器 FF0 Q 端的输出值 DA 为 0，则当 DATA 为低电平时，DA 保持不变；当 DATA 的高电平到来时，DA 翻转为 1；然后 DATA 变为低电平，DA 保持高电平不变，直到下一次 DATA 的高电平到来时才再次发生翻转。

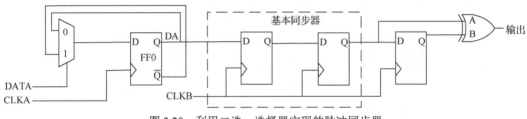

图 3.20　利用二选一选择器实现的脉冲同步器

② 利用异或门实现。

图 3.21 所示为利用异或门实现的脉冲同步器。假设初始时触发器 FF0 Q 端的输出值 DA 为 0，则当 DATA 为低电平时，异或门输入相同，输出为 0，DA 保持 0 不变；当 DATA 的高电平到来时，异或门输入不同，输出为 1，DA 翻转为 1；然后 DATA 变为低电平，但异或门输入仍不同，DA 保持高电平不变，直到下一次 DATA 的高电平到来时才再次发生翻转。

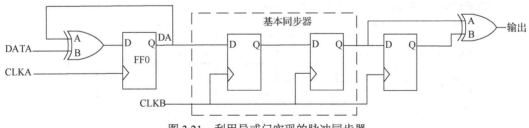

图 3.21　利用异或门实现的脉冲同步器

脉冲同步器的电路如图 3.22（a）所示。脉冲同步器对输入脉冲的宽度和间隔有比较严格的要求：输入脉冲的宽度必须是 1 个源时钟周期，而输入脉冲之间的最小间隔必须不小于 2 个目标时钟域的时钟周期，分别如图 3.22（b）、图 3.22（c）所示。如果输入脉冲的宽度超过 1 个源时钟周期，则可能会导致无脉冲输出，如图 3.22（d）所示；如果输入脉冲相距过近，则会导致仅输出 1 个脉冲，其宽度大于 1 个目标时钟周期，如图 3.22（e）所示。

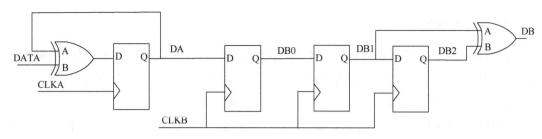

（a）脉冲同步器的电路

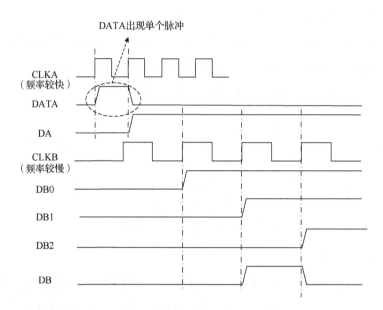

（b）输入单个脉冲，输出单个脉冲

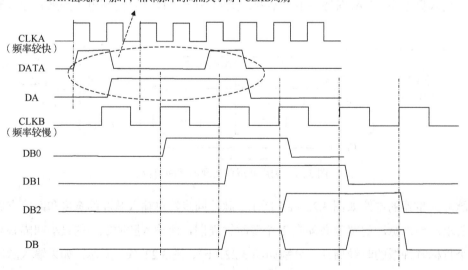

（c）输入两个脉冲，输出两个脉冲

图 3.22　脉冲同步器

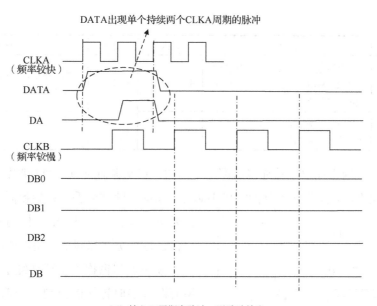

（d）输入双周期宽脉冲，无脉冲输出

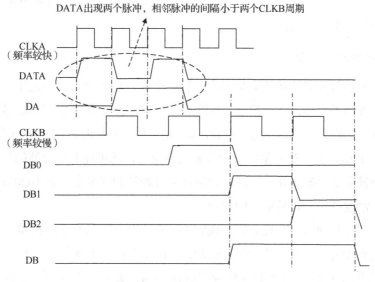

（e）输入两个脉冲，输出单个双周期宽脉冲

图 3.22　脉冲同步器（续）

不同同步器的应用和限制如表 3.1 所示。

表 3.1　不同同步器的应用和限制

类型	应用	输入	输出	限制
电平同步器	同步电平信号，适用于从慢时钟域到快时钟域的信号传输	电平	电平	输入信号必须保持两个目标时钟周期宽度，每一次同步之后，输入信号必须恢复到无效状态

续表

类型	应用	输入	输出	限制
边沿同步器	识别输入信号的上升沿、下降沿及双边沿，适用于从慢时钟域到快时钟域的信号传输	电平或脉冲	脉冲	输入信号必须保持两个目标时钟周期宽度
脉冲同步器	同步单周期脉冲，适用于从快时钟域到慢时钟域的信号传输	脉冲	脉冲	输入脉冲必须间隔两个目标时钟周期以上

在上述同步器设计中，脉冲传递都是单向的，仅从源时钟域到目标时钟域，缺少来自后者的状态反馈，因此当输入脉冲间隔不满足要求时，脉冲会丢失并导致同步失败。所以，需要引入握手（Handshake）机制来解决此问题，以保证每个脉冲都同步成功，如图 3.23 所示。

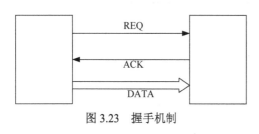

图 3.23　握手机制

握手机制也称为闭环结绳法。握手机制对所有跨异步时钟域的控制信号都适用，可以抑制亚稳态的传播，并正确传输控制信号，在单比特信号从快时钟域到慢时钟域的传输和多比特信号的同步设计中都有应用。

4. 同步器的时序约束

在由两个同步触发器构成的同步器中，第一个同步触发器有可能发生亚稳态采样，但第二个同步触发器不希望出现亚稳态。如果第一个同步触发器出现亚稳态，其时钟端（CK）至输出端（Q）的延时（T_{CK-Q}）就会很长，如 1ns。如果目标时钟的频率小于 100MHz，时钟周期便大于 10ns，那么对于第二个同步触发器来说，就可能具有足够的建立时间和保持时间来保证不发生亚稳态采样。但是，如果目标时钟的频率很高，如 1000MHz，那么将导致第二个同步触发器没有足够的时间窗口。

以图 3.24 为例，假定 CLKB 采样 DA 时不满足建立时间要求，同步器中的第一个同步触发器将出现亚稳态，其输出 DB0 需要经过很长时间才能稳定，即 T_{CK-Q} 大大增加，使第二个同步触发器在采样 DB0 时也因建立时间不满足要求而在输出端出现亚稳态。当第一个同步触发器出现亚稳态后，虽然 T_{CK-Q} 会很大（如 1ns），但时序分析工具并不知道，以为已经满足了正常的建立时间和保持时间要求，所以分析时仍利用了单元库中的数据（如 0.2ns），认为第二个同步触发器已满足建立时间要求，不会出现亚稳态。但是，实际的输出延时多出了 0.8ns，有可能使得第二个同步触发器因不满足建立时间要求而出现亚稳态。

因此，在实际设计中，需要对同步器中第二个同步触发器的时序进行约束和检查。例如，设置同步器中第一个同步触发器 Q 端到第二个同步触发器 D 端的最大延时（Max Delay），使该路径满足建立时间和保持时间要求，如图 3.25 所示。

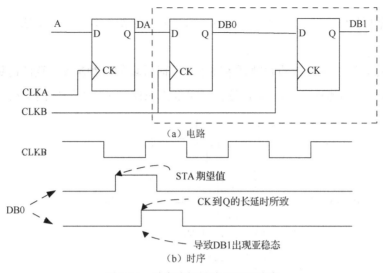

（a）电路

（b）时序

图 3.24　时序违例导致出现亚稳态

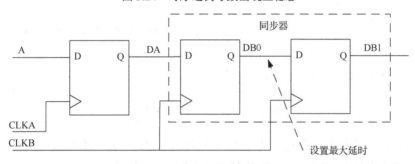

图 3.25　跨时钟域电路的时序约束

3.3　单比特信号的跨时钟域设计

电平同步器、边沿同步器和脉冲同步器都可以完成单比特信号的跨时钟域传输，包括从高频到低频、从低频到高频、从电平到电平、从电平到脉冲、从脉冲到脉冲。

3.3.1　从快时钟域到慢时钟域的信号传输

如果电平信号足够宽，那么其跨时钟域传输后总能被采样到，不需要考虑时钟快慢。如果宽度有限的电平信号在快时钟域中发生多次改变，那么其可能在慢时钟域中来不及被采样就丢失了。如果采样丢失被允许，则可以直接使用同步器同步；如果采样丢失不被允许，则需要快时钟域的信号宽度和间隔满足一定条件，使得慢时钟域有足够时间采样，以保证信号不丢失。

（1）信号宽度的"三时钟边沿"要求。

通常为了保证信号传输采样的正确性,快时钟域的信号宽度必须是慢时钟周期的 1.5 倍以上，也就是要持续 3 个时钟边沿（包括上升沿和下降沿）以上，此即所谓的"三时钟边沿"要求。

图 3.26 中，发送时钟域的时钟频率高于接收时钟域的时钟频率，而跨时钟域信号在发送时钟域中只有一个快时钟周期宽，这样其可能因在慢时钟上升沿之间变动而被漏采。

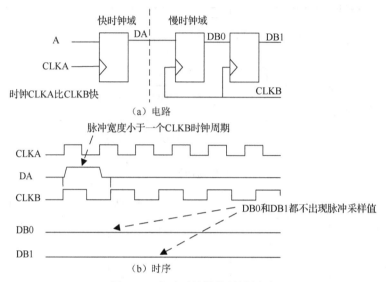

图 3.26　窄跨时钟域信号被漏采

如果跨时钟域信号的宽度超过 1 个慢时钟周期，但是不足 1.5 个慢时钟周期，可能会造成建立时间和保持时间违例，导致信号采样失败，如图 3.27 所示。

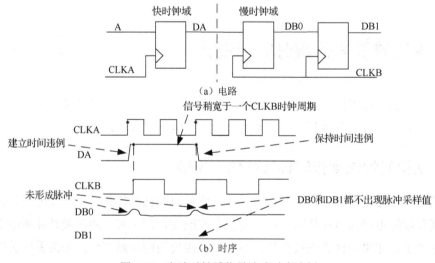

图 3.27　窄跨时钟域信号造成时序违例

当不允许丢失时，有两种解决方案：一种是开环控制方案，无须确认即可捕获信号；另一种则是闭环控制方案，需要确认收到跨越时钟域边界的信号。

① 开环控制方案。

使用开环控制方案时，不需要知道慢时钟域的边沿信息，只要保证快时钟域中发送信号的宽度超过慢时钟周期的 1.5 倍即可。

慢时钟域中，通过一个触发器和一个异或门产生一个慢时钟周期宽的信号。当从快时钟域发送来的信号变化太快时，比如出现两次 0→1 变换，慢时钟域可能会将其接收成一个 2 个慢时钟周期宽的信号。

② 闭环控制方案。

闭环控制是指通过反馈来控制快时钟域中控制信号的延时，以便在慢时钟域能充分采样到控制信号。图 3.28 中，将 CLKA 时钟域中的控制信号打拍后送至 CLKB 时钟域进行双触发器同步，同步之后的信号作为确认信号再传回 CLKA 时钟域进行双触发器同步。在 CLKA 时钟域中，当反馈回来的确认信号变为高电平时，被采信号被拉低。同步反馈信号是一种非常安全的技术，可以识别第一个控制信号并将其采样到新的时钟域中。但是在允许控制信号改变之前，两个方向上的同步化会产生相当大的延时。当然，在慢时钟域一侧，可以添加上升沿检测电路，一方面输出一个脉冲控制信号，另一方面防止亚稳态的干扰。在实际的芯片设计中，宽度有限信号的同步都采用这种握手机制来处理。

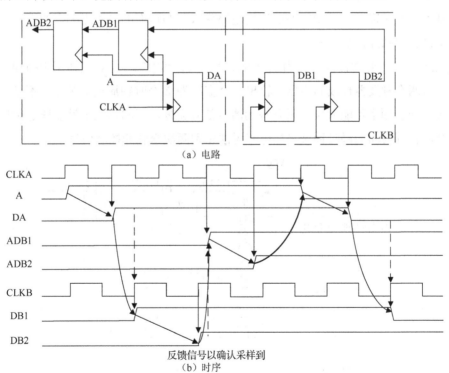

图 3.28　采用同步反馈信号延长快时钟域信号

具体实现时，需要对控制信号的产生逻辑进行处理，以满足延时要求。图 3.29 所示为控制信号的延时实现电路。

FF1 由源时钟驱动,当输入变为高电平时,其输出也变为高电平。FF1 的输出反馈电路通过与门和或门保证了在 FF5 输出 0 时,只要 FF1 输出变为高电平,FF1 输出就一直保持高电平。直到 FF3 同步输出变成高电平,随后 FF5 输出也变成高电平,致使与门输出低电平,此时只要输入为低电平,FF1 输出就为低电平。

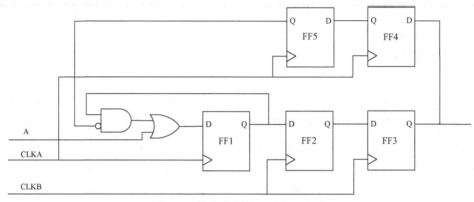

图 3.29　控制信号的延时实现电路

(2)窄脉冲捕捉电路。

控制信号有时需要完全由前面的逻辑电路生成,与后面的电路无关,即没有反馈信号也能够采样到窄脉冲控制信号。

图 3.30 中的窄脉冲捕捉电路由三个触发器构成,其中第一个触发器用于捕捉窄脉冲的上升沿,后两个触发器构成同步器,输出一个宽度为 2 个时钟周期的脉冲。不过,窄脉冲控制信号的产生频率不能太快,需要等到清零信号无效,即间隔三个触发器延时后才能产生下一个,否则后面的慢时钟域采样电路无法识别两次窄脉冲控制信号。

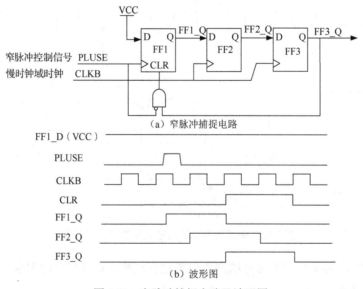

图 3.30　窄脉冲捕捉电路及波形图

3.3.2　从慢时钟域到快时钟域的信号传输

从慢时钟域到快时钟域的信号传输直接使用信号同步器即可。只有目标时钟域的时钟频率比源时钟域的时钟频率快 1.5 倍以上，才能满足"三时钟边沿"的要求，从而保证快时钟域能够采样到慢时钟域的信号。如果只快一点，如目标时钟域的时钟频率比源时钟域的时钟频率快 1～1.5 倍，则仍需使用从快时钟域到慢时钟域信号传输的处理方法。另外，当时钟之间的关系还不清楚时，为了保险和修改方便，都可以采用类似方式进行单比特信号的跨时钟域处理。

通常使用边沿同步器以避免使用重复采样值。

3.3.3　跨同步时钟域的信号传输

大多数情况下，只要遵循同步电路的设计要求，跨同步时钟域的信号传输就不会出现亚稳态，也不会出现数据丢失，因此并不需要同步器。图 3.31 所示为同频同相位时钟域的信号传输，图 3.32 所示为同频固定相移时钟域的信号传输。

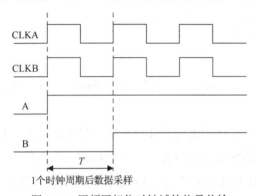

图 3.31　同频同相位时钟域的信号传输

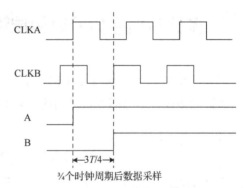

图 3.32　同频固定相移时钟域的信号传输

图 3.33 所示为具有整数倍频关系的控制信号传输（从快时钟域到慢时钟域）。一般情况下，具有整数倍频关系的控制信号传输不需要同步器，但是需要将快时钟域的控制信号延长合适的时间。根据时钟之间的倍数关系，控制信号的宽度要大于或等于采样时钟的周期，一般取 1.5 倍，以避免在慢时钟域丢失信号。

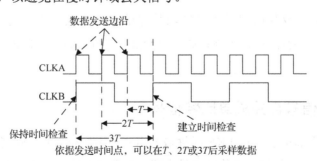

图 3.33　具有整数倍频关系的控制信号传输（从快时钟域到慢时钟域）

当具有整数倍频关系的控制信号从慢时钟域传输到快时钟域时，快时钟域能够采样得到该控制信号，如果希望避免重复操作，可以使用上升沿检测电路。

同一时钟源产生的两个时钟，只要彼此之间存在最小相位差，满足建立时间和保持时间要求，就不会产生亚稳态，也不需要加入同步器，如图 3.34 所示。

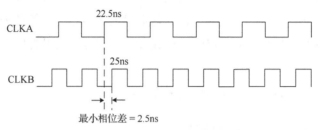

图 3.34　存在最小相位差的同源时钟

如果两时钟之间的相位差很小，不满足建立时间和保持时间要求，就可能产生亚稳态，此时需要加入同步器。

3.4　多比特信号的跨时钟域设计

对在两个时钟域之间传递多比特信号的错误认知是以为简单的同步器就可以满足要求，错误的多比特信号同步设计如图 3.35 所示。

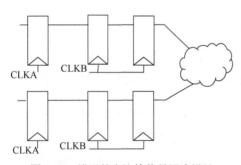

图 3.35　错误的多比特信号同步设计

虽然同步器的存在可以防止出现亚稳态，但不同的路径延时可能会产生数据相关性丢失的问题。比如 2 比特信号从 0b00 转换到 0b11，其中 1 比特数据用了 2 个时钟周期将其同步到目标时钟域，另 1 比特数据的同步器用了 3 个时钟周期才将其同步到目标时钟域。那么在第二个和第三个时钟周期之间，就会出现 0b10 的值，即出现了错误的采样信号，导致功能有可能不正确。

多比特控制信号或数据信号跨时钟域传输的办法主要有多比特信号合并成单比特信号、使能技术、握手机制、多周期路径（Multi-Cycle Path，MCP）法和使用 FIFO 控制器。

3.4.1　多比特信号合并成单比特信号

图 3.36 中，目标时钟域（CLKB 时钟域）需要使用加载信号和使能信号才能将数据加载到寄存器中。如果加载信号和使能信号由同一个源时钟驱动，那么两信号之间的小相位

偏差就有可能导致它们在目标时钟域中同步到不同的时钟周期。在这种情况下，数据不会被加载到寄存器中。

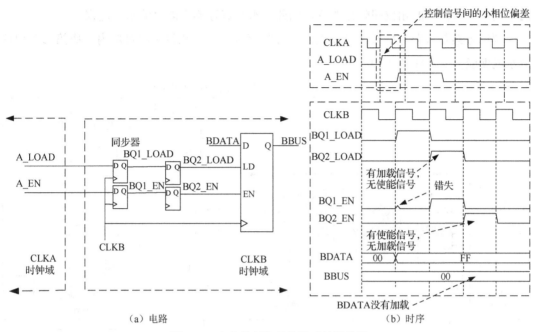

(a) 电路　　　　　　　　　　　　　(b) 时序

图 3.36　多个控制信号的跨时钟域传输

　　一个简单的解决方法是将控制信号 A_LOAD 和 A_EN 组合起来：A_LDEN=A_LOAD & A_EN，然后同步到 CLKB 时钟域中，如图 3.37 所示。

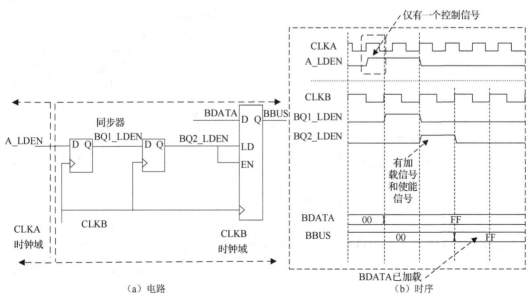

(a) 电路　　　　　　　　　　　　　(b) 时序

图 3.37　合并成单一控制信号后的跨时钟域传输

　　图 3.38 中，两个加载信号（A_LD1 和 A_LD2）从源时钟域依次发送到目标时钟域，

以控制流水线数据寄存器的使能输入。但是同步器并不能保证在两个时钟周期内对 A_LD1 和 A_LD2 完成同步，如 A_LD2 对应的同步器用了 3 个时钟周期才对 A_LD2 完成同步。由于同步后两信号的相位间隔被改变，因此流水线寄存器不能"流水"起来。

解决方案是只向目标时钟域发送一个控制信号，然后在目标时钟域内生成第二个相移流水线使能信号，如图 3.39 所示。

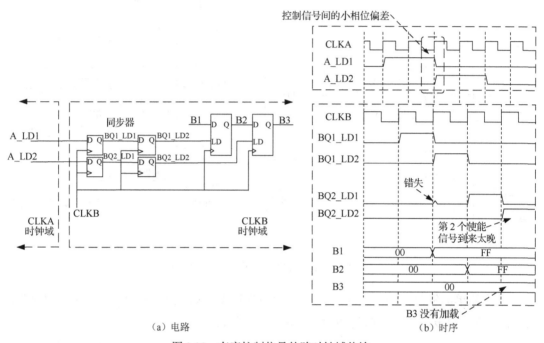

（a）电路　　（b）时序

图 3.38　有序控制信号的跨时钟域传输

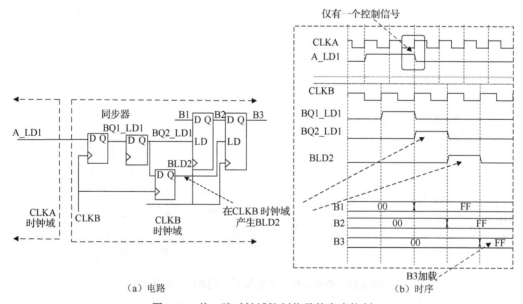

（a）电路　　（b）时序

图 3.39　单一跨时钟域控制信号的有序控制

3.4.2　使能技术

对于多比特信号，最常用的同步方法是采用使能技术，也就是通过一个使能信号来判断数据是否已经稳定。当使能信号有效时，说明数据处于稳定状态，此时采样寄存器才对数据进行采样，这样可以保证没有时序违例。使能信号一般使用同步器来实现同步，所以数据路径的最大延时要求小于两个目标时钟周期，如图 3.40 所示。

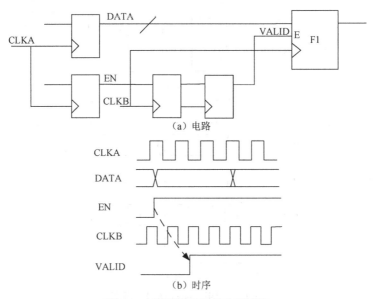

图 3.40　利用使能信号实现同步

使能信号也可以来自目标时钟域，采用这种设计时，需要保证在使能信号有效前传输数据已经稳定，如图 3.41 所示。

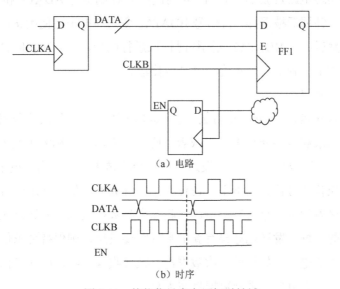

图 3.41　使能信号来自目标时钟域

除此之外，可以利用多路选择器来实现同步，如图 3.42 所示。

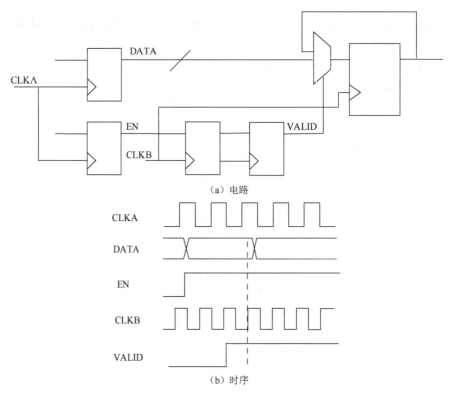

（a）电路

（b）时序

图 3.42 利用多路选择器实现同步

3.4.3 握手机制

握手机制的实现电路及波形图如图 3.43 所示。当控制信号 ADATA 和 ADATA1 变为高电平并同步到慢时钟域后被采样，待信号 BDATA2 变为高电平后便确认已采样得到快时钟域的控制信号；然后信号 BDATA2 回到快时钟域进行同步，此时在快时钟域中将控制信号拉低，这样就完成了控制信号的正确跨时钟域传输。

（1）两相握手协议。

两相握手（Two Phase Handshaking）协议是基于事件的，每次信号翻转都代表一次事件，控制信号的请求和应答通过上升沿或者下降沿来表示，也称为不归零（Non-Return to Zero，NRZ）握手协议。发送端准备好发送数据后会将请求信号置为高电平，若接收端允许接收数据，则将应答信号置为高电平。在任一个时钟周期，如果请求信号和应答信号均为高电平，则在紧接着的下一个时钟边沿，接收端会将数据采入，并通过应答信号表示自己是否可以接收新的数据。发送端如果有新的数据需要发送，则保持请求信号为高电平，否则将请求信号置为低电平。如果前一次数据没有被接收端接收，即应答信号为低电平，则需要保持请求信号为高电平，否则数据将被丢弃。

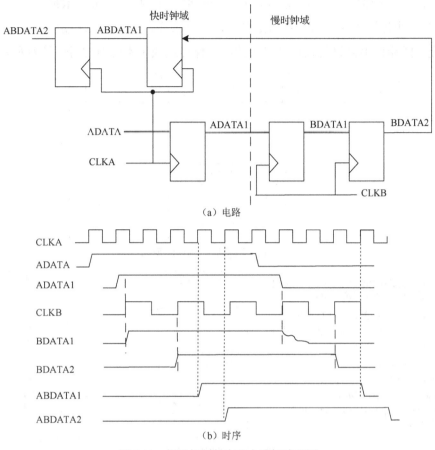

图 3.43　握手机制的实现电路及波形图

图 3.44 中，c1 周期，发送端有数据（D0）期望发送，将请求信号（REQ）置 1，并将 D0 稳定，但是在这期间接收端无法接收数据（可能正忙于对其他事务的处理），即应答信号（ACK）为 0，数据没有被接收，发送端只能继续保持请求信号为 1，并保持 D0 不变。c2 周期，接收端不再繁忙，可以接收数据，于是将应答信号置 1，并取走 D0。c3 周期，应答信号仍为 1，表明接收端仍想接收新数据，虽然此时发送端并没有新数据需要发送。c4 周期，发送端又有数据（D1）需要发送，于是置请求信号为 1，此时接收端正在等着，于是取走 D1。c5 周期，虽然发送端还有数据（D2）需要发送，可是接收端无法接收新数据，于是 D2 及对应的请求信号只能一直保持，直到 c7 周期，接收端可以接收数据了，于是 D2 被接收端接收。

（2）四相握手协议。

四相握手（Four Phase Handshaking）协议是基于电平的，只有高电平表示控制信号的请求和应答，控制信号需要归零，因此也称为归零（Return-to-Zero，RZ）握手协议。如图 3.45 所示，发送端准备好数据后会将请求信号置为高电平，接收端接收数据后将应答信号置为高电平；然后发送端将请求信号置为低电平作为响应（此时数据可以不再保持有效），接收端也通过将应答信号置为低电平来做出应答。此时，发送端就可以开始下一个通信周期。四相握手协议的缺点是多余的归零翻转造成了不必要的时间浪费和能量损耗。

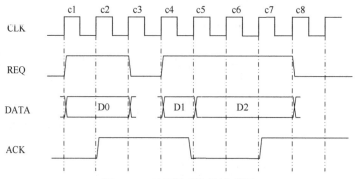

图 3.44　两相握手协议波形图

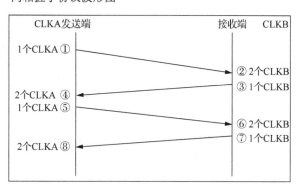

① 发送端将并行数据驱动到总线上，同时发出一个"数据有效"的请求信号REQ

② 接收端识别到REQ有效，接收这组数据

③ 接收完毕之后向发送端返回一个应答信号ACK

④ 发送端识别应答信号ACK

⑤ 发送端撤销请求信号REQ

⑥ 接收端检测到请求信号REQ无效

⑦ 接收端将应答信号ACK撤销

⑧ 发送端检测到应答信号ACK无效，开始新一轮的数据传输

图 3.45　四相握手协议

根据经验估算法，信号跨越一个时钟域需要两个时钟周期，并且信号在跨越时钟域前会被电路寄存，因此，四相握手协议电路的总延时为 6 个发送时钟周期和 6 个接收时钟周期。

理想情况下，两相握手协议电路应该比四相握手协议电路的速度更快，但是实际电路复杂多变，不能贸然声称哪种协议更好。

握手机制可以用于多比特数据传输，其思想是将多个信号的跨时钟域传输问题转变为单个信号的跨时钟域传输问题，其间数据保持不变，所以传输时不会出现亚稳态。图 3.46 中，REQ/ACK 构成了一对握手控制信号，其中 REQ 经过两级同步触发器传至接收端，ACK 经过两级同步触发器传回发送端。发送端握手状态机和接收端握手状态机分别产生 REQ 和 ACK 信号，握手协议从 REQ 有效开始，直到 ACK 无效结束，其间发送端必须保证数据总线上的数据稳定不变。在此机制下，传输一个数据需要握手多次，传输效率低，但对时钟频率没有特别要求。

利用四相握手协议可以实现两个基本操作：PUSH 操作和 PULL 操作。

① PUSH 操作。

PUSH 操作如图 3.47 所示。发送端将数据传输到数据总线上并发出请求信号，接收端识别到有效请求信号后提取数据，并发出应答信号；发送端识别到有效应答信号后撤销请求信号；发送端识别到无效请求信号后撤销应答信号；发送端识别到无效应答信号后，开始下一轮 PHSU 操作。

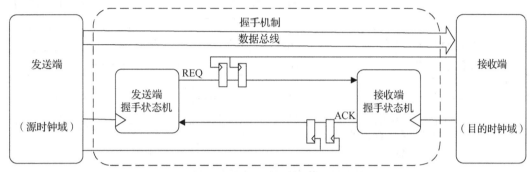

图 3.46　握手机制用于多比特数据的传输

② PULL 操作。

PULL 操作如图 3.48 所示。发送端发出请求信号，接收端识别到有效请求信号后，将数据传输到数据总线上并发出应答信号；发送端识别到有效应答信号后提取数据并撤销请求信号；接收端识别到无效请求信号后撤销应答信号；发送端识别到无效应答信号后，开始下一轮 PULL 操作。

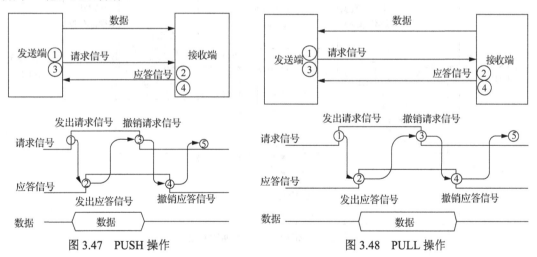

图 3.47　PUSH 操作　　　　　　　　图 3.48　PULL 操作

3.4.4　多周期路径法

多周期路径法是使能技术和握手机制两种方法的结合。其基本思想是使用类似于使能信号的控制信号，通过握手机制保证控制信号能够正确传输，然后在目标时钟域中基于控制信号来采样数据。

① 利用边沿同步器产生使能信号。

在源时钟域中产生的控制信号同步到目标时钟域后，利用边沿同步器检测其上升沿，然后用作使能信号去加载数据，如图 3.49 所示。

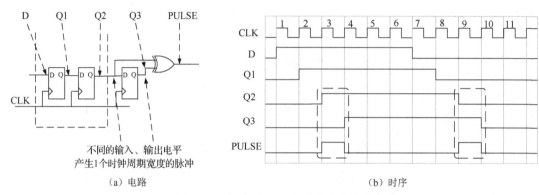

（a）电路

（b）时序

图 3.49　利用边沿同步器产生使能信号

② 带反馈的多周期路径法。

带反馈的多周期路径法通过反馈信号来确认数据传输完成，如图 3.50 所示。

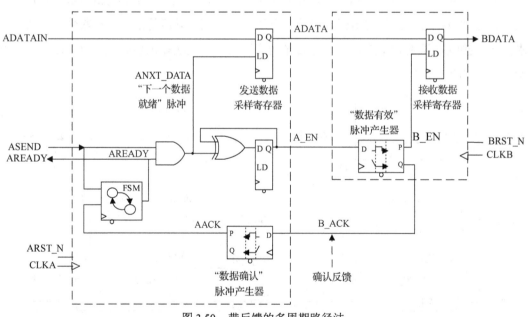

图 3.50　带反馈的多周期路径法

③ 带应答反馈的多周期路径法。

带应答反馈的多周期路径法通过应答和反馈信号对来确认数据传输完成，如图 3.51 所示。

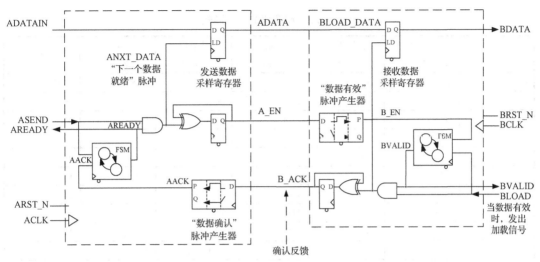

图 3.51 带应答反馈的多周期路径法

3.4.5 使用 FIFO 控制器

当数据变化速率比采样速率慢或者比采样速率略快时，可以使用握手信号；当数据变化速率比采样速率快很多时，就要使用 FIFO 控制器。实际上，无论数据传输是从快时钟域到慢时钟域，还是从慢时钟域到快时钟域，FIFO 控制器都适用。图 3.52 中，读/写状态机用于控制 FIFO 存储器的读/写操作，比较器用于判断 FIFO 存储器的状态（空或满），读地址同步电路、写地址同步电路则分别用于读指针、写指针的同步化。

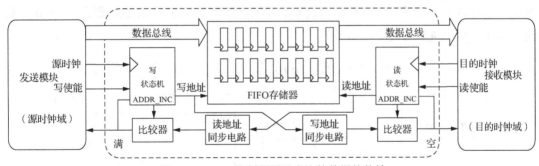

图 3.52 FIFO 控制器用于多比特数据的传输

1. 格雷码

在一组数的编码中，若任意两个相邻代码只有一位二进制数不同，则称此编码为格雷码（Gray Code）。另外，由于最大数与最小数之间也仅有一位二进制数不同，即"首尾相连"，因此又称循环码或反射码。格雷码有多种编码形式，如表 3.2 所示。通常所说的格雷码是指典型格雷码，可由自然二进制码转换而来。

表 3.2　格雷码的编码形式

十进制数	4 位自然二进制码	4 位典型格雷码	十进制余三格雷码	十进制空六格雷码	十进制跳六格雷码	步进码
0	0000	0000	0010	0000	0000	00000
1	0001	0001	0110	0001	0001	00001
2	0010	0011	0111	0011	0011	00011
3	0011	0010	0101	0010	0010	00111
4	0100	0110	0100	0110	0110	01111
5	0101	0111	1100	1110	0111	11111
6	0110	0101	1101	1010	0101	11110
7	0111	0100	1111	1011	0100	11100
8	1000	1100	1110	1001	1100	11000
9	1001	1101	1010	1000	1000	10000
10	1010	1111				
11	1011	1110				
12	1100	1010				
13	1101	1011				
14	1110	1001				
15	1111	1000				

格雷码每次只允许更改一位二进制数，消除了跨时钟域同步更改多位二进制数所带来的问题。如果变化的数据具有相邻性，则可以先将其转化成格雷码再传输，如图 3.53 所示。格雷码最常应用在异步 FIFO 存储器中。通常异步 FIFO 存储器的深度是 2^n，格雷码必须计数到 2^n，才能保证每次改变一位二进制数。如果计数器是从 $0 \rightarrow 6$ 计数，那么从 $6 \rightarrow 0$ 计数时，不止一位二进制数改变。

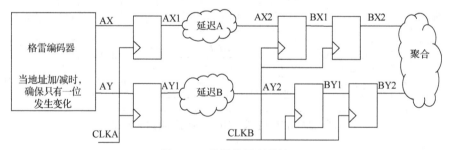

图 3.53　使用格雷码传输

如果读/写地址连续变化，在相邻地址变化中，二进制码有可能全部发生变化，而格雷码只会有 1 位发生变化。例如地址从 7 变为 8 时，二进制码是从 0111 变成 1000，4 位都发生了变化；格雷码是 0100 变成 1100，只有最高位发生了变化。假如采样时地址恰好从 7 变为 8，二进制码就可能有多位发生亚稳态，稳定后的值有多种可能；而格雷码只有最高位跳变，稳定后的值只有两种可能，即 0100 或者 1100，地址只差数值 1，不会影响判断结果。

所以采用格雷码后，无论是读地址还是写地址，在（允许）进行读和写之后，地址都是加
1。表 3.3 所示为四位计数器的二进制码与格雷码的转换。

表 3.3 四位计数器的二进制码与格雷码的转换

十六进制码	二进制码				格雷码				说明
0	0	0	0	0	0	0	0	0	
1	0	0	0	1	0	0	0	1	以 4 位编码为例，格雷码与二进制码相互转换的逻辑表达式如下。
2	0	0	1	0	0	0	1	1	
3	0	0	1	1	0	0	1	0	由格雷码求二进制码：
4	0	1	0	0	0	1	1	0	$B_4 = G_4$
5	0	1	0	1	0	1	1	1	$B_3 = B_4 \oplus G_3$
6	0	1	1	0	0	1	0	1	$B_2 = B_3 \oplus G_2$
7	0	1	1	1	0	1	0	0	$B_1 = B_2 \oplus G_1$
8	1	0	0	0	1	1	0	0	
9	1	0	0	1	1	1	0	1	由二进制码求格雷码：
A	1	0	1	0	1	1	1	1	$G_4 = B_4$
B	1	0	1	1	1	1	1	0	$G_3 = B_4 \oplus B_3$
C	1	1	0	0	1	0	1	0	$G_2 = B_3 \oplus B_2$
D	1	1	0	1	1	0	1	1	$G_1 = B_2 \oplus B_1$
E	1	1	1	0	1	0	0	1	
F	1	1	1	1	1	0	0	0	

2. FIFO 控制器

FIFO 意为先进先出，即先进来的数据也先出去。在读/写时钟和状态信号的控制下，根据读/写使能信号从 FIFO 存储器中读出数据或向 FIFO 存储器中写入数据。

FIFO 控制器由三部分构成：写逻辑和满标志模块、读逻辑和空标志模块、地址比较模块，如图 3.54 所示。根据读/写时钟的关系，FIFO 控制器可分成同步 FIFO 控制器和异步 FIFO 控制器。

（1）FIFO 存储器。

FIFO 控制器利用 FIFO 存储器来存储数据，异步 FIFO 控制器利用双端口 RAM（Double Port RAM，DPRAM）来完成数据读/写。

FIFO 控制器有宽度和深度，其宽度指 FIFO 存储器的位宽，即存入/取出数据的位宽；其深度指 FIFO 存储器的地址深度，即最多可以存入的数据量。例如，FIFO 控制器的宽度是 8bit，深度是 10bit，那么每个时钟周期可以存入的数据的宽度为 8bit，最多可以存入 2^{10}=1024 个 8bit 数据。

如果 FIFO 控制器的深度太小，则写入时很可能出现写溢出；如果 FIFO 控制器的深度太大，则会浪费存储面积。因此，需要选择一个合适的深度，其基本原则是使用 FIFO 控制

器时，基于读/写速度，保证写的平均数据吞吐量与读的平均数据吞吐量相等。

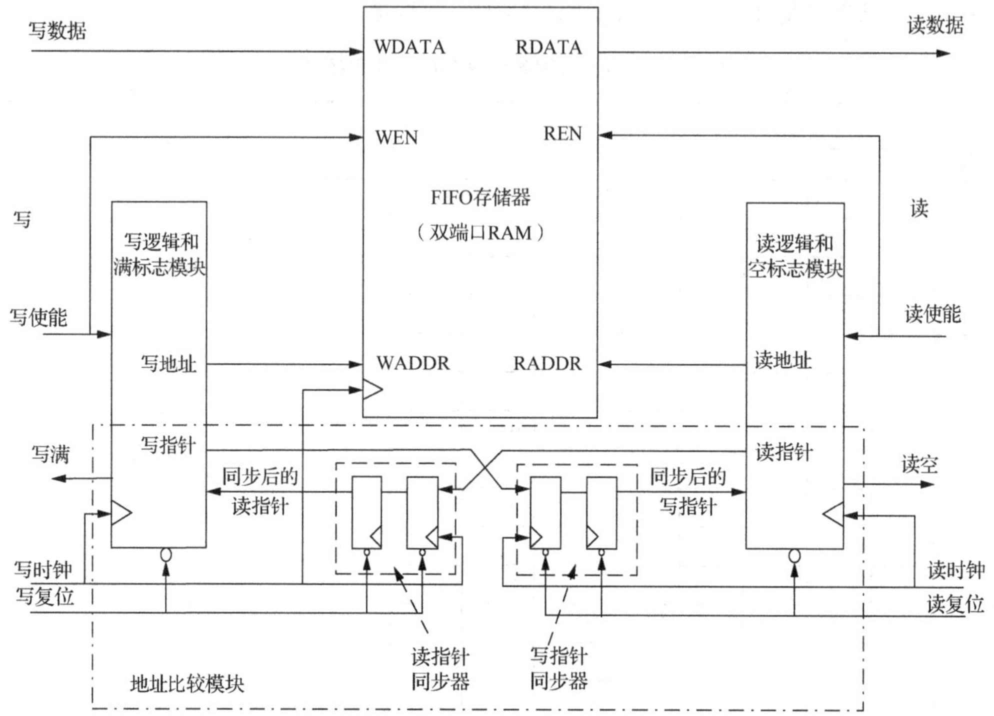

图 3.54 FIFO 控制器的构成

假设写时钟频率为100MHz，100 个写时钟周期写入 60 个数据；读时钟频率为 200MHz，100 个读时钟周期读出 30 个数据。

首先，验证平均数据吞吐量是否相等，计算如下：

写的平均数据吞吐量 $=100\times10^{6}\times60\div100=60\times10^{6}$ 个数据/s

读的平均数据吞吐量 $=200\times10^{6}\times30/100=60\times10^{6}$ 个数据/s

由于两者相等，因此在长时间内不会发生写溢出。

如果写的平均数据吞吐量大于读的平均数据吞吐量，那么 FIFO 存储器迟早会出现写溢出；如果读的平均数据吞吐量大于写的平均数据吞吐量，那么 FIFO 存储器迟早会读空。因此，需要保证读/写的平均数据吞吐量相同。

然后，确定最低深度。

从悲观的角度来看，即对写最密集的情形进行分析：在前 100 个写时钟周期的最后 60 个写时钟周期内写入 60 个数据，紧接着在接下来的 100 个写时钟周期的前 60 个写时钟周期内写入 60 个数据，也就是在 120 个写时钟周期内写入 120 个数据，所花费的时间为

$$\frac{120}{100\times10^{6}}=1.2\mu s=1.2\times10^{-6}s$$

在这段时间内，根据读/写的速率要求，读出的数据量为

$$1.2\times10^{-6}\times60\times10^{6}=72个数据$$

因此，FIFO 存储器需要的深度就等于没有读出的数据个数，即 120–72 =48。由于 FIFO 存储器的深度通常是 2 的整数次幂，以符合格雷码的编码转换规则，所以实际深度选择稍大且是 2 的整数次幂的数，如 64 或者 128。

（2）读/写逻辑模块。

读/写逻辑模块主要负责读/写地址和读/写控制逻辑的产生。

① FIFO 控制器的写过程。

复位时，写指针寄存器中的内容（写地址）会被清零。复位后，首先进行写操作。外部给出写使能信号，在写时钟的驱动下，数据会被写入写地址所指定的 RAM 存储单元；写完数据之后（或者在允许写数据之后），写地址就会自动加 1，指向下一个 RAM 存储单元。当写到一定程度（达到一定的数值）时，旧数据还没有被读出，如果再写入新数据就会覆盖已存储的旧数据，出现写满现象，此时需要产生写满状态信号，并禁止继续写入数据。

② FIFO 控制器的读过程。

复位时，读指针寄存器中的内容（读地址）会被清零。复位后，需要等到 FIFO 存储器中有写入的数据之后，才开始读操作。外部给出读使能信号，在读时钟的驱动下，将读地址所指定的 RAM 存储单元中的内容读出。读出数据之后（或者允许读数据之后），读地址自动加 1，指向下一个 RAM 存储单元。当读到一定程度时，FIFO 存储器中没有数据了，出现读空现象，此时需要产生读空状态信号，并禁止继续读数据。

因此，在复位时，若读空状态信号有效、则满状态信号无效，则只能写数据，不能读数据；当 FIFO 存储器中的内容达到一定程度时，写满状态信号有效、读空状态信号无效，则只能读数据，不能写数据。

（3）地址比较模块。

地址比较模块主要负责通过比较读/写地址产生读空状态信号、写满状态信号。

① 读空状态信号。

复位时，读空状态信号有效；当数据写入之后，读空状态信号无效。数据开始被读取之后，读地址将不断增加而接近写地址，当两者相等时，意味着数据已被读空，此时读空状态信号有效。

产生读空状态信号的目的是防止因继续读取而得到错误数据，因此即便产生了读空状态信号，只要实际上并没有读空，就不会有实际影响。由于写地址同步到读时钟域时存在同步延时，当读地址、写地址相等时，实际的读地址仍小于写地址，因此虽然产生了读空状态信号，但是实际上 FIFO 存储器中仍存在有效数据。

② 写满状态信号。

复位时，写满状态信号无效；复位后，开始写入数据，并随后开始读取数据。由于地址（假设是 4 位地址）是可以回卷的，也就是说，写地址从 3 增长到 15 后，回到零并继续增长；假如复位后读操作只读到地址 3 后就不读了，那么当写地址再次增长到 3 时，读地址、写地址相等，意味着 FIFO 存储器已经写满，此时写满状态信号有效。写满状态信号的产生如图 3.55 所示。

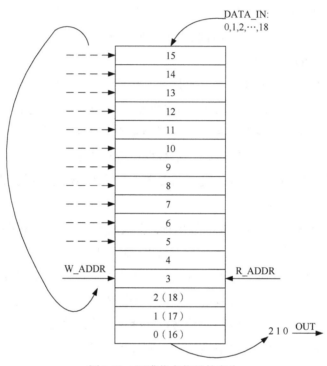

图 3.55　写满状态信号的产生

产生写满状态信号的目的是防止因继续写入而覆盖尚未被读取的数据，因此即便产生了写满状态信号，只要实际上并没有写满，就不会有实际影响。由于读地址同步到写时钟域时存在同步延时，当读地址、写地址相等时，此刻实际的写地址仍小于读地址，因此虽然产生了写满状态信号，但是实际上 FIFO 存储器中仍有空间可写入。

如何区分读空还是写满？

由于读空状态信号和写满状态信号的产生都是基于读地址、写地址相等的，因此需要判断当读地址、写地址相等时，到底是读空还是写满。

通常将 FIFO 存储器的地址宽度增加 1 位用作标志位，回卷一次标志位取反。例如，在图 3.55 中，将 4bit 地址拓宽为 5bit。假定读地址是 3 [由于没有回卷，读地址为（0）0011]，写地址回卷之后与读地址相等 [由于回卷，写地址为（1）0011]，此时便为写满；读地址回卷之后，变成（1）0011，此时便为读空。因此，虽然 FIFO 存储器的实际地址宽度还是 4bit，但是在设计地址寄存器时，需要增加一位状态位。当读地址、写地址全相等时，产生读空状态信号；当除标志位外的剩余地址全相等时，产生写满状态信号。

在同步 FIFO 存储器设计中，可以使用计数器的方法来区分读空和写满。设置一个状态计数器，复位时计数值为 0，写时计数值加 1，读时计数值减 1。当计数值为 0 时，就是读空，而当计数值等于 FIFO 存储器的深度（2^n-1）时，就是写满。如果 FIFO 存储器的深度很大，则需要有很大的计数器，所以该方法在应用时存在局限性。

如图 3.56 所示，FIFO 存储器结构中多出了两个状态信号：将满和将空，主要用于提前作出空满判断。

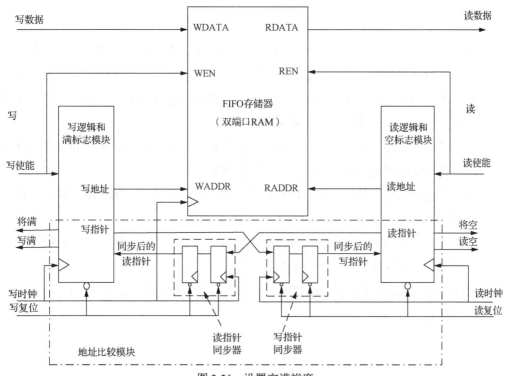

图 3.56　设置空满裕度

FIFO 存储器将满时，将满信号有效，当前级电路检测到将满信号后，将写使能信号变为无效。将满信号比写满状态信号提前到达，主要是考虑到做出判断之后，还需要一些动作（延时）再停止写入，于是用将满信号来补偿这些延时。

由于在读空状态信号判断生效之后到禁止继续读取之间可能有延时，因此设置将空信号，在检测到将空信号时就禁止继续读取数据。

③ 地址同步。

读空状态信号和写满状态信号的产生需要对读地址和写地址进行比较。对于异步 FIFO 控制器来说，如果直接对两者进行比较就会出现亚稳态，由于读地址和写地址在不同的时钟域，因此需要进行同步。其中，读空状态信号的产生需要将写地址同步到读时钟域，然后进行比较；写满状态信号的产生则需要将读地址同步到写时钟域，然后进行比较。

具体实现时，通常做法是先将二进制码转换成格雷码，接着将格雷码同步到另一个时钟域，然后将格雷码转换成二进制码，进行两个二进制码的比较。

图 3.54 和图 3.56 中的读指针和写指针即分别为由 FIFO 控制器读地址和写地址转换成的格雷码。

小结

- 触发器数据端需要满足建立时间和保持时间要求，否则输出端将出现亚稳态。亚稳态将导致逻辑误判、引起非必要电路工作、增大功耗、损坏器件等。亚稳态不可避免，使用同步器、降低时钟频率、采用反应更快的触发器和减少输入信号的转换时间等方法可以降低其出现和传播概率。
- 如果跨时钟域路径处理不当，则容易导致亚稳态、毛刺、多路扇出和重新聚合等问题，使得电路不能稳定工作或者根本不能正常工作。
- 单比特信号的跨时钟域传输可以使用电平同步器、边沿同步器、脉冲同步器和握手/反馈机制。
- 多比特信号的跨时钟域传输可以使用多比特信号合并成单比特信号、使能技术、握手机制、多周期路径法和使用 FIFO 控制器。
- FIFO 控制器设计需要关注深度选择、地址的产生和同步、读空/写满状态信号的产生等问题。

第 4 章

低功耗技术

随着工艺的进步，芯片的集成度和工作频率越来越高，致使芯片的功耗显著增加。高功耗将提高芯片的封装成本，缩短芯片的续航时间，产生可靠性问题。例如，对于电池供电的移动设备来说，功耗会影响电池寿命和工作时间。虽然降低工作频率可以防止芯片工作时因功耗太大而过度发热，但也会影响芯片的整体工作效率。

在 SoC 设计中，采用多种低功耗技术可以大幅度提高芯片的能效。多频点设计和多电压设计通过降低模块的频率和电压控制动态功耗；时钟门控技术可以降低时钟分布网络和晶体管的动态功耗；电源门控技术关断不工作模块，可以降低静态泄漏电流；多阈值设计通过采用多种库来兼顾性能和功耗；采用低功耗内存也有助于降低动态功耗和泄漏电流。

本章第一节介绍 CMOS 功耗，接下来三节分别讨论缩放（Scaling）技术、门控（Gating）技术和阈值电压控制技术；第五节介绍低功耗元件，最后两节分别讨论电源意图和电源控制单元（Power Control Unit，PCU）。

4.1 CMOS 功耗

（1）CMOS 功耗的组成。

CMOS 功耗包括动态功耗和静态功耗。其中，动态功耗包括开关功耗（翻转功耗）和短路功耗（内部功耗）。

① 开关功耗。

在 CMOS 电路中，开关功耗是指电路开关过程中输出节点的负载电容（输出负载电容）充放电所消耗的功耗。

在图 4.1 中，当 V_{in} 为低电平时，PMOS 管导通，NMOS 管截止，V_{DD} 对输出负载电容

C_{load} 充电；当 V_{in} 为高电平时，PMOS 管截止，NMOS 管导通，输出负载电容 C_{load} 放电。开关的变化导致输出负载电容充放电，产生开关功耗，其计算公式如下：

$$P_{\text{switch}} = \frac{1}{2}V_{\text{DD}}^2 \times C_{\text{load}} \times f_{\text{clock}} \times P_{\text{trans}}$$

式中，V_{DD} 为供电电压；C_{load} 为后级电路的等效电容（输出负载电容）；f_{clock} 为输入信号的工作频率；P_{trans} 为输入信号的翻转概率。

开关功耗与供电电压的平方成正比，与输出负载电容成正比，与输入信号的工作频率和翻转概率成正比。

② 短路功耗。

输入电压并不是理想的阶跃信号，具有一定的上升时间和下降时间。在上升或下降过程中的某个时间窗口内，NMOS 管和 PMOS 管同时导通，存在电源到地的直流导通电流，产生开关过程中的短路功耗，如图 4.2 所示，其计算公式如下：

$$P_{\text{short}} = V_{\text{DD}} \times I_{\text{short}} \times f_{\text{clock}} \times t_{\text{sc}}$$

式中，I_{short} 为短路电流；t_{sc} 为短路时间。

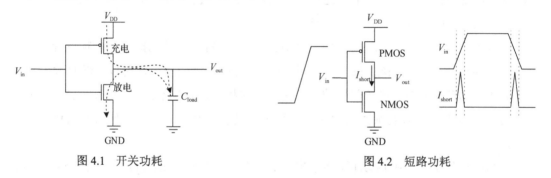

图 4.1　开关功耗　　　　　　　　　　图 4.2　短路功耗

动态功耗为开关功耗和短路功耗之和，可表示为

$$P_{\text{dyn}} = \frac{1}{2}V_{\text{DD}}^2 \times C_{\text{load}} \times f_{\text{clock}} \times P_{\text{trans}} + V_{\text{DD}} \times I_{\text{short}} \times f_{\text{clock}} \times t_{\text{sc}}$$

③ 静态功耗。

在 CMOS 电路中，静态功耗主要是指由泄漏电流引起的功耗。

理想情况下，CMOS 电路处于稳态时不存在直流导通电流，其静态功耗为 0W；但是由于泄漏电流的存在，实际的静态功耗并不为 0W。泄漏电流主要包括反偏 PN 结电流、MOS 管的亚阈值电流，以及由二级效应引起的附加泄漏电流。

静态功耗的计算公式如下：

$$P_{\text{leak}} = V_{\text{DD}} \times I_{\text{leak}}$$

式中，I_{leak} 为泄漏电流。

CMOS 功耗等于动态功耗和静态功耗之和，如图 4.3 所示。其可表示为

$$P_{\text{power}} = P_{\text{switch}} + P_{\text{short}} + P_{\text{leak}}$$

（2）与功耗有关的常见术语。

① 功耗模式。

芯片在各种模式下均产生功耗，通常可分为以下几种。

运行功耗：芯片执行有用工作时所消耗的功率，以器件开关功耗为主。

待机功耗：芯片空闲时所消耗的功率，如果芯片时钟停止，则以泄漏功耗为主。

睡眠功耗：在芯片的空闲时间足够长，关闭不需要的电路电源而进入睡眠模式后所消耗的功率。

需要区分两种不同的应用：有能量限制的应用和有功耗限制的应用，不同应用下的功耗优化策略差异非常关键。有能量限制的应用要求一定时间范围内（通常是指工作和待机时间）的能量消耗尽可能小，至于有效操作何时发生并不是非常重要，如手机、笔记本计算机等由电池供电的设备。有功耗限制的应用要求瞬态电流小于供电电源能提供的最大电流，应该在时间上尽可能分散操作，不让芯片的峰值功耗超过供电电源能提供的最大功耗，但是无须刻意将某一时刻的功耗降至非常低，如 RFID（Radio Frequency Indentification，射频识别）设备等由电磁场供电的设备。能量与功耗的关系如图 4.4 所示。

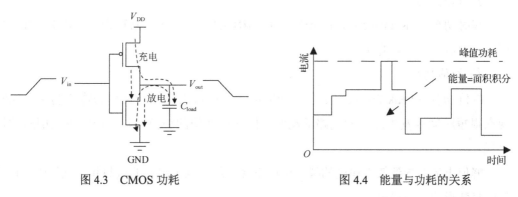

图 4.3　CMOS 功耗　　　　　　　　　图 4.4　能量与功耗的关系

CMOS 功耗的测量主要考虑最大功耗和平均功耗（Average Power）。

② 最大功耗。

最大功耗是芯片在最坏情况下需要消耗的功率。为了设计恰当的芯片电源，非常有必要确定芯片的最大功耗。例如，许多电池的性能取决于其电流汲取速率，因此需要了解电池的电流输出能力。

③ 平均功耗。

平均功耗是设备在单位时间内消耗的功率的平均值，需要考虑设备的多种状态及使用情况，其测算取决于使用模式和测试时间。例如，使用手机时，空闲、通话及互联网访问等模式都需要考虑。平均功耗用于确定封装形式和冷却策略。平均功耗的计算涉及活动模式下的动态功耗、上/掉电时的开关功耗、断电模式下的静态功耗，如图 4.5 所示。

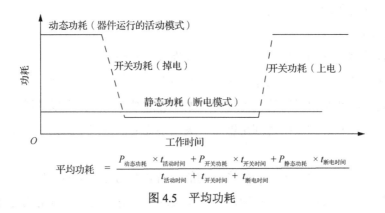

图 4.5　平均功耗

④ 浪涌功耗。

浪涌功耗（Rush-Current Power）是指浪涌电流引起的功耗。浪涌电流指器件上电时产生的最大瞬时输入电流（启动电流），与器件有关。例如，基于 SRAM 的 FPGA 上电时需要从外部存储器中下载数据来配置其编程资源，因此会出现很大的浪涌功耗。

⑤ 瞬时功耗。

瞬时功耗（Instantaneous Power）是某一瞬间消耗的功率，常称为瞬时功率，如在施加同步时钟后立即消耗的功率。

⑥ 峰值功耗。

峰值功耗（Peak Power）是在瞬间能够达到的最大功率，常称为峰值功率，通常出现在很短时间内发生最大的电路活动时，如复位期间的峰值功耗、扫描测试期间的峰值功耗。

峰值电流会导致较大幅度的瞬态电压下降，用于确定组件的散热和电气极限，以及系统的封装形式、布局要求。

⑦ 毛刺功耗。

毛刺是由信号在传播路径中的延迟不平衡导致的虚假信号切换，其消耗的功率称为毛刺功耗（Glitch Power）。不必要的信号切换会消耗功率，并极大地增加超出原始设计规范的额外峰值电流，因此消除电路中的毛刺非常有必要。

（3）降低 CMOS 功耗的方法。

CMOS 功率消耗在 I/O 引脚、内存、可扫描寄存器、组合逻辑电路，以及时钟树等电路和器件中，其中内存功耗和时钟树功耗可能占很大的比例。随着规模更大、频率更快的集成电路应用于便携式产品，降低 CMOS 功耗变得日益重要。

动态功耗与频率、负载和电压有关，与温度无关，可以通过降频来调整。例如，如果发现系统中的主控芯片温度过高，可以通过降低频率来减少散热压力。但是泄漏功耗与之相反，其与频率无关，与温度呈指数级正相关，如图 4.6 所示。

如果芯片中泄漏功耗的占比较高，则温度升高将导致泄漏功耗增大数倍，并进一步升高芯片温度，从而形成一个"温度-功耗-温度"的正反馈，有可能使得芯片因过热而无法正常工作，甚至烧毁芯片。

降低功耗的主要方法有缩放、门控和阈值电压控制。图 4.7 所示为降低功耗的常用方法。其中，降低动态功耗的方法有多电压供电、多时钟运行、时钟门控；降低静态功耗的方法有采用多阈值单元、低功耗元件、电源门控、多电压供电。

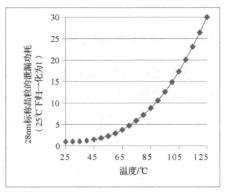

图 4.6　泄漏功耗随温度指数级增长

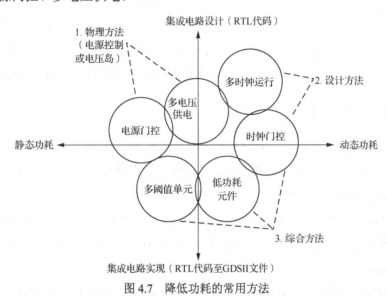

图 4.7　降低功耗的常用方法

4.2　缩放技术

对于同一个模块，不同应用所需的频率可能不同。例如，用手机玩游戏时，处理器运行在很高的频率下，但是进行文字阅读时的频率就很低，待机时甚至可以关掉。对应于不同的应用，电压供应或高或低或无。

对于不同模块，电源可能需要提供不同的电压和频率。例如，处理器和外设需要的频率不一样，为了同时满足两个模块的性能，需要向高频的处理器提供高电压，向低频的外设提供低电压。

在芯片运行过程中，需要根据任务负载情况动态调整模块的电压和频率，当任务加重时增加电压和频率，当任务减轻时降低电压和频率。

4.2.1 频率缩放技术

频率缩放（Frequency Scaling）技术是指芯片内部的模块可以工作在相同或不同的频率域，在可能的情况下以较低的频率运行，从而降低动态功耗，包括以下 2 种。

① 静态频率缩放（Static Frequency Scaling，SFS）：不同的模块或者子系统运行在不同的频率下，并且频率是固定的。

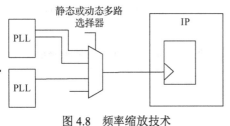

图 4.8　频率缩放技术

② 动态频率缩放（Dynamic Frequency Scaling，DFS）：不同的模块或者子系统运行在不同的频率下，并且频率可以动态切换。

图 4.8 中，相同或不同的 PLL 产生多个离散频率点，模块可以依据功能和带宽要求加以选用。频率切换电路可以是静态或动态多路选择器。

4.2.2 电压缩放技术

电压缩放（Voltage Scaling）技术也称为多电压技术，包括以下几种。

① 静态多电压技术：不同的模块或者子系统采用不同的固定电压，也称为静态电压缩放（Static Voltage Scaling，SVS）技术，如图 4.9（a）所示。

② 多级电压缩放（Multi-level Voltage Scaling，MVS）技术：它是静态多电压技术的扩展，提供几级固定、离散的电压，一个模块或者子系统可以在这些电压之间进行切换，如图 4.9（b）所示。

③ 动态电压频率调节（Dynamic Voltage and Frequency Scaling，DVFS）技术：它是多级电压缩放技术的扩展，将电压和频率组合在一起，根据不同的应用场景在多级电压和频率之间动态切换，如图 4.9（c）所示。

④ 自适应电压频率缩放（Adaptive Voltage and Frequency Scaling，AVFS）技术：它是动态电压频率调节技术的扩展，能够对不同模块和子系统的电压和频率自适应地进行调节，如图 4.9（d）所示。

1. 多电压设计的挑战

当芯片中含有多个供电电压时，设计过程中面临诸多挑战，如电平转换器（Level Shifter）的应用、静态时序分析和电源管理等。

① 电平转换器的应用。

当不同电压的电压域之间有信号交互时，信号不能直接从一个电压域跨越到另一个电压域，需要在两个电压域之间增加一个电平转换器（Level Shifter）。

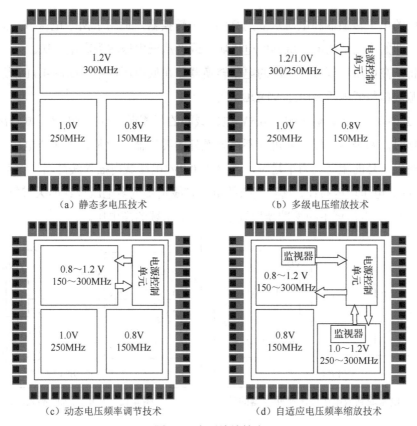

（a）静态多电压技术　　　　　　　（b）多级电压缩放技术

（c）动态电压频率调节技术　　　　　（d）自适应电压频率缩放技术

图 4.9　电压缩放技术

　　假如用一个 1.0V 的信号去驱动一个 0.8V 的 COMS 门，理论上不用插入特殊的接口单元，但 0.8V 目标时钟域的所有时序都会发生变化，需要重新建模，工作量很大。反过来，如果用一个 0.8V 的信号去驱动一个 1.0V 的 COMS 门，除时序上的问题外，还会导致 CMOS 门的 PMOS 管和 NMOS 管同时导通，产生短路电流。为此，有必要在两个电压域间的交互路径上插入电平转换器，如图 4.10 所示。

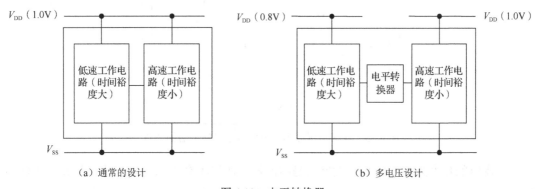

（a）通常的设计　　　　　　　　　　（b）多电压设计

图 4.10　电平转换器

　　电平转换器采用模拟电路实现，其方向是固定的。通常有两种电平转换器，分别是电压从高到低的电平转换器和电压从低到高的电平转换器，适用于两个电压域之间的关系确定的场合，即始终为从高电压域到低电压域，或者从低电压域到高电压域。

通常将从高电压域到低电压域的电平转换器放在低电压域中，如图 4.11 所示，电平转换器的电源端口与低电压域电压 VDDL 相连。

图 4.12 中，当 1.0V 电压域和 0.8V 电压域间的距离很小且 1.0V 电压域输出信号的驱动能力足够时，两个电压域之间可以不需要额外的缓冲器。但是，当两个电压域间的距离较远或者输出信号的驱动能力不足时，需要在 0.9V 电压域内插入缓冲器，这意味着 1.0V 电源要在 0.9V 电压域内布线，这种复杂的电源布线是实现多电压设计的关键挑战之一。在图 4.12 中，0.9V 电压域中的缓冲器用到了 1.0V 电压域的高电压。

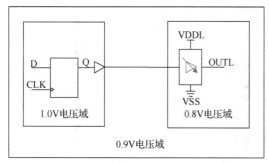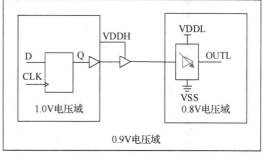

图 4.11　从高电压域到低电压域电平转换器的放置　　　　图 4.12　在电压域间插入缓冲器

从低电压域到高电压域的电平转换器需要两个电源，因此电平转换器无论是放在低电压域还是高电压域中，必然会有一个电压需要跨越到另一个电压域中，通常放在高电压域中，因为输出比输入需要更大的电流驱动，如图 4.13 所示，电平转换器的两个电源端口分别与低电压域电压 VDDL 和高电压域电压 VDDH 相连。

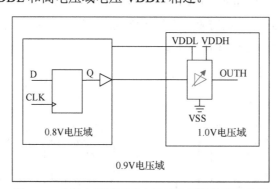

图 4.13　从低电压域到高电压域电平转换器的放置

从逻辑的角度来看，电平转换器只是缓冲器，所以不会影响功能设计。从高电压域到低电压域的电平转换器可以根据时序约束来决定是否插入，从低电压域到高电压域的电平转换器应该根据功耗和时序来决定是否插入。从工程的角度来看，根据下述公式来确定是否插入电平转换器。

$$VDDH - VDDL > VTPMOS - 0.1 \times VDDH$$

式中，VTPMOS 是 PMOS 管的阈值电压；VDDH 是高电压域的电压；VDDL 是低电压域的电压。当该式被满足时，插入电平转换器；当该式不被满足时，不插入电平转换器。

设计工具可以指定电平转换器的放置位置，建议将电平转换器放置在目标电压域，但需参考低功耗单元库中器件的特点。

② 静态时序分析。

当整个芯片使用单一电压时，静态时序分析工具使用一个特征电压的库进行静态时序分析；当芯片使用不同电压时，则需要使用多个特征电压的库。在某些电压下，库里可能还没有相应的信息，需要通过折算/间接计算的方式进行静态时序分析，这使得多电压设计的静态时序分析比较复杂。

时钟跨越不同的电压域意味着时钟也需要通过电平转换器，对多级电压缩放技术而言，时钟分配将变得更加复杂。如图 4.14 所示，缓冲器可能工作在 0.8V 或者 0.9V 电压下，因此需要在两种电压下都进行静态时序分析和优化，以确保均能满足时序要求。

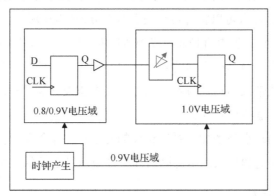

图 4.14　多电压设计的时钟分配

③ 电源管理。

芯片应用过程中，经常要求为芯片提供更多电压的选择，增加了电源管理模块或芯片设计的复杂度。

多电压系统运行时，电压经常发生变化，当电压上升到目标电压以上或明显低于目标电压时，系统可能会发生故障或锁死，因此需要仔细控制电压的上升/下降时间，以免出现过冲（Overshoot）和下冲（Undershoot）。电源电压控制通常由处理器实现，一般需要在软件系统设计中考虑。

由于各模块分别由不同的电源驱动，因此彼此之间应保持一个上电顺序，以确保电路功能正常及模块在复位释放前已经完全上电。各模块的上电顺序不恰当可能会造成系统死锁。除此之外，各模块之间可能也有一定的断电顺序要求。

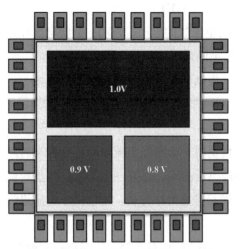

图 4.15　将芯片划分为不同的电压域

2．静态多电压技术

将芯片划分为不同的电压域，每个电压域对应于设计中的一个或多个模块。如图 4.15 所示。

电压岛或电压域的使用提供了一种同时满足功耗和性能要求的方法。根据功能需求，工作在最高频率下的模块采用最高的电压，对时序要求不太高的模块采用较低的电压。降低模块的电压也将减小泄漏功耗。

在设计的初始阶段，根据需求划分电压域，划分原则是在满足系统性能（频率）的要求下采用最低电压。比如，处理器的运行频率为 2.0GHz，满足此频率的器件的最低电压是 1.0V，那么就可以将处理器划分在 1.0V 电压域中；外设模块的最高运行频率是 300MHz，满足此频率的器件的最低电压是 0.8V，那么可以将外设模块划分在 0.8V 电压域中。

多电压必须通过单独的供电引脚或集成到器件内的电压调节器（Voltage Regulator）来提供。不同类型的电压调节器具有不同的效率，它们存在一定的功耗浪费，需要避免该浪费超过了低功耗设计所能带来的功耗节省。此外，多电压设计需要采用电平转换器，以确保不同电压域之间信号传输的正确性。

静态多电压技术的缺点是增加了系统设计的复杂性，不仅需要为不同的电压域增加不同的供电引脚，还需要更加复杂的电源网络和不同电压域之间的电平转换器。

3．多级电压缩放技术

多级电压缩放技术根据不同的应用场景，可使系统中的同一个模块在两级或多级电压上进行切换，如图 4.16 所示。

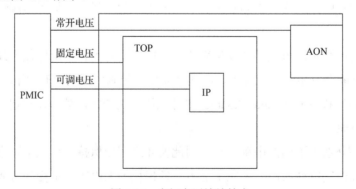

图 4.16　多级电压缩放技术

电压调整由外部或内部电压调节器实现。当发出调节命令后，需要等待下一级电压稳定后再继续工作，这可以通过简单计数器或者握手机制来实现。

4．动态电压频率调节技术

动态电压频率调节技术根据芯片所运行的应用程序对计算能力的不同需求，动态调节芯片的运行频率和电压，从而达到节能的目的。其基本原理是通过监控芯片的工作负载，动态调整各个模块的工作电压和频率，在保证性能的同时降低电压，实现减少功耗的目的。

典型的动态电压率调节原理图如图 4.17 所示。管理单元监控工作模块的运行状态，并根据运行状态控制电压生成单元和频率生成单元，以调整工作模块的电压和频率。

一味地降频、降压并不一定能降低功耗，因为低频运行可能增加系统处理任务所需的时间，整体上反而增加了功耗。动态电压频率调节技术的核心是根据系统负载动态实时调整频率、电压，提供满足当前性能要求的最低功耗。制定调整策略前，先找出系统中的"耗电大户"，通常为处理器和 GPU 等，统计出这些模块的负载情况；然后设置几个离散电压，处理器上运行的应用软件分析系统状态，根据需求在这几个离散电压之间进行动态调整。

动态电压频率调节采用开环调节机制，由处理器为使用不同频率的目标应用决定最佳电压。但是动态电压频率调节并不对任何特定的芯片进行校准，也不监控温度，其预测模型需要保证在不同温度下都能正常执行相同任务，所以设计之初必须预留足够裕量（Margin）。实现时，应该先调高电压，再升高频率。反之，需要先降低频率，再调低电压，如图 4.18 所示。

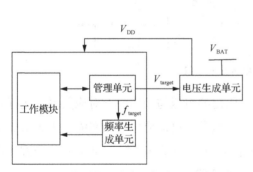

图 4.17 典型的动态电压频率调节原理图

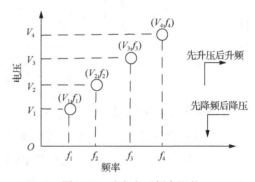

图 4.18 动态电压频率调节

操作系统的调度模块根据工作负载的需求给每个任务分配不同的电压，同时调节处理器的电压和频率，以达到降低功耗的目的。具体算法可分为两大类：基于间隔的算法和基于任务的算法。

① 基于间隔的算法。

系统将时间分割成固定长度的间隔，根据以前间隔中处理器的使用率对后续间隔的时钟频率进行调节。首先，根据过去的行为来预测以后的工作负载；然后，根据预测的工作负载来缩放电压和频率。

② 基于任务的算法。

系统的工作由具有处理器需求和时限的任务组成，系统尽快运行处理器，基于最早时限优先（EDF）或速率单调（RM）调度策略，以合理的概率满足时限要求。其代表性算法有针对间发任务的动态电压缩放算法、间发任务调度 STS 算法和针对非周期任务的动态电压缩放算法。

5．自适应电压频率缩放技术

前面提到的所有电压缩放技术都是"开环"技术。由于工艺偏差和芯片温度等因素影响，动态电压频率调节通常必须在确定的频率-电压对下预留足够的余量，以保证芯片在最佳和最差情况的 PVT 范围内都能正常工作，但会导致功率浪费。

在自适应电压频率缩放中，电压调节模块和片上性能监视器之间实现了闭环反馈系统。片上性能监视器不仅监测时序关键路径的延时，查看片上实际提供的电压，还了解工艺状况，获取片上监视区域的温度。通过动态调节电压可以有效减少最差情况下所引入的电压余量（Slack），降低功耗，如图 4.19 所示。

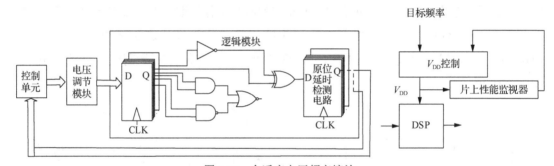

图 4.19　自适应电压频率缩放

自适应电压频率缩放是一个闭环方案，没有固定的电压与频率一一对应关系，运行时可自动调节补偿温度、工艺、电压等因素的影响。但是，自适应电压频率缩放大大增加了系统设计的复杂性：一方面很难用少数 PVT 条件覆盖所有电压和频率的组合；另一方面增加 PVT 条件可能面临时序检查场景过多或时序库不全等问题。

4.3　门控技术

门控技术包括时钟门控技术和电源门控技术。

4.3.1　时钟门控技术

当功能单元没有任何操作时，可以关闭其时钟以降低功耗，如图 4.20 所示。作为低功耗设计的基本方法，时钟门控技术可以应用于一系列层次上，包括芯片级、子系统级、模块级、寄存器级等。例如，当不需要访问内存时，将其设定为自刷新模式后，内存控制器中的时钟就可以关闭。

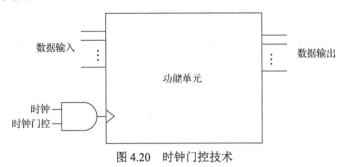

图 4.20 时钟门控技术

最精准的时钟门控可以直接控制每个触发器时钟端的开闭。综合工具能够不需要改变 RTL 代码而自动插入时钟门控电路。例如，将图 4.21（a）所示数据路径上的反馈和多路选择电路替代为图 4.21（b）所示时钟路径上的门控电路。

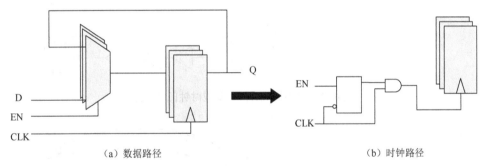

（a）数据路径   （b）时钟路径

图 4.21 触发器时钟端门控

当关闭逻辑模块时，应该在时钟分布网络中尽早对时钟进行门控，这样不仅可以关闭逻辑模块内的寄存器，还可以关闭相应的时钟分布网络。由于时钟的开关功耗占据了芯片总功耗的 30% 以上，因此时钟树门控（见图 4.22）通常能够获得良好效果。

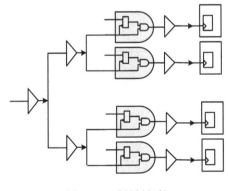

何时关闭时钟由设计者自行决定。一般来说，从时钟门控技术中获益最多的大多是低吞吐量的数据通路。

图 4.22 时钟树门控

前端设计中加入时钟门控时，应当直接例化低功耗标准库中的集成时钟门控（ICG）。每个集成时钟门控控制一个或多个寄存器，在后端工具执行时钟树综合时，集成时钟门控不会作为平衡对象。如果利用门控时钟域中的寄存器产生的信号来控制集成时钟门控的开启或者关断，如图 4.23 所示，则可能会出现集成时钟门控的建立时间违例。避免出现这种情况的方法是将集成时钟门控放置在靠近被控寄存器的一侧，如图 4.24（a）所示；或者使控制信号来自时钟源一侧，如图 4.24（b）所示。

当然，前端设计和 EDA 工具也提供了一些其他优化方法，以便在早期发现和解决集成时钟门控的时序问题。

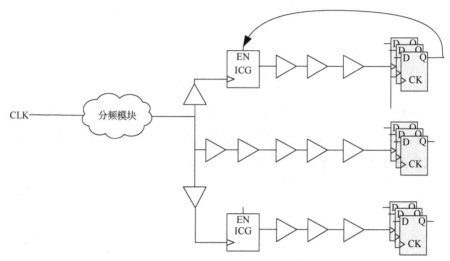

图 4.23　时钟树综合后的集成时钟门控单元

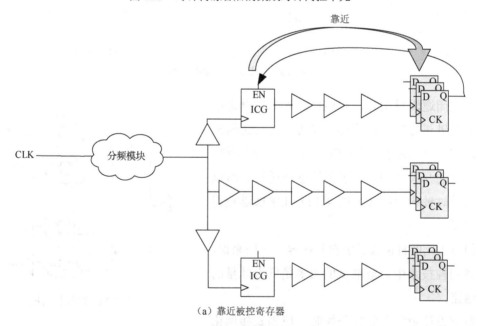

（a）靠近被控寄存器

图 4.24　集成时钟门控的放置

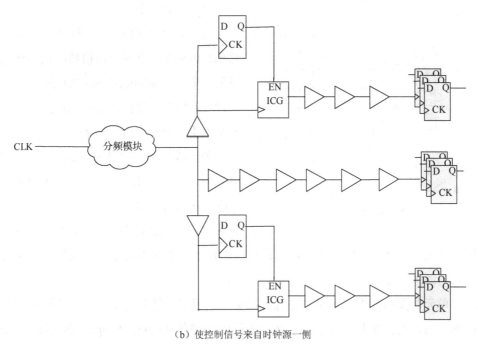

（b）使控制信号来自时钟源一侧

图 4.24 集成时钟门控的放置（续）

4.3.2 电源门控技术

电源门控是指芯片中某个区域的供电电源被关掉，即该区域内的逻辑电路的供电电源断开，如图 4.25 所示。

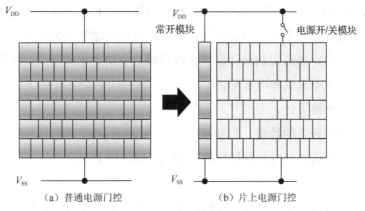

（a）普通电源门控 （b）片上电源门控

图 4.25 电源门控

供电电源的关断方式主要有两种：关闭 V_{DD} 或者关闭 V_{SS}。实现方法是将 PMOS 开关（电源开/关模块）放置在 V_{DD} 和模块的电源引脚之间，如图 4.25（b）所示，或者将 NMOS 开关放置在 V_{SS} 和模块的接地引脚之间。一般来说，同一芯片只采用一种关断方式，实际应用中以关闭 V_{DD} 为主。

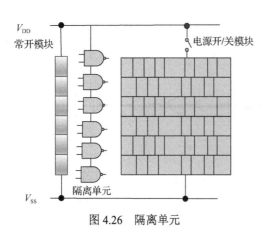

图 4.26　隔离单元

（1）隔离单元。

为了在关断电源时不影响其他未关闭电源部分的逻辑，电源门控模块的输出端需要使用隔离单元（Isolation Cell）来保持确定的输出（"1"或"0"），以保证在睡眠模式下，下一级的输入不会悬空，如图 4.26 所示。

关于隔离单元的插入位置，需要考虑的是将其插入到可关闭电源区（源区）内部还是常开电源区（目标区）内部。由于某些信号从源区输出后可能到达多个不同模块，如果选择在目标区中插入，那么就可能需要在所有目标区中插入，造成不必要的资源浪费，因此一般推荐插入到源区内部。

隔离单元需要门控电源和常开电源。在实际应用中，经常会将隔离单元指定到一个固定的区域放置，选择在此区域中打上两种不同的电源条（Power Stripe）和电源轨（Power Rail），或者选择让后端工具以自动布线（Routing）的方式将次级电源（Secondary Power）连接起来。

（2）保持寄存器。

为了唤醒时能够使电源门控尽快恢复工作模式，需要在关断电源前利用保持寄存器（Retention Register）来保持某些内部状态。

根据电源门控的规模，可以将其分为细粒度电源门控和粗粒度电源门控两种。细粒度电源门控给每个标准单元都加上电源开关，此实现方案的面积损失非常大，通常不使用。在粗粒度电源门控中，在选定的设计区域（电源域）中加上电源开关，这样面积损失相对较小，但需要控制上电速度和电压降。

（3）电源开关网络设计。

要合理选择电源开关的数量、驱动强度（Drive Strength）和摆放位置，使得当可开关电源的模块在出现峰值功耗时仍保持可接受的电压降（IR Drop）。

① 浪涌电流。

一次打开一组或多组电源开关，使浪涌电流（见图 4.27）受到限制。利用缓冲链可产生所需的电源开启时序。

② 电压降。

为了处理浪涌电流，可将电源开关或睡眠晶体管通道设计成高阻抗，但这会导致电源开关上出现电压降，降低实际逻辑单元的供电电压。

电源开关可以成"子母"对使用，如图 4.28 所示。开关包含多个较小的晶体管（子管、小管）和一个较大的晶体管（母管、大管）。首先，打开子管以处理浪涌电流；然后，打开母管以减少正常操作期间的电压降。

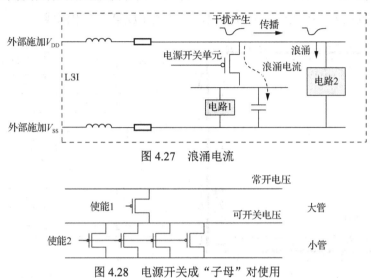

图 4.27　浪涌电流

图 4.28　电源开关成"子母"对使用

③ 泄漏电流。

采用多阈值 CMOS 工艺的高阈值（High-Vt）场效晶体管作为电源开关，可以最大限度地减少泄漏电流及泄漏功耗。

④ 上升时间。

上升时间是指电源域上电所需的时间，通常通过增加电源开关中电源开关单元（晶体管）的数量来缩短此时间。

电源开关网络的控制通常采用"Req/Ack"的握手机制，两者之间存在时间延迟，当应答信号（Ack）返回以后，电源供应才算稳定，如图 4.29 所示。

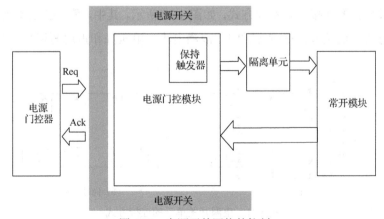

图 4.29　电源开关网络的控制

一个 MOS 管所能通过的电流极其有限，而关断一个或多个模块所需要的电流应该相对很大，因此电源开关单元在使用时必然是大量单元协同工作。典型的电源开关单元可以成环形或列式插入，如图 4.30 所示。其中，环形开关对硬化模块（Harden Block）很有用，但面积开销可能很大；列式开关节省面积，但必须布放第三条电源线。

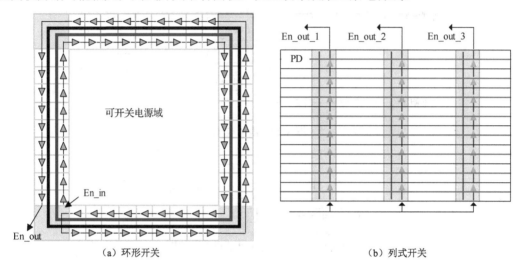

（a）环形开关　　　　　　　　　　　　（b）列式开关

图 4.30　电源开关单元的插入情况

环形的摆放方式是指在需要关断的模块周围摆放一圈或者几圈电源开关单元并使其首尾相连，将外部电源连接至环形开关的输入端，并将输出连接至模块内供电的高层金属，通过控制模块来实现电源关断。列式的摆放方式是指将电源开关单元以固定的模式分布在整个设计中，电源的上层金属连接到电源开关单元的输入端，输出端则连接到电源轨上，通过断开电源轨与上层金属的连接来实现电源关断。当需要关断的模块比较小时，少量的电源开关单元即可实现开启/关断，此时的电源开关单元摆放不必局限于某种特别的形式，只要保证连接正确，供电满足需求即可。

电源开关单元的连接也有不同方式，如图 4.31 所示。其中，菊花链是比较常见的方式。不同的摆放方式和连接方式在响应时间、浪涌电流、电压降和占用面积等方面均有不同的特点。

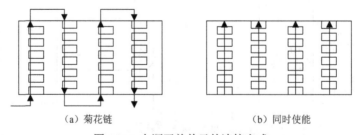

（a）菊花链　　　　　　　　　　　　（b）同时使能

图 4.31　电源开关单元的连接方式

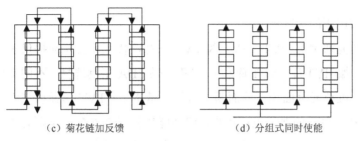

（c）菊花链加反馈　　　　　　　（d）分组式同时使能

图 4.31　电源开关单元的连接方式（续）

4.4　阈值电压控制技术

阈值电压控制技术包括多阈值 CMOS（Multi Threshold CMOS，MTCMOS）技术、变阈值 CMOS（Variable Threshold CMOS，VTCMOS）技术、动态阈值 CMOS（Dynamic Threshold CMOS，DTCMOS）技术。目前，多阈值 CMOS 技术使用最广泛。

4.4.1　多阈值 CMOS 技术

同一 CMOS 工艺提供具有不同阈值电压和通道长度的单元，例如一个标准单元库提供三种缓冲器单元：低阈值电压（LVT）缓冲器、标准阈值电压（SVT）缓冲器和高阈值电压（HVT）缓冲器。在典型场景下，多种阈值电压和通道长度不同的标准单元提供了更大的选择范围，使设计人员和 EDA 工具能够更加灵活地进行时序优化，减小面积，降低功耗。

多阈值电压设计（见图 4.32）将高工作速率、大泄漏电流、大尺寸晶体管的标准单元用于时序的关键路径，将低工作速率、小泄漏电流、小尺寸晶体管的标准单元用于时序的非关键路径，从而既满足时序要求，又优化泄漏功耗。

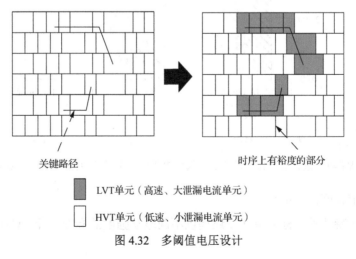

图 4.32　多阈值电压设计

（1）多阈值电压的标准单元库。

一个标准单元通常有 HVT、SVT 和 LVT 三种，代工厂会相应提供多个不同阈值电压的标准单元库，如 HVT 库、SVT 库和 LVT 库，供 EDA 工具选择。不同阈值电压的标准单元库中的相同标准单元因面积相同而易于替换。基本上，LVT 单元以高性能为目的，但泄漏电流较大；HVT 单元的泄漏电流较小，但性能较差；SVT 单元是两者在功耗与性能之间的一种平衡。多阈值电压的标准单元库有助于同时处理泄漏功耗和动态功耗问题，设计者必须根据设计要求谨慎选择适当阈值电压的标准单元，可以灵活组合，以实现 SoC 的高性能和低功耗目标。

不同阈值电压的标准单元库中具有相同逻辑功能的标准单元比较如表 4.1 所示。

表 4.1　不同阈值电压的标准单元库中具有相同逻辑功能的标准单元比较

	HVT 单元	SVT 单元	LVT 单元
阈值电压	高	中	低
工作速度	慢	中	快
功耗	低	中	高

图 4.33 所示为根据 HVT 单元进行归一化处理的三种阈值电压标准单元库中的标准单元的泄漏功耗和转换速度。可以看出，降低阈值电压有助于提高性能，但同时会使泄漏功耗呈指数级增长。这种不对称的性能与功耗关系对高性能低功耗设计中阈值电压的选择至关重要。

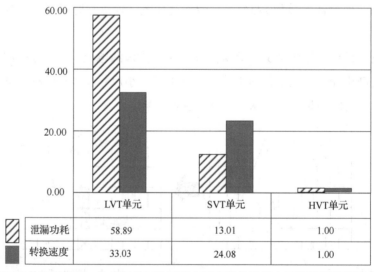

	LVT单元	SVT单元	HVT单元
泄漏功耗	58.89	13.01	1.00
转换速度	33.03	24.08	1.00

图 4.33　根据 HVT 单元进行归一化处理的三种阈值电压标准单元库中标准单元的泄漏功耗和转换速度

（2）多通道长度标准单元库。

除阈值电压特性外，标准单元库还提供不同驱动强度的标准单元。CMOS 晶体管的通道长度与驱动强度成反比，即通道长度越长，驱动电流越低，标准单元的数据传输速度也越慢，功耗越低。

代工厂会提供多个不同通道长度的标准单元库供 EDA 工具选择。

图 4.34 所示为 3 个不同通道长度的标准单元的泄漏功耗与转换比较。从图 4.34 中可以看出，减小通道长度将导致泄漏功耗增大，但转换速度加快。

（3）多阈值设计。

在时序路径上，如果设计频率较高，就需要单元延迟较小，也就是需要用到很多 LVT 单元甚至超低阈值电压的单元，但同时对应的泄漏功耗就会增大；反之，如果大量使用 HVT 单元，虽然泄漏功耗降低，但会导致单元延迟增大，设计性能降低。

通常可以在关键路径上使用 LVT 单元来优化时序，在非关键路径上使用 HVT 单元来降低泄漏电流，从而在不损失性能的前提下尽可能降低芯片的整体泄漏功耗，且没有额外的面积开销。

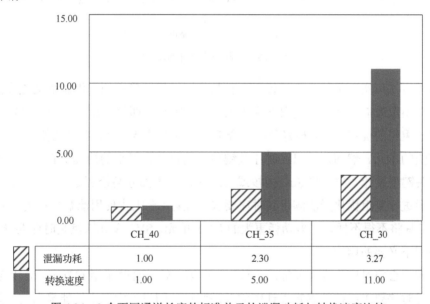

图 4.34　3 个不同通道长度的标准单元的泄漏功耗与转换速度比较

图 4.35 中，数据时序路径上全部使用了 LVT 单元以满足时序要求，但是计算后发现建立时间有+150ps 的余量。显然，过多的 LVT 单元产生了多余的泄漏功耗。因此，可以考虑将一部分 LVT 单元换成 SVT 单元或 HVT 单元，如图 4.35（b）所示，在保证建立时间不出现违例的前提下尽量减少 LVT 单元的使用量，这也是后端设计工具进行功耗优化的常用办法。

物理实现时，采用多阈值设计技术可以达到性能和泄漏功耗的平衡。在综合或布局优化时，设计过程中存在很多时序违例。由于时序的优先级高于面积和功耗，因此 EDA 工具通常会使用转换速度更快但泄漏功耗更大的单元，如 LVT 单元、短通道长度单元。使用 LVT 单元时，综合工具的运行速度较快，当 HVT 单元占有较高比例时，综合工具的运行时间较长。

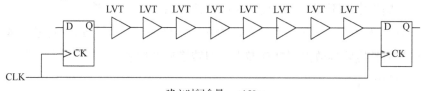

建立时间余量：+150ps

（a）时序路径中的单阈值电压单元

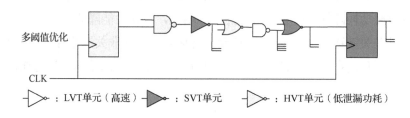

（b）时序路径中的多阈值电压单元

图 4.35　多阈值电压单元组合

有两种方法可实现最佳时序目标：一种是使用转换速度更快、泄漏功耗更高的单元，即牺牲功耗换取效能；另一种是根据优化工作进行重组，即牺牲运行时间换取效能。

在基于重组的优化方面，最好利用综合工具的强大功能，而非自由地使用泄漏功耗大、转换速度快的单元。然而，这只在时序关键路径的百分比很小的情况下有效。当实现高性能、时序关键型设计（如一些 SoC 内核或 GPU）时，大部分路径都是时序关键路径，仅仅在综合层面进行重组优化无法满足其时序要求。如果完全阻止使用泄漏功耗更大的 LVT 单元，综合工具将不得不插入更多功耗更大的 HVT 单元、SVT 单元来满足时序要求，最终导致芯片面积不必要的增大。

多数应用会将时序作为首要需求，首先，在第一轮综合时采用 LVT 单元，以获得最高性能并满足时序要求；接着确定设计中的关键路径，即设计中要求性能最高的一条或多条路径；然后尝试确定不需要 LVT 单元的区域，并换成 HVT 单元，以降低设计的总功耗和泄漏功耗。

但是，在某些无线系统应用中，功耗是主要目标，面积的增大则不太重要。在这种情况下，有些设计者会首先采用 HVT 单元进行综合，找到关键路径，然后用 LVT 单元换掉 HVT 单元，直至达到性能目标。

在低功耗设计中，一种有效的方法是将各个模块所能使用的阈值电压单元种类加以限制。在图 4.36 所示的设计中，各个主要模块的频率不尽相同，处理器、GPU 等对性能的要求高，但是音频模块对性能的要求较低，因此在优化过程中只允许音频模块使用 HVT 单元或 SVT 单元，这样做可以减小其整体泄漏功耗。

在实际应用中，一般采用的策略为：对于性能要求高的模块或者频率比较高的部分，采用阈值电压比较低的单元，使建立时间的时序更容易收敛；对于性能要求较低的模块或者频率较低的部分，多采用阈值电压比较高的单元，使功耗更低。由此可以实现在同一块芯片上，根据性能和功耗的不同要求调整阈值电压单元的使用，从而避免在不太重要的功能上浪费过多的功率。

（4）多阈值设计的综合。

根据所采用的方法或选择，可以将 one-pass 或 two-pass 的综合流程应用于多阈值设计。一种多阈值设计的流程如图 4.37 所示。

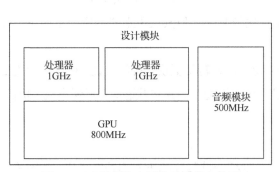

图 4.36　多种阈值电压单元的组合使用

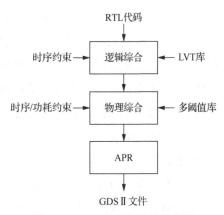

图 4.37　一种多阈值设计的流程

初次进行综合可采用 LVT 库来执行，随后采用多阈值库来进行增量编译，以降低泄漏电流。对于时序效果和泄漏功耗都十分重要的设计，可采用多阈值库执行 one-pass 综合，首先对时序进行优化，然后在不影响已实现的时序效果的条件下，对泄漏功耗进行优化，泄漏功耗优化后再进行面积优化。

4.4.2　变阈值 CMOS 技术

一般认为 MOS 管有三个常用端口，分别为源极（Source Electrode）、漏极（Drain Electrode）、栅极（Grid）。实际上，MOS 管还有一个端口，称为衬底，也就是连接到 P 型衬底（P-Substrate）或者 N 阱（N-Well）上的端口。因此，MOS 管其实是一个四端器件，如图 4.38 所示。

加在 P 型衬底或 N 阱上的电压被称为衬底偏置电压。在大多数情况下，此电压根据 MOS 管的类型接到 V_{DD} 或者 V_{SS} 上，称为无衬底偏置；在某些情况下可以加一个正向或者反向的偏置电压，分

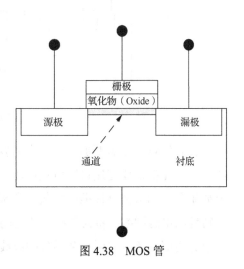

图 4.38　MOS 管

别称为 Forward Body Bias 和 Reverse Body Bias，简称 FBB 和 RBB。

（1）衬底偏置效应。

CMOS 器件中的衬底偏置效应（Body-Bias Effect，又称体效应）是指衬底偏置电压对晶体管的阈值电压有影响。

一般情况下，NMOS 管的源极与衬底相连，并且接芯片的最低电位。但是在实际电路中，由于设计需要，源极往往接到一个比衬底高的电位上，吸引沟道电子移向源极，从而使沟道电子变少，要使沟道达到强反型，就需要更大的栅极电压，这就是阈值电压的增大。同理，对于 PMOS 管，其源极一般与 PMOS 管的体（N 阱）相连，接芯片的最高电位，实际设计中会有源极接到比 N 阱低一些的电位上，吸引沟道中的空穴移向源极，同样导致沟道空穴变少，要使沟道达到强反型，就需要更低的栅极电压，即阈值电压减小，而阈值电压的绝对值也是增大的。衬底偏置效应的原理比较复杂，但其表现形式非常简单明了，即衬底偏置电压会影响晶体管的阈值电压。

施加同样的电压时，阈值电压低的 MOS 管可以翻转得更快，换句话说，可以使用更低的工作电压来获取传统的"零偏置"性能。当 MOS 管处于高阈值状态时，泄漏电流（功耗）则比较小。

（2）变阈值 CMOS 技术的原理。

变阈值 CMOS 技术通过控制衬底偏置电压来动态调整标准单元的阈值电压，如图 4.39 所示。如果芯片对性能要求不高，则可以提高阈值电压以降低泄漏电流（功耗）；如果芯片对性能要求较高，则可以降低阈值电压以实现更小延迟和更快速度。

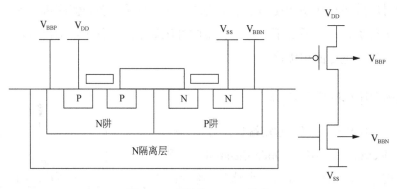

图 4.39　变阈值 CMOS 技术

衬底偏置电压需要加到每一个需要偏置的晶体管上，在后端设计上就是所有需要偏置的标准单元都需要连接衬底偏置电压。只在少量标准单元上加衬底偏置电压的代价太大，但如果芯片的大部分标准单元甚至全部标准单元都需要连接衬底偏置电压，那么就需要设计特殊的电源网络，将大量标准单元的 N 阱和 P 型衬底连接到衬底偏置电压，这不仅会增加设计周期，还会占用很多额外的绕线资源。

为了准确分析每一个标准单元在不同衬底偏置电压状态下的延时变化,标准单元的时序库文件中应包含不同衬底偏置电压下的延时信息或者不同衬底偏置电压下标准单元的延时变化数据,从而能够在后端的时序优化和静态时序分析中准确地加以模拟和分析;为了保证在不同的衬底偏置电压下系统仍然能够正常工作,静态时序分析的签核(Signoff)条件也会相应增加,以保证所有状态下的建立时间、保持时间等条件都能够得到满足。

在实际设计中,为了降低设计和签核的复杂度,通常只会选取 FBB 和 RBB 中的一种,并且偏置电压是一个固定值。换句话说,在同一个设计中很少会出现既有 FBB 又有 RBB 的情况,并且偏置电压也不会波动。

在变阈值 CMOS 技术中,需要增加一个片上电压调节器,其能够通过调节衬底偏置电压来调节晶体管的阈值电压。

4.4.3 动态阈值 CMOS 技术

动态阈值 CMOS 技术与变阈值 CMOS 技术的思想类似,根据模块的运行状态动态地改变衬底偏置电压,以调整其阈值电压,从而兼顾性能和功耗。动态阈值 CMOS 技术一般基于 SOI 工艺。

4.5 低功耗元件

标准单元库所提供的低功耗元件通常包括时钟门控单元、隔离单元、电平转换器、电源开关单元、常开单元(Always-on Cell)、状态保持寄存器等。

1. 时钟门控单元

时钟门控单元可以包含任何类型的逻辑,如多个使能输入、异步复位或反向门控时钟输出。综合工具可以通过将周围的逻辑吸收到时钟门控单元内部来优化使能逻辑。图 4.40 所示为常见的时钟门控单元。

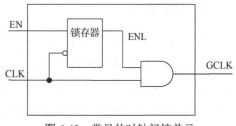

图 4.40 常见的时钟门控单元

多比特单元是指同一个单元中包含多个逻辑位,也可以理解为多个完全相同的单元合并在一个单元里。以触发器为例,1bit 触发器和 2bit 触发器的逻辑关系如图 4.41 所示。

当然,这种合并不是简单地将两个或更多的单元直接放置在一起,而是需要在晶体管级别的版图设计中,采用晶体管连接优化和晶体管共用等手段来缩小面积。此外,采用多比特单元会降低功耗。第一,当设计中使用大量多比特触发器来替代单比特触发器时,由于多比特触发器的时钟引脚处的输入电容较小，因此时钟树负载电容减小，可降低整体的时钟树动态功耗；第二，由于多比特触发器中每个端口的电容相对于单比特触发器明显减小，单个时钟缓冲器可以驱动更多数量的触发器，从而显著减少时钟树上的时钟缓冲器数量和面积，进一步降低时钟树上的功耗；第三，当多比特触发器的数量较多时，触发器总数必然大幅下降，其摆放也可能更加集中，从而节约时钟树上的绕线，进而减少整个时钟网络的绕线寄生电阻和电容，降低动态功耗。

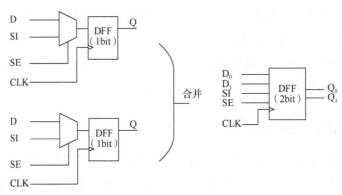

图 4.41　1bit 触发器和 2bit 触发器的逻辑关系

尽管多比特触发器拥有以上诸多优点，但是在实际应用中并不总能得到最好结果，主要原因有多个方面。其一，单比特触发器到多比特触发器的转化有诸多条件限制，导致多比特触发器的占比不高，达不到期望的降低功耗效果；其二，多比特触发器摆放得不合理可能会引起绕线资源紧张，时序恶化，甚至因增加更多的组合逻辑功耗而抵消了时钟线上的降低功耗效果；其三，出于电压降（IR Drop）和电迁移（Electromigration）方面的考虑，可能会故意使多比特触发器互相摆放得远一些，无法减少时钟网络的绕线寄生电阻和电容，无法降低功耗。

2．隔离单元

如果晶体管的电源关闭，其输出将不可预测，若传递出去，则可能会导致其他电路功能出错，为此需要使用隔离单元，在断电时，将断电的电路输出固定到恒定高电位或低电位。其原理基本上等同于与门及或门，利用与门输出低电平称为低钳位隔离信号（Low Clamped Isolated Signal），利用或门输出高电平称为高钳位隔离信号（High Clamped Isolated Signal），如图 4.42 所示。

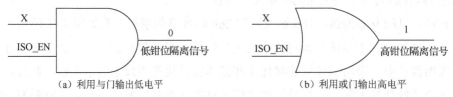

图 4.42　隔离单元

为了保证在电源关闭时仍然能够正常工作，隔离单元通常会有一个主电源（Primary Power）和一个次电源（Secondary Power），次电源能够保证在主电源关闭时隔离单元仍然能够正常工作，如图 4.43 所示。

还有一种输出保持电路，在电源关闭时可以保持隔离单元的输出，其电路结构如图 4.44 所示。

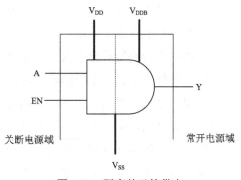

图 4.43　隔离单元的供电

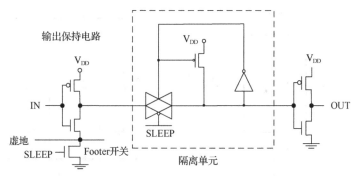

图 4.44　带输出保持电路的隔离单元

3．电平转换器

在多电压设计中，当信号从一个电压域跨越到另一个电压域时，需要利用电平转换器将源电压域输出的电平转换成目标电压域可以识别的逻辑电平，如图 4.45 所示。电平转换器广泛存在于 I/O 单元电路，实现外部电压与芯片内核电压之间的转换。

图 4.46 所示为使能电平转换器（Enable Level Shifter）。

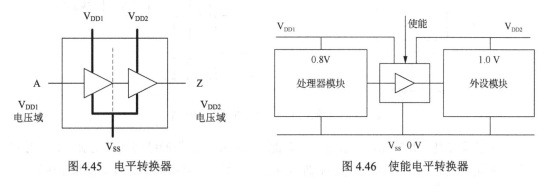

图 4.45　电平转换器　　　　　　图 4.46　使能电平转换器

根据电平转换的方向，电平转换器可以支持从高电平到低电平的转换、从低电平到高电平的转换，以及同时支持从高电平到低电平和从低电平到高电平的转换，其中第三种电平转换器最具应用灵活性。

（1）从高电平到低电平的电平转换器。

从高电平到低电平的电平转换器由两个反相器串联而成，如图 4.47 所示，从高电平到低电平的电平转换器只会引入一个缓冲器的延时，对时序的影响很小。

（2）从低电平到高电平的电平转换器。

当用一个低电平信号驱动一个高电平单元时，驱动力不足的信号将增加接收输入端的上升和下降时间，从而增加短路电流的持续时间，恶化时序，图 4.48 所示的从低电平到高电平的电平转换器则可用来解决此问题。

从低电平到高电平的电平转换器需要连接两个共地的电源，相对于从高电平到低电平的电平转换器来说，其所引入的延时明显更大。

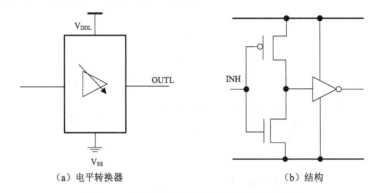

（a）电平转换器　　　　　　　　（b）结构

图 4.47　从高电平到低电平的电平转换器

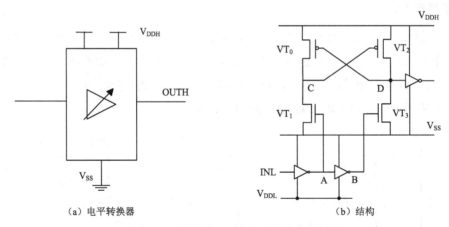

（a）电平转换器　　　　　　　　（b）结构

图 4.48　从低电平到高电平的电平转换器

电平转换器是常开单元，一般有多个电源端和地端。它们的结构比较复杂，高度通常比普通单元高，此外需要保证其电源和地连接正确。很多设计会将它们摆放在特定区域内，使得其电源、地轨、可关断端（PG Pin）的连接更加规范，如图 4.49 所示。

如果设计中含有多个电压，其中某些电源域可以被关断，并且不同电压域之间存在数据交互，那么便同时需要电平转换器和隔离单元，一般代工厂会提供带有隔离功能的电平转换器。

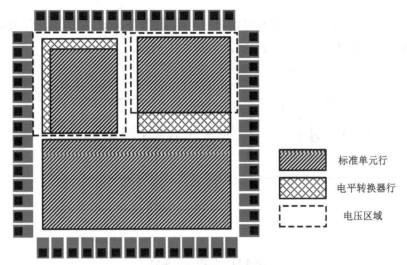

图 4.49 电平转换器的摆放

在图 4.50 中，PD1 是可被关断的，它与 PD2、PD3 之间使用了带隔离功能的电平转换器。PD2 属于常开电源域，其与 PD3 之间只需要使用普通的电平转换器。

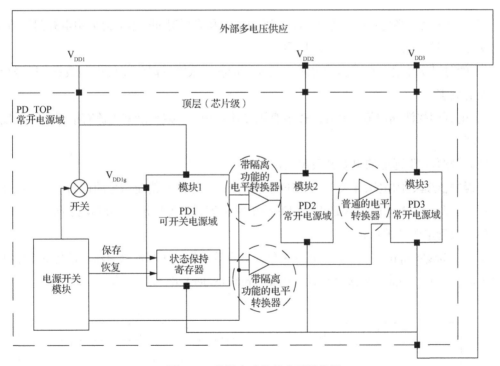

图 4.50 带隔离功能的电平转换器

4．电源开关单元

电源开关单元也称为电源关闭（Power Shut Off，PSO）单元。标准单元库中存在两种类型的电源开关单元：Header 类型电源开关单元和 Footer 类型电源开关单元。其中，Header

类型电源开关单元将电源轨连接到断电模块的电源引脚，Footer 类型电源开关单元将地轨（Ground Rail）连接到断电模块的地引脚，如图 4.51 所示。

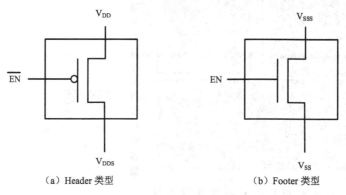

（a）Header 类型　　　　　　　　（b）Footer 类型

图 4.51　电源开关单元

（1）对电源开关单元的要求。

① 开关电流：电源开关单元能够提供任何时间所需的开关电流，但自身不会产生大的电压降。

② 电压摆率：当电压摆率较大时，电路的关断和导通时间较长，会影响电源门控效率，通过缓冲栅极控制信号可以控制电压摆率。

③ 瞬时开关电容：在不影响电源完整性的情况下限制同时切换的电路数量，以减少浪涌电流的危害。

④ 电源门控泄漏电流：电源门控由有源晶体管构成，减小泄漏电流有助于最大限度地节省功率。

（2）带缓冲器/延迟的电源开关单元。

带缓冲器/延迟的电源开关单元的作用有两个：一是控制使能信号的偏斜；二是在使能信号穿过电源开关单元时引入延迟，以减少尖峰电流或浪涌电流，如图 4.52 所示。

（3）双管电源开关单元。

单管（Single Input Header）电源开关单元具有较小的面积和泄漏电流，但传导电阻和静态电压降非常大，因此最好选择双管（Dual Input Header）电源开关单元，如图 4.53 所示。

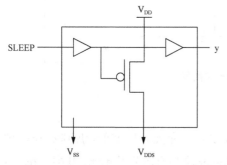

图 4.52　带缓冲器/延迟的电源开关

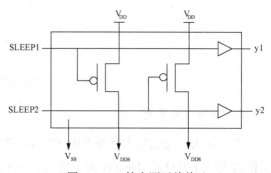

图 4.53　双管电源开关单元

5．常开单元

在电源域被关闭时，可能某些特定单元需要持续保持活动状态，如状态保持寄存器、隔离单元。与普通单元相比，常开单元在模块断电期间仍能持续工作，如图 4.54 所示。

6．状态保持寄存器

可开关电源域的电源关断以后，其内部数据将全部丢失。如果希望在断电后仍然能保存这些数据，可采用两种方式：一种是在断电前，将内部数据存到断电模块外部的 RAM 中，等上电之后再将数据读回；另一种是在关断的电源域中使用状态保持寄存器。

图 4.55 所示为状态保持寄存器的内部结构，其拥有两个不同的电源，分别为主寄存器（Main Register）和影子寄存器（Shadow Register）供电。在电源关断前通过 SAVE 信号将数据保存到内部的影子寄存器中，上电后再通过 RESTORE 信号将数据从影子寄存器恢复到主寄存器中。

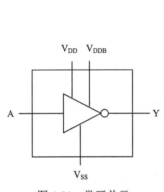

图 4.54　常开单元

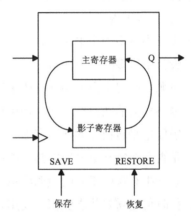

图 4.55　状态保持寄存器的内部结构

状态保持寄存器内部的影子寄存器是常开单元，必须使用常开电源和高阈值电压的 MOS 管以降低泄漏功耗，其余器件均使用可关断电源；主寄存器可能会使用低阈值电压的 MOS 管，以实现高性能和快速的数据恢复。与常规寄存器相比，状态保持寄存器的面积一般要大 20%以上，因此使用状态保持寄存器时需要特别注意额外的面积和功耗。当需要断电保存的数据过多时，状态保持寄存器带来的功耗可能会使整体的低功耗效果打折扣。

4.6　电源意图

设计人员使用复杂的低功耗技术，如多电压技术、时钟门控技术和电源门控技术等，达成芯片的低功耗目标，同一技术会在各个设计环节中得到应用。例如，如果使用多个不同的电源，则逻辑综合必须插入电平转换器，并在布局和布线时进行正确处理，静态时序分析和形式验证（Formal Verification，FV）等其他工具也必须理解这些电平转换器。

传统的数字芯片设计均采用硬件描述语言（Verilog HDL 或者 VHDL）对电路进行描述，并没有包含任何芯片供电网络信息，导致后续的流程（如功耗验证和物理实现）很难处理或者极易出错。

进行芯片设计时，需要精确地捕捉所设计芯片的电源意图，并以适当的形式描述选定的低功耗技术，将其传递给 EDA 工具，帮助实现逻辑和物理设计。这与综合时设立约束，将与时序相关的设计意图传递给 EDA 工具相似。

4.6.1 电源意图规范

（1）电源意图规范的内容。

电源意图规范源自芯片的系统和架构规范，描述了低功耗设计的需求，一般由开发人员编写，包括以下内容。

① 设计中有多少个电压域？

② 设计中有多少个电源域？

③ 电源域/电压域影响哪些例化模块？

④ 需要隔离的端口有哪些？使用什么类型的隔离单元？

⑤ 需要电平转换器的端口有哪些？使用什么类型的电平转换器？

⑥ 是否存在常开电源域？具有哪些端口？

⑦ 设计中有哪些不同的电源状态？

⑧ 何时何地需要状态保留？使用什么类型的单元？

（2）电源意图的描述格式。

电源意图描述格式的早期发展阶段存在两种格式：通用电源格式（Common Power Format，CPF）和统一电源格式（Unified Power Format，UPF），但现在 UPF 已经融合了 CPF，并成为 IEEE 标准。UPF 的演变如图 4.56 所示。

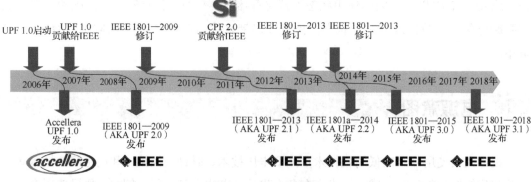

图 4.56　UPF 的演变

在逻辑设计阶段，需要单独编写 UPF 文件，并将其提供给综合工具。待综合完成后，网表中就存在电平转换器、隔离单元等。在物理设计阶段，同样需要依据 UPF 文件加入电源门控。另外，在各个设计阶段，也需要利用 UPF 文件进行有关低功耗的验证工作。

4.6.2 UPF 的基本概念

UPF 已成为描述电源意图的一种语言标准，包含了大量的 Tcl 命令，主要包含 4 部分内容：电源域、电源网络、电源状态和低功耗元件规则。UPF 不仅可以在 RTL 代码设计中使用，还可以被后端工具使用，保证了整个芯片设计过程中低功耗流程的一致性。

（1）电源域。

电源域可以简单理解为供电逻辑的划分，其中既包含了设计的物理实体（Module），也包含了电源线间的连接关系。

如图 4.57 所示，TOP 层次存在三个电源域：Top_PD、Core1_PD 和 Core2_PD，电源由外部提供，分别是 0.8V 的 VDD 和 1.0V 的 VDD2。

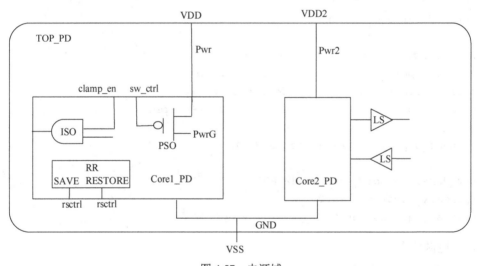

图 4.57　电源域

3 个电源域的定义如下（本书使用了 UPF 2.0 版本）。

```
create_power_domain Top_PD
create_power_domain Core1_PD      -elements {Core1}
create_power_domain Core2_PD      -elements {Core2}
```

（2）电源网络。

需要定义电源网络，为各个电源域、IP 宏、I/O 单元供电。

```
// 定义电源端口
create_supply_port VDD      -direction in
create_supply_port VDD2     -direction in
```

```
create_supply_port VSS        -direction in

// 定义电源域 Top_PD 的电源网络
create_supply_net Pwr        -domain Top_PD
create_supply_net Gnd        -domain Top_PD
connect_supply_net Pwr       -ports {VDD}
connect_supply_net Gnd       -ports {VSS}

set_domain_supply_net  Top_PD
-primary_power_net Pwr
-primary_ground_net Gnd

// 定义电源域 Core1_PD 的电源网络
create_supply_net PwrG    -domain Core1_PD
create_supply_net GND     -domain Core1_PD -reuse

set_domain_supply_net Core1_PD
-primary_power_net PwrG
-primary_ground_net Gnd

// 定义电源域 Core2_PD 的电源网络
create_supply_net Pwr2    -domain Top_PD
create_supply_net Pwr2    -domain Core2_PD -reuse
create_supply_net Gnd     -domain Core2_PD -reuse

connect_supply_net Pwr2 -ports （VDD2）

set_domain_supply_net  Core2_PD
-primary_power_net Pwr2
-primary_ground_net Gnd
```

（3）电源状态。

① 电源状态表的描述。

电源状态表（Power State Table）描述设计中所有电源域的电压和电源状态（Power State）的允许组合，表 4.2 中列出了 3 个电源域的电压和 3 个电源状态的允许组合。

表 4.2 电源状态表（1）

电源域		Top_PD	Core1_PD	Core2_PD
电源供应	电源	VDD	PwrG	VDD2
	地	ON_00	ON_00	ON_00
状态	正常	ON_08	ON_08	ON_10
	睡眠	ON_08	OFF	ON_10
	休眠	ON_08	OFF	OFF

② 设定供电电源和地的电平值。

```
add_port_state VDD        -state {ON_08 0.8}
add_port_state VDD2       -state {ON_10 1.0}
add_port_state VSS        -state {ON_00 0.0}
add_port_state PSO/PwrG-state {ON_08 0.8} -state {OFF off} #PSO 开关电压存
在 ON 和 OFF 两种状态
```

③ 设定电源状态。

```
create_pst PST1 -supplies {VDD, PwrG, VDD2, VSS}
add_pst_state Normal    -pst PST1  -state {ON_08, ON_08, ON_10, ON_00}
add_pst_state Sleep     -pst PST1  -state {ON_08, OFF, ON_10, ON_00}
add_pst_state Hibernate -pst PST1  -state {ON_08, OFF, OFF, ON_00}
```

（4）低功耗元件规则。

低功耗元件规则是对低功耗元件（如电平转换器、隔离单元、状态保持寄存器、电源开关）的行为描述。例如，电平转换器是从高电平到低电平转换还是从低电平到高电平转换、隔离单元钳位的是高电平还是低电平、电源开关的控制信号等。

① 创建电源开关。

```
// 在电源域 Core1_PD 中创建电源开关
create_power_switch PSO -domain Core1_PD
-input_supply_port {in Pwr}
-output_supply_prt {out PwrG }
-control_port {swctrl sw_ctrl}
-on_state {PWR_ON  swctrl}
-off_state {PWR_OFF !swctrl}
```

② 创建隔离单元。

考虑信号从电源域 Core1_PD 输出到电源域 Top_PD 的情形，电源状态表如表 4.3 所示。

表 4.3 电源状态表（2）

电源域		Top_PD	Core1_PD	Core2_PD
电源供应	电源	VDD	PwrG	VDD2
	地	ON_00	ON_00	ON_00
状态	正常	ON_08	ON_08	ON_10
	睡眠	ON_08	OFF	ON_10
	休眠	ON_08	OFF	OFF

```
// 为跨电源域的信号添加隔离单元
set_isolation Core1_PD_isolation
-domain Core1_PD
-applies_to outputs
```

```
-clamp_value 0
-isolation_power_net Pwr
-Isolation_ground_net Gnd

set_isolation_control Core1_PD_isolation
 domain Core1_PD
-isolation_signal clamp_en
-isolation_sense high
-location self
```

③ 创建电平转换器。

考虑信号在电源域 Core1_PD 与电源域 Core2_PD 之间传输的情形，电源状态表如表 4.4 所示。

表 4.4　电源状态表（3）

电源域		Top_PD	Core1_PD	Core2_PD
电源供应	电源	VDD	PwrG	VDD2
	地	ON_00	ON_00	ON_00
状态	正常	ON_08	ON_08	ON_10
	睡眠	ON_08	OFF	ON_10
	休眠	ON_08	OFF	OFF

当信号跨越不同电压的电源域时，需要添加电平转换器。其中，Core2_PD 的输出端口（隔离单元的输出）需要插入从高电平到低电平的电平转换器，输入端口需要插入从低电平到高电平的电平转换器。

```
// 创建电平转换器
set_level_shifter Core2_PD_LS_lh
-domain Core2_PD
-threshold 0.1
-applies_to inputs
-rule low_to_high
-location parent

set_level_shifter Core2_PD_LS_hl
-domain Core2_PD
-threshold 0.1
-applies_to outputs
-rule high_to_low
-location parent
```

④ 创建状态保持寄存器。

将电源域 Core1_PD 的电源关断后，需要利用状态保持寄存器来保存其中的部分数据。

```
// 创建状态保持寄存器
set_retention Core1_PD_retention
-domain Core1_PD
-retention_power_net   PwrG
-retention_ground_net Gnd

set_retention_control Core1_PD_retention
-domain Core1_PD
-save_signal    {rsctrl high}
-restore_signal {rsctrl low}
```

（5）电源意图规范的验证。

在进行低功耗仿真和逻辑综合之前，使用低功耗形式验证快速检查电源意图规范，确认语法正确，电源意图完整，设计与电源意图一致，如图 4.58 所示。

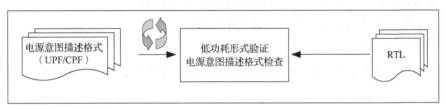

图 4.58　电源意图规范的验证

电源控制单元

芯片工作在各种功耗模式中，常见的有正常运行模式（电源域和时钟域都打开）、待机模式（电源域都打开，但芯片内核和某些模块的时钟域被关断）、睡眠模式（电源域被关断）。通常芯片顶层会设计一个专门的电源控制单元，负责处理器和其他模块的时钟门控和电源门控，利用多种机制和软硬件方法实现芯片不同工作模式的睡眠、唤醒和切换等低功耗管理。例如，当芯片处于睡眠模式时，芯片中断输入引脚、RTC、USB 插拔，以及芯片内部其他电路等可以产生中断信号，首先唤醒主处理器，再由主处理器唤醒其他模块。

1. 断电和上电时序

断电时，各电源域一次性或依次进行时钟关断、隔离、复位、关闭电源操作，使各电源分区进入低功耗状态。上电时，各电源域一次性或依次进行打开电源、释放复位、释放隔离、打开时钟操作，使各电源分区进入正常工作状态。

（1）不支持保留状态的模块。

对于不支持保留状态的模块，其低功耗控制信号的时序如图 4.59 所示。

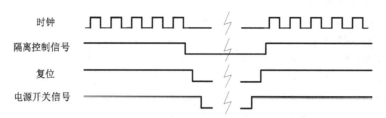

图 4.59　不支持保留状态模块的低功耗控制信号的时序

其断电顺序如下。

① 等待正在运行的总线或外部操作进入 IDLE（空闲）状态。

② 关断时钟。

③ 使能隔离控制信号，确保输出处于安全状态。

④ 进入复位状态，确保后续上电时寄存器输出默认值。

⑤ 使能电源开关的控制信号，关闭供电电源。

其上电顺序如下。

① 释放电源开关的控制信号，恢复供电，需根据过冲电流的管理方法和技术选择对多个控制信号进行排序，以便分阶段上电。

② 在上电完成后释放复位，使电路进入一个确定的初始化状态。

③ 释放隔离控制信号以恢复电路的功能输出。

④ 重新使能时钟，要求时钟没有毛刺并满足最小脉冲宽度的约束。

（2）支持保留状态的模块。

对于支持保留状态的模块，需要在电源门控时序上增加保留信号和恢复信号，其低功耗控制信号的时序如图 4.60 所示。

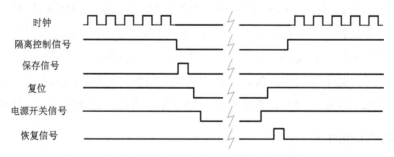

图 4.60　支持保留状态模块的低功耗控制信号的时序

其断电顺序如下。

① 等待正在运行的总线或外部操作进入 IDLE 状态。

② 关断时钟。

③ 使能隔离控制信号，确保输出处于安全状态。

④ 确认保留状态的保留条件。

⑤ 复位电路中非保留状态的寄存器，确保上电后它们处于复位状态。

⑥ 使能电源开关的控制信号，关闭供电电源。

其上电顺序如下。

① 释放电源开关的控制信号，恢复供电，需根据过冲电流的管理方法和技术选择对多个控制信号进行排序，以便分阶段上电。

② 在上电完成后释放复位，使电路进入一个确定的初始化状态。

③ 确认保留状态的恢复条件。

④ 释放隔离控制信号以恢复电路的功能输出。

⑤ 重新使能时钟，要求时钟没有毛刺并满足最小脉冲宽度的约束。

2．时序控制机制

低功耗模式下的时序要求必须等待前一操作产生稳定结果以后，才能进入下一操作，各操作间的转换由多种机制控制。以电源域上电为例。电源开关网络必须限制浪涌电流，以防破坏状态保留寄存器和其他相关的上电逻辑，因此电源门控需要时间以控制电压的上升速度。此外，在执行恢复操作之前，必须等待上电完成，因此需要在电源域上电和恢复操作之间插入延迟时间。

对于不提供握手信号的电源开关，将电源开关控制信号置于有效状态后，需要等待一段时间，待电源开关稳定后再执行后续的操作，等待时间的长短可根据面积、电源域层级关系、工艺等因素来调整。对于提供握手信号的电源开关，其电源打开和关闭可采用握手协议。有些电源开关会提供两组握手信号，分别用于控制涌流和剩余电流的开关。

一个使用电源断电请求/应答握手机制的电源开关的时序如图 4.61 所示。

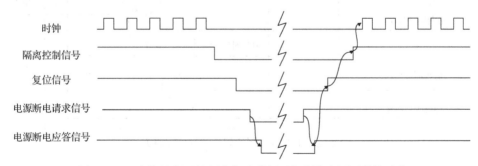

图 4.61　一个使用电源断电请求/应答握手机制的电源开关的时序

断电时，控制器发出电源断电请求信号以关闭电源开关网络，当电源被关闭后，电源开关将电源断电应答信号反馈给控制器。上电时，控制器释放电源断电请求信号以打开电源开关网络，当电源全部安全打开后，电源开关会释放电源断电应答信号。当控制器获得此信号后，将继续余下的上电操作。

通常情况下，时序控制机制有以下几种。

① 握手应答：向电源域发出上电请求信号后，等待该电源域电压已稳定的回复信号，检测到回复信号后进入下一个状态。

② 计数器计数：向电源域发出上电请求信号后，启动计数器工作，等待足够的计数周期后认为该电源域电压已稳定，然后进入下一个状态。

③ 混合机制：向电源域发出上电请求信号后，先等待该电源域电压已稳定的回复信号，然后启动计数器工作，等待一定计数周期后认为该电源域电压已稳定，进入下一个状态。

④ 软件强制：向电源域发出上电请求信号后，软件开始定时，等待一段时间后认为该电源域电压已稳定，然后通过寄存器置位强制进入下一个状态。

3．时序控制方式

电源域断电或上电控制有两种方式：一种是通过软件指令配置寄存器；另一种是由硬件触发。一个状态或一条指令要保持一定周期后才进入下一个状态或下一条指令，从而实现顺序正确的上电或掉电流程。电源域控制的软件和硬件双路方式如图 4.62 所示。

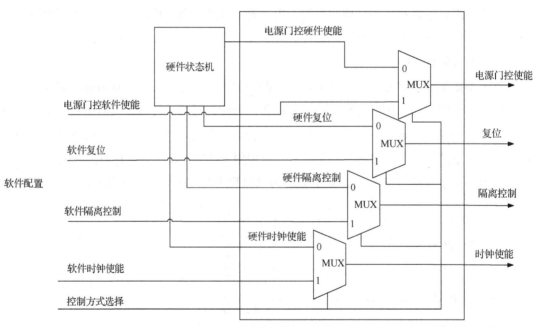

图 4.62　电源域控制的软件和硬件双路方式

一个基于图 4.59 和图 4.61 时序要求的硬件状态机如图 4.63 所示。该状态机在上电触发信号或断电触发信号的作用下，依次产生握手信号、计数等待操作等，以满足所要求的设计时序。

假设硬件状态机当前处于电源打开（Power On）状态，则硬件状态机的跳转过程如下。

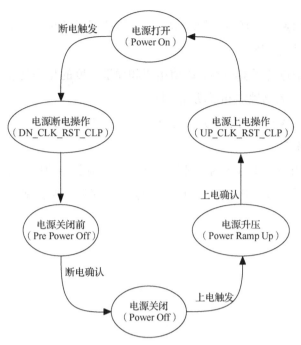

图 4.63　一个基于图 4.59 和图 4.61 时序要求的硬件状态机

　　断电触发后，硬件状态机立刻从电源打开状态进入电源断电操作（DN_CLK_RST_CLP）状态。在此状态下，对电源域模块分别执行关闭电源域模块时钟操作、跨电源域边界钳位操作和复位操作，其间各种操作所需的延时由多个寄存器配置，包括复位使能和传播延时、钳位信号传播和使能延时、时钟门控使能和延时等。等计数全部结束后，硬件状态机跳转至电源关闭前（Pre Power Off）状态，启动关闭电源开关的操作，即发出电源断电请求信号，然后等待电源开关的反馈，当收到确认信号后，硬件状态机便跳转至电源关闭（Power Off）状态，至此，硬件状态机完成了断电过程。

小结

- CMOS 功耗由动态功耗和静态功耗组成，消耗在 I/O 引脚、内存、可扫描寄存器、组合逻辑电路，以及时钟树等电路和器件中。
- 降低功耗的主要方法有缩放、门控和电压阈值控制。缩放技术包括频率缩放技术和电压缩放技术，门控技术包括时钟门控技术和电源门控技术，电压阈值控制技术包括多阈值 CMOS 技术和变阈值 CMOS 技术等。
- 降低动态功耗的方法有多电压供电、多时钟运行、时钟门控；降低短路功耗的方法有降低电源电压、选择翻转更快的单元；降低静态功耗的方法有采用多阈值单元、低功耗元件、电源门控、多电压供电。

- 时钟门控技术是低功耗设计的基本方法，可应用于芯片级、子系统级、模块级和寄存器级等一系列层次。
- 标准单元库中包含了多种不同阈值电压和通道长度的相同功能单元，通过组合使用可以实现 SoC 的高性能和低功耗目标。
- 低功耗元件包含时钟门控单元、电平转换器、隔离单元、电源开关单元、常开单元和状态保持寄存器。
- UPF 已成为描述电源意图的一种语言标准，应用于低功耗设计的全流程。
- 电源控制单元具有功耗模式切换、低功耗控制和睡眠唤醒等功能。

第 5 章

标准库

芯片设计需要使用各种类型的标准库。标准库是晶体管电路描述、功能和时序模型、物理版图、抽象视图的集合，可分为逻辑单元库和物理单元库，主要包括标准单元库、I/O单元库、存储器库、IP 库，以及各种用于物理实现的特殊单元。

标准单元库和 I/O 单元库是基于单元的芯片设计基础，为设计流程的各个阶段提供支持，对芯片的性能、功耗、面积和成品率至关重要。存储器库包括 RAM 和 ROM 的布局、抽象视图和时序模型等。IP 库也称为定制模块库，包括 PLL、A/D 转换器、D/A 转换器和电压调节器等。

本章首先介绍 MOS 结构，接下来两节分别讨论库及标准单元设计，最后一节介绍 I/O单元。

5.1 MOS 结构

NMOS 管的横截面如图 5.1 所示。

NMOS 管的最底层是衬底，P 型衬底上的两个 N 型掺杂区域分别称为源极和漏极，最顶层是导电的栅极，中间是由二氧化硅构成的绝缘层。早期 MOS 管的栅极由金属构成，因此称为金属-氧化物-半导体（Metal-Oxide-Semiconductor，MOS）。现在 MOS 管的栅极由多晶硅构成，金属（多晶硅）与衬底之间的二氧化硅会形成一个电容，源极与漏极之间的半导体薄层则形成沟道，如图 5.2 所示。

沟道宽长比是指沟道的宽度 W 与沟道的长度 L 之比。当沟道的长度 L 相同时，沟道的宽度越大，MOS 管的工作频率越高，功耗也越大；当沟道的宽度 W 相同时，沟道的长度越小，MOS 管的工作频率越高，功耗也越大。总之，沟道宽长比越大，MOS 管的性能越好，但功耗也相应越大。

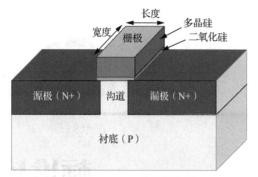

图 5.1　NMOS 管的横截面

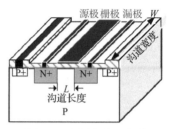

图 5.2　沟道宽度和长度

（1）CMOS 晶体管的结构。

将 PMOS 管和 NMOS 管同时集成在一个晶圆上，使其栅极相连、漏极相连，便形成了 CMOS（Complementary MOS，互补金属氧化物半导体）晶体管或者反相器单元，其横截面如图 5.3 所示。

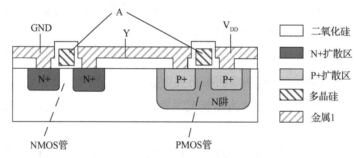

图 5.3　CMOS 晶体管的横截面

图 5.3 中，A 为共连栅极输入，Y 为共连漏极输出，电源（V_{DD}）连接 PMOS 管的源极，地（GND）连接 NMOS 管的漏极。

CMOS 晶体管的电路符号如图 5.4 所示。

对于传统的 MOS 结构，随着沟道长度的缩小，栅极不能完全控制沟道，从漏极到源极引起更多的亚阈值泄漏电流，增加了功耗，如图 5.5 所示。

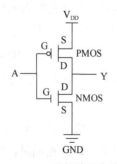

图 5.4　CMOS 晶体管的电路符号

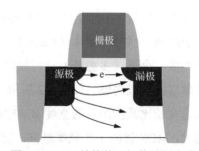

图 5.5　MOS 结构的亚阈值泄漏电流

SOI（Silicon On Insulator，绝缘体上硅）和 FinFET（Fin Field Effect Transistor，鳍式场

效应晶体管）是两种新的 MOS 结构，其主要目标是最大化栅极到沟道（Gate-to-Channel）的电容，并最大限度地减小漏极到沟道（Drain-to-Channel）的电容。

（2）SOI。

一种典型 SOI 场效应晶体管（FET）的结构如图 5.6 所示。SOI 场效应晶体管是一个平面结构，其制造工艺与传统 MOS 工艺相似，主要区别在于 SOI 场效应晶体管具有掩埋氧化层，其将形成 SOI 场效应晶体管的硅薄表面层与衬底隔开。

掩埋氧化层能有效抑制电子从源极流向漏极，从而大幅降低导致性能下降的泄漏电流，使 SOI 场效应晶体管的功耗下降 35%～70%；同时降低源极和漏极之间的寄生电容，实现更快的切换，可以较低的电压运行且不易受噪声影响，频率提高 20%～35%。此外，每个 SOI 场效应晶体管都通过完整的二氧化硅层与相邻 SOI 场效应晶体管隔离，因此不受闩锁效应的影响。

SOI 技术不仅可以通过栅极控制 SOI 场效应晶体管的行为，还可以通过改变器件衬底的极性来控制 SOI 场效应晶体管的行为，类似于传统平面结构中的体偏置电路。SOI 场效应晶体管通过在掩埋氧化层下面创建后门区域来控制阈值，因此适用于低功率应用，如图 5.7 所示。

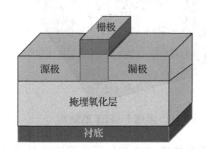

图 5.6 一种典型 SOI 场效应晶体管的结构

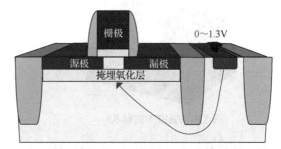

图 5.7 SOI 场效应晶体管的阈值控制

根据绝缘体上的硅膜厚度，可以将 SOI 分成全耗尽（Fully Depleted，FD）SOI 和部分耗尽（Partially Depleted，PD）SOI，如图 5.8 所示。

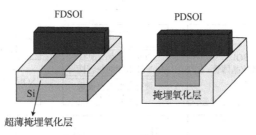

图 5.8 FDSOI 和 PDSOI

当 SOI 顶层硅膜厚度减薄到全耗尽工作状态（硅膜厚度小于有效耗尽区的宽度）时，FDSOI 将比传统 SOI 器件更具优越性，更适合高性能超大规模集成电路（Very-Large-Scale-Integrated Circuit）和超高速集成电路（Very-High Speed Integrated Circuit）。

SOI 器件和电路具有寄生电容小、集成密度高、速度快、工艺简单、短沟道效应小等优势，已成为深亚微米的低压、低功耗集成电路采用的主流技术。由于 SOI 技术非常接近传统的硅平面工艺，所以易于兼容，但晶片成本更高。

（3）FinFET。

FinFET 是三维结构，闸门呈类似鱼鳍的叉状 3D 结构，可在电路的两侧控制电路的接通与断开。其不仅可以大幅改善电路控制并减少泄漏电流，还可以大幅缩短场效应晶体管的栅长，因此又称为三栅晶体管，如图 5.9 所示。

平面结构 MOS（Bulk-MOS）的沟道是水平的，可通过改变沟道宽度来自由调整器件的驱动强度。FinFET 的鳍是垂直的，其高度决定了 FinFET 的沟道宽度，增加鳍的高度（增加沟道宽度）可以增大 FinFET 的驱动电流。多个鳍并联在一起也可以增加沟道宽度，从而增大 FinFET 的驱动电流，如图 5.10 所示。

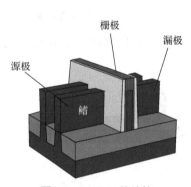

图 5.9　FinFET 的结构

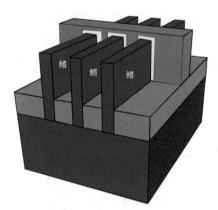

图 5.10　多鳍 FinFET 的结构

与 SOI 场效应晶体管相比，FinFET 的优点是具有更大的驱动电流，可以用应变技术来增加载流子迁移率；缺点是制造工艺复杂、制造成本较高。图 5.11 所示为 SOI 场效应晶体管和 FinFET 的优缺点对比。

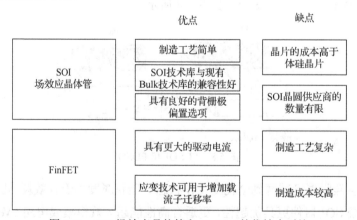

图 5.11　SOI 场效应晶体管和 FinFET 的优缺点对比

5.2 库

  系统级芯片普遍采用基于标准单元的设计方法，设计单元库是集成电路设计所需的单元符号库、单元电路结构库、版图库、电路性能参数库、功能描述库、设计规则和器件模型参数库的总称。从系统行为描述、逻辑综合、逻辑功能模拟到时序分析、验证，直至版图设计中的自动布局、布线，都必须得到一个内容丰富、功能完整的单元库的支持。

5.2.1 逻辑单元库

  一个完整的逻辑单元库由不同的功能电路组成，种类和数量很多，根据其应用可分为标准单元库、标准 I/O 库、存储器库、IP 库和 DesignWare 库等，如图 5.12 所示。

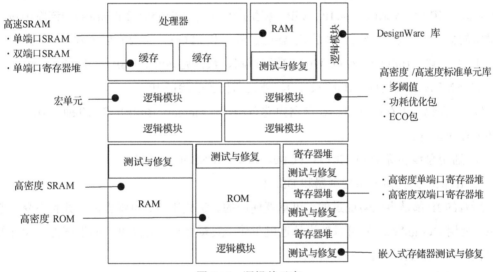

图 5.12 逻辑单元库

  （1）标准单元库。

  ① 组合逻辑门：与门、或门、与非门、或非门、与或非门、或与非门、异或门及混合逻辑门等。

  ② 时序逻辑单元：触发器、锁存器、移位寄存器等，触发器还可以设有清零/置位端等。

  ③ 驱动单元：驱动单元有正向驱动和反向驱动两种形式，具有不同的驱动负载能力。

  ④ 运算单元：半加器、全加器、减法器和二位比较器等。将这些运算单元级联可构成更多位的运算单元，如乘法器、除法器等。

  （2）标准 I/O 库。

  ① 输入单元。

② 输出单元。

③ 双向单元。

（3）存储器库。

存储器库包括 RAM 和 ROM 的布局、抽象视图、时序模型，通常由存储器编译器（Memory Compiler）生成。

（4）IP 库。

IP 库也称为定制模块库或宏单元，主要包括以下内容。

① 专用模块：处理器、DSP 等。

② 黑盒（Black Box）IP：GPU 等。

③ 模拟模块：PLL、振荡器、电压调节器、接口 IP 等。

（5）DesignWare 库。

DesignWare 库是 Synopsys 公司提供的 IP 库，分成可综合 IP 库（Synthesizable IP、SIP），验证 IP 库（Verification IP，VIP）和生产厂家库（Foundry Libraries）。该库中包含各种类型的器件，可以用来设计和验证 ASIC、SoC 和 FPGA，主要有以下几种。

① 积木块（Building Block）IP：数据通路、数据完整性、DSP 和测试电路等。

② AMBA 总线构件（Bus Fabric）、外设和相应的验证 IP。

③ 内存包：内存控制器、存储器内建自测试（Memory Built-In Self Test，MBIST）电路和内存模型等。

④ 通用总线和标准 I/O 接口：PCI-e、PCI 和 USB 的验证模型。

⑤ IP 供应商提供的微处理器和 DSP 核。

所有的 IP 都是事先验证过的、可重复使用的、参数化的、可综合的，并且不受工艺的约束。使用 DesignWare 库可以使设计速度更快、质量更高，提高设计的生产力和设计的可重复使用性，降低设计和技术风险。

对于每个运算符号，通常 DesignWare 库中会提供多个结构（算法），允许综合工具在优化过程中权衡速度和面积，选择最好的实现电路以满足设计约束。

（6）ECO 单元。

① 备用单元。

备用单元是指在设计中预留的冗余单元，供流片后进行 ECO 使用，以提高芯片流片后的改版能力，从而进一步降低风险。在后端设计的早期，可以在整个设计中均匀撒上一定数量的常用标准单元，如缓冲器、或非门、与非门、触发器等，需要时直接用于 ECO，但是插入备用单元会占用标准单元的放置区域，如图 5.13 所示。

② GA-Filler/GDCAP。

GDCAP 是一种特殊的去耦电容（DEcoupling CAPacitor，DFCAP）单元，平时作为去

耦电容单元使用，以提供电容。当需要 ECO 时，可以通过改变金属层连接将 GDCAP 转换成具有逻辑功能的标准单元。类似地，GA-Filler（Gate Array Filler，门阵列填充物）也可以通过类似手段转换成逻辑单元，如图 5.14 所示。

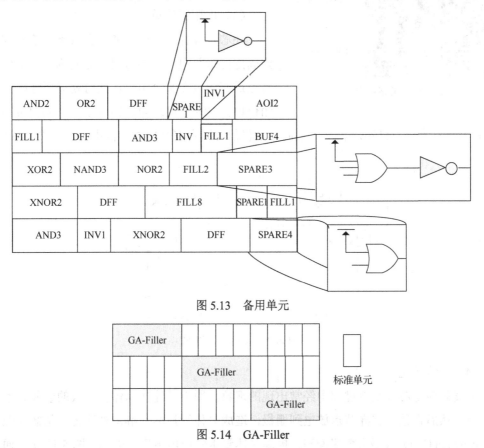

图 5.13　备用单元

图 5.14　GA-Filler

（7）与低功耗技术相关的单元。

与低功耗技术相关的单元包括隔离单元、电平转换单元、带隔离功能的电平转换器、电源开关和状态保持寄存器等。

5.2.2　物理单元库

物理单元库与逻辑单元库的分类相同，但还包括一些物理实现中使用的特殊单元。

（1）时钟树单元。

在时钟树综合中，通过插入时钟缓冲器（Clock Buffer）或时钟反相器（Clock Inverter）来减小负载和平衡延时，以最小化时钟偏斜。时钟树单元的驱动能力强，但延时较小。

（2）填充单元。

填充单元（Filler Cell）如图 5.15 所示，其可以分为 I/O 填充单元及标准单元填充单元。I/O 填充单元又称 Pad 填充单元，用于填充 I/O 单元之间的空隙，以形成电源环（Power

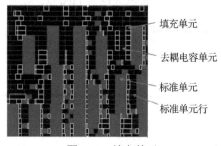

图 5.15　填充单元

Ring）。标准单元填充单元与逻辑无关，主要用于填充标准单元之间的空隙，以保证阱的连续性，满足 DRC 和设计需求，并形成电源轨。

（3）电压钳位单元。

在芯片设计过程中，通常会有不少信号需要给定固定的输入电位，同时很多无明确输入电位的信号也最好固定在某个电位，此时就需要连接到电压钳位单元（Tie Cell）。电压钳位单元分为钳位高（Tie High）和钳位低（Tie Low）两种，它们分别将信号固定在高电位和低电位，如图 5.16 所示。

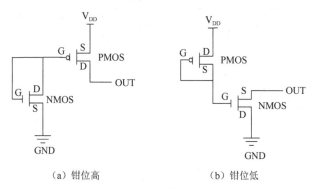

（a）钳位高　　　　　　　　　（b）钳位低

图 5.16　电压钳位单元

（4）天线单元。

天线效应是芯片制造过程中经常出现的现象，原因是连接晶体管栅极的金属会不断收集电荷，然后在某个临界节点放电到栅极，造成晶体管损坏。解决办法之一是插入天线单元（Antenna Cell）来增大栅极面积，提高晶体管承受放电电流的能力。图 5.17 中，通过添加反偏二极管来消除天线效应。

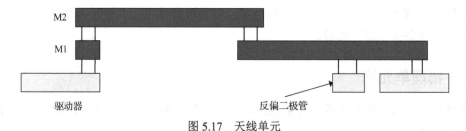

图 5.17　天线单元

（5）延时单元。

延时单元（Delay Buffer）常用于数据路径（Data Path）的时序修复。相对于缓冲单元，其可添加更多延时，因此大的时序余量可以使用延时单元，较小的时序余量则使用缓冲单元。

（6）去耦电容单元。

电路中大量单元同时翻转时会导致充放电瞬间电流增大，使电路的供电电压下降或地线电压升高，显著影响某些区域中标准单元的供电，进而影响其性能。最常见的解决方法之一是在电源与地线之间放置由 MOS 管构成的去耦电容单元，当电源电压正常时，去耦电容单元用于充电以存储能量；当瞬间电流增大使电压下降时，则去耦电容单元放电，从而起到一定的缓冲作用，如图 5.18 所示。

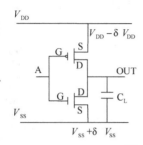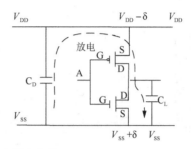

图 5.18　去耦电容单元

（7）阱连接单元。

闩锁效应可以在短时间内烧毁 CMOS 器件。为防止其发生，后端设计会在标准单元存在的区域加入阱连接单元（Well Tap Cell）。一般的工艺规则要求其密度不低于某一特定数值，通常按照固定间距插入，如图 5.19 所示。

阱连接单元　　标准单元

图 5.19　阱连接单元

（8）边界单元。

绝大多数工艺都要求在标准单元行的边界插入边界单元（Boundary Cell）。在芯片制造过程中，无论是离子注入还是刻蚀，贴近空旷区域的一边都可能受到更多的刻蚀或离子注入，导致标准单元的差异性增大，进而对时序的准确性产生负面影响。边界单元不仅可以保持阱和离子注入层的连续性，还可以在刻蚀和离子注入时对行边缘的标准单元起到一定的保护作用，如图 5.20 所示。

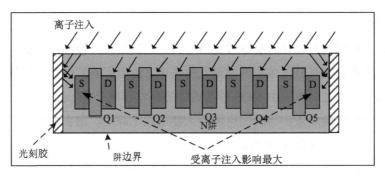

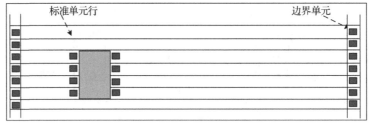

图 5.20　边界单元

（9）TCD 单元。

在半导体制造过程中，可以实现的最小线宽称为关键尺寸（Critical Dimension）。TCD（Test-key Critical Dimension）单元是为了监控芯片上关键尺寸变化而加入的测试结构，用于工艺校准，以防工艺偏差。代工厂一般建议在一定半径（如 1500～2000μm）内放置一个。

5.2.3　库文件

在逻辑综合产生门级网表和物理设计进行布局布线的过程中需要两个重要的库文件，即时序库和物理库。

1．时序库

时序库是代工厂提供和维护的以 .lib（Liberty）格式生成的文件。时序库内包含每个逻辑单元的逻辑功能、时序特性和功率特性，用于电路综合、时序分析、功耗分析和信号完整性分析。

.lib 是一种可读文件格式，描述了库属性、环境和标准单元，如图 5.21 所示。

（1）库属性描述。

库属性包括通用属性、库的文档资料属性、单位属性。通用属性主要包括工艺类型、延时模型、替代交换方式、库特征和总线命名方式等；库的文档资料属性主要包括库的版本、库的日期、注释；单位属性包括时间单位、电压单位、电流单位、电阻单位、电容单位、泄漏功耗单位。

（2）环境描述。

环境描述主要包括操作条件、临界条件定义、默认的环境属性、时序和功耗模型、比例缩放因子、I/O Pad 属性、线负载模型。

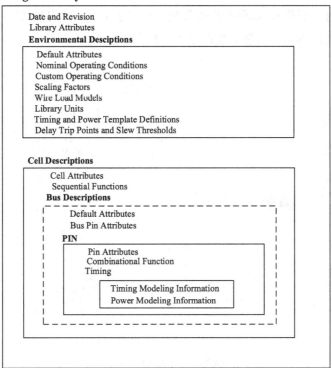

图 5.21　.lib 文件格式

（3）标准单元描述。

每个标准单元都包括一系列的属性，以描述功能、电容、时序和功耗等信息。

2．物理库

物理库是版图级的抽象文件，主要用于布局和布线，通常由代工厂提供，也可定制生成。目前普遍使用由 Cadence 公司开发的 LEF（Library Exchange Format）文件，其采用 ASCII 格式描述，易于阅读和维护。

（1）LEF 文件。

LEF 文件用于描述库单元的物理属性，包括端口位置、层定义和通孔定义。该文件抽象了库单元的底层几何细节，允许布线器不修改库单元内部约束，直接进行库单元连接。LEF 文件很大，为方便管理和维护，一般分为工艺 LEF 文件和单元 LEF 文件。

① 工艺 LEF 文件。

工艺 LEF 文件定义了布局布线的设计规则和代工厂的工艺信息，包括互连线的最小间距、最小线宽、厚度、典型电阻、电容、电流密度、布线轨道宽度、通孔种类、天线规则和电迁移数据等。

② 单元 LEF 文件。

单元 LEF 文件定义了标准单元、模块单元、I/O 单元和各种特殊单元的物理信息（如放置区域、对称性、面积），以便布局时使用；定义了 I/O 端口的布线层、几何形状、不可布线区域、天线效应参数，以便布线时使用，如图 5.22 所示。

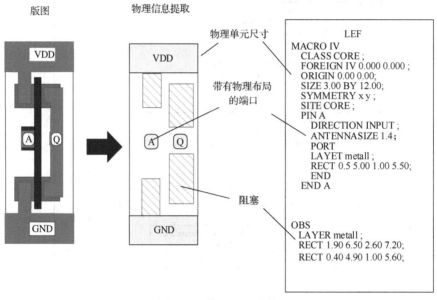

图 5.22　单元 LEF 文件

（2）设计交换格式。

设计交换格式（Design Exchange Format，DEF）描述了实际设计中库单元及其物理位置关系、连接关系和时序限制信息等，由后端工具生成。

（3）GDSII 文件。

GDSII 文件包含了库单元的版图信息，用于合成最终的全芯片版图。

5.2.4　时序模型

时序模型由驱动器模型、互连网络模型和接收器模型组成，如图 5.23 所示。其中，驱动器模型分为电压源模型和电流源模型两种；互连网络模型包括集中电容模型（Lumped Capacitor Model）、集中阻容模型（Lumped RC Model）、分布式 RC 模型（Distributed RC Model）和集中 RC 梯形模型（Lumped RC Ladder Model）等；接收器模型分为单一电容值模型和多电容值模型。驱动器模型和接收器模型通常通过电路仿真来标定，互连网络模型由估计或提取参数来决定。非线性延迟（Non-Linear Delay，NLD）模型、复合电流源（Composite Current Source，CCS）模型和有效电流源（Effective Current Source，ECS）模型是常用的三种时序模型。

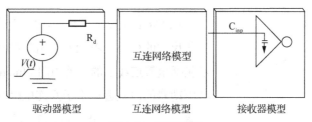

驱动器模型　　　　　　互连网络模型　　　　　接收器模型

图 5.23　时序模型

1．NLD 模型

（1）NLD 驱动器模型。

NLD 驱动器模型是带串联内阻的电压源模型，描述了标准单元的单元延迟和输出转换时间（Transition Time）。该模型用二维列表表示，两独立变量分别是输入转换时间和输出负载电容。图 5.24 所示为某标准单元上升输出时的单元延迟和输出转换时间表格。不同组合下的单元延迟可通过查表获得。如果变量不在列表范围内，时序分析工具可通过拟合算法来计算得到单元延迟的输出转换时间。

```
pin(ZN) {
  direction : output;
  power_down_function : "!VDD + !VPP + VBB + VSS";
  function : "(!(A1 A2))";
  related_ground_pin : VSS;
  related_power_pin : VDD;
  related_bias_pin : "VBB VPP";
  max_capacitance : 0.01561;
  min_capacitance : 0.00025;
  timing () {
    related_pin : "A1";
    timing_sense : negative_unate;
    timing_type : combinational;
    cell_rise (delay_template_8x8) {
      index_1 ("0.002, 0.0062, 0.0146, 0.0313, 0.0648, 0.1317, 0.2656, 0.5334");
      index_2 ("0.00025, 0.00037, 0.00061, 0.00109, 0.00206, 0.004, 0.00787, 0.01561");
      values ( \
        "0.00719119, 0.0080032, 0.00959852, 0.0127665, 0.0191387, 0.0318651, 0.0572268, 0.107949", \
        "0.00948521, 0.0103678, 0.0120678, 0.0153487, 0.0217951, 0.0345345, 0.0599084, 0.110636", \
        "0.0133112, 0.0143095, 0.0162633, 0.0198782, 0.0267053, 0.0397767, 0.0652276, 0.115986", \
        "0.0201438, 0.0213042, 0.0234994, 0.027603, 0.0352479, 0.0492599, 0.0755508, 0.126574", \
        "0.0313558, 0.0331958, 0.0363738, 0.0415899, 0.0501827, 0.0658576, 0.0942321, 0.147089", \
        "0.0490476, 0.0519379, 0.0568816, 0.064825, 0.0770033, 0.0951429, 0.126755, 0.184067", \
        "0.0763874, 0.0810217, 0.0891011, 0.101733, 0.120564, 0.147339, 0.184859, 0.248633", \
        "0.1183, 0.126067, 0.139093, 0.159386, 0.189224, 0.23097, 0.287242, 0.364437" \
      );
    }
  rise_transition (delay_template_8x8) {
    index_1 ("0.002, 0.0062, 0.0146, 0.0313, 0.0648, 0.1317, 0.2656, 0.5334");
    index_2 ("0.00025, 0.00037, 0.00061, 0.00109, 0.00206, 0.004, 0.00787, 0.01561");
    values ( \
      "0.00676636, 0.00811425, 0.0108132, 0.0162279, 0.027189, 0.04911, 0.0928322, 0.180284", \
      "0.0072807, 0.00860146, 0.0112666, 0.0165446, 0.0273313, 0.0491128, 0.0928399, 0.180301", \
      "0.00826277, 0.00970263, 0.0124669, 0.0178227, 0.0284607, 0.0497797, 0.0929178, 0.1803", \
      "0.0100509, 0.0113259, 0.014077, 0.0199383, 0.0311348, 0.0523649, 0.0946181, 0.180792", \
      "0.0157296, 0.0170706, 0.019608, 0.0239502, 0.0347655, 0.0576083, 0.100233, 0.184150", \
      "0.0255114, 0.0274043, 0.030612, 0.0362733, 0.0453194, 0.0649687, 0.110464, 0.195906", \
      "0.0418308, 0.0447507, 0.0495869, 0.0574958, 0.069541, 0.0888307, 0.126112, 0.216296", \
      "0.0709581, 0.0748342, 0.0814845, 0.0927424, 0.111156, 0.136439, 0.175725, 0.247624" \
    );
```

图 5.24　某标准单元上升输出时的单元延迟和输出转换时间表格

（2）NLD 接收器模型。

NLD 接收器模型为一个简单的电容，但其上升沿和下降沿的电容值不同，如图 5.25 所示。

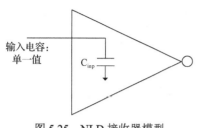

图 5.25   NLD 接收器模型

在 65nm 及以上工艺中，NLD 模型相对准确。随着工艺尺寸的缩小，单元的输出负载不仅包括电容，还应当包括金属连线上的互连电阻（Interconnect Resistance）。当驱动器的内阻远远小于互连电阻时，其电压源模型会严重失真。除此之外，单元输入端的米勒效应（Miller Effect）越来越明显，NLD 接收器模型使用单一电容值已经无法表征非线性时变。在 65nm 及以下工艺中，已普遍使用 CCS 模型和 ECS 模型，两者都是电流源模型，用于静态时序、功耗、噪声和电压降的分析。

2. CCS 模型

CCS 模型是 Synopsys 工具使用的电流源模型。

（1）CCS 驱动器模型。

CCS 驱动器模型是具有无穷大驱动电阻的电流源，不同输入转换时间和输出负载电容下的输出电流（Output Currents）随时间变化，在互连网络模型阻抗很高的情况下提供了更好的精度，如图 5.26 所示。

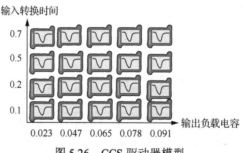

图 5.26   CCS 驱动器模型

（2）CCS 接收器模型。

CCS 接收器模型能够反映米勒电容等，将输入电容分为 C1 和 C2 两个部分，从而可以在过渡波形的不同部分时分别指定接收器引脚电容，如图 5.27 所示。C1 用于计算接收波形到达延迟阈值前的网络延迟，C2 则用于计算接收波形到达延迟阈值后的网络延迟。在目前的主流工艺节点下，输出电压波形最线性的部分通常在 30%VDD～70%VDD 之间，30%VDD～50%VDD 对应的这段时间的输入电容为 C1，50%VDD～70%VDD 对应的这段时间的输入电容为 C2。

接收器引脚电容可以在引脚级（Pin Level）指定，所有通过该引脚的时序弧都使用该电容，也可以在时序弧级（Timing Arc Level）指定，为不同的时序弧指定不同的电容值。

当接收器引脚电容在引脚级指定时，单元库会给出接收器引脚电容的一维表格，如图 5.28 所示。接收器引脚电容是关于该引脚的输入转换时间的函数。

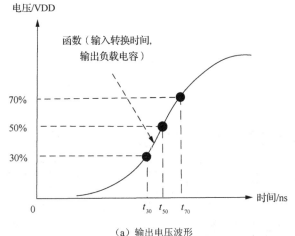

（a）输出电压波形

CCS接收器模型	
网络延迟	接收器引脚电容
t_{30}～t_{50}	C1
t_{50}～t_{70}	C2

（b）接收器引脚电容

图 5.27　CCS 接收器模型

```
pin(A1) {
  driver_waveform_fall : "std_cell_library:fall";
  driver_waveform_rise : "std_cell_library:rise";
  direction : "input";
  related_ground_pin : VSS;
  related_power_pin : VDD;
  related_bias_pin : "VBB VPP";
  capacitance : 0.000371585;
  rise_capacitance : 0.000371585;
  fall_capacitance : 0.000336545;
  receiver_capacitance () {
    when : "!A2";
    receiver_capacitance1_rise (receiver_cap_power_template_8x8) {
      index_1 ("0.00179337, 0.00555946, 0.0130916, 0.0280663, 0.0581053, 0.118094, 0.23816, 0.478293");
      values ( \
        "0.000316533, 0.000347987, 0.000361461, 0.000366833, 0.000368911, 0.00036981, 0.00037033, 0.00037071" \
      );
    }
    receiver_capacitance2_rise (receiver_cap_power_template_8x8) {
      index_1 ("0.00220663, 0.00684054, 0.0161084, 0.0345337, 0.0714947, 0.145306, 0.29304, 0.588507");
      values ( \
        "0.000337782, 0.000331929, 0.000325936, 0.000322739, 0.000321355, 0.000320715, 0.000320464, 0.000320386" \
      );
    }
```

图 5.28　CCS 模型接收器引脚电容的一维表格

当接收器引脚电容在时序弧级指定时，单元库会给出接收器引脚电容的二维表格，如图 5.29 所示。接收器引脚电容是关于输入引脚的输入转换时间和输出引脚的负载电容的函数。

从精度上来说，NLD 模型与 SPICE 模型的误差在±5%左右，而 CCS 模型与 SPICE 模型的误差能达到±2%。

3. ECS 模型

ECS 模型是 Cadence 工具使用的电流源模型。

（1）ECS 驱动器模型。

CCS 模型和 ECS 模型都对驱动波形的瞬态行为进行建模，两者的主要区别在于 CCS 模型是电流样本组成的时间函数，ECS 模型是电压样本组成的时间函数。

```
pin(ZN) {
  direction : output;
  power_down_function : "!VDD + !VPP + VBB + VSS";
  function : "(!(A1 A2))";
  related_ground_pin : VSS;
  related_power_pin : VDD;
  related_bias_pin : "VBB VPP";
  max_capacitance : 0.01561;
  min_capacitance : 0.00025;
  timing () {
    related_pin : "A1";

 receiver_capacitance1_rise (delay_template_8x8) {
   index_1 ("0.00179337, 0.00555946, 0.0130916, 0.0280663, 0.0581053, 0.118094, 0.23816, 0.478293");
   index_2 ("0.00025, 0.00037, 0.00061, 0.00109, 0.00206, 0.004, 0.00787, 0.01561");
   values ( \
     "0.000332519, 0.000337392, 0.000345397, 0.00035292, 0.00035974, 0.000364134, 0.000366727, 0.000368149", \
     "0.000353852, 0.000357966, 0.000363769, 0.000370352, 0.000376228, 0.000380396, 0.000382933, 0.000384346", \
     "0.000366692, 0.000369172, 0.000372928, 0.000377645, 0.000382341, 0.00038599, 0.000388351, 0.000389714", \
     "0.000375709, 0.000377145, 0.000379354, 0.000382286, 0.000385544, 0.000388412, 0.000390462, 0.000391724", \
     "0.000381814, 0.000382731, 0.000384024, 0.000385895, 0.0003878, 0.000389747, 0.000391345, 0.000392437", \
     "0.00038583, 0.000386513, 0.000387407, 0.000388533, 0.000389773, 0.000390964, 0.000392043, 0.00039289", \
     "0.000388684, 0.000389113, 0.000389718, 0.000390464, 0.000391322, 0.000392003, 0.000392638, 0.000393199", \
     "0.00039083, 0.000391054, 0.000391182, 0.000391902, 0.000392409, 0.000392852, 0.000393213, 0.000393486" \
   );
 }
 receiver_capacitance2_rise (delay_template_8x8) {
   index_1 ("0.00220663, 0.00684054, 0.0161084, 0.0345337, 0.0714947, 0.145306, 0.29304, 0.588507");
   index_2 ("0.00025, 0.00037, 0.00061, 0.00109, 0.00206, 0.004, 0.00787, 0.01561");
   values ( \
     "0.00034038, 0.000344881, 0.000350471, 0.000355666, 0.000359972, 0.000362779, 0.000364434, 0.000365343", \
     "0.000333075, 0.000336978, 0.000341861, 0.000346748, 0.000350724, 0.000353411, 0.000355013, 0.000355897", \
     "0.000333522, 0.000337131, 0.00034166, 0.000346168, 0.000349784, 0.000352183, 0.000353601, 0.000354379", \
     "0.000339689, 0.000342163, 0.000345313, 0.000348482, 0.000351005, 0.000352646, 0.000353594, 0.000354108", \
     "0.000355194, 0.000354981, 0.000354781, 0.000354682, 0.000354643, 0.000354578, 0.000354522, 0.000354479", \
     "0.000387331, 0.000381647, 0.000374703, 0.00036791, 0.000362478, 0.000358873, 0.000356757, 0.000355588", \
     "0.000450189, 0.000434273, 0.000414336, 0.000394378, 0.000378325, 0.000367711, 0.000361425, 0.00035798", \
     "0.000568001, 0.000534005, 0.000490341, 0.000446213, 0.000409713, 0.00038521, 0.000370745, 0.0003628" \
   );
 }
```

图 5.29 CCS 模型接收器引脚电容的二维表格

（2）ECS 接收器模型。

ECS 接收器模型中的电容也随时间变化，可用多个电容值来表征，即在过渡波形的不同部分分别指定接收器引脚电容，如图 5.30 所示。不同的电容值代表了不同的延迟阈值。

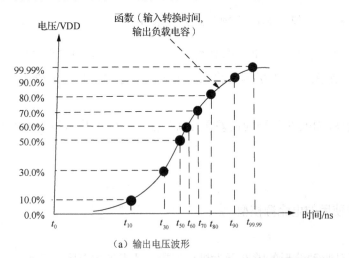

（a）输出电压波形

ECS接收器模型	
延迟阈值	接收器引脚电容
$t_0 \sim t_{10}$	C10
$t_{10} \sim t_{30}$	C30
$t_{30} \sim t_{50}$	C50
$t_{50} \sim t_{60}$	C60
$t_{60} \sim t_{70}$	C70
$t_{70} \sim t_{80}$	C80
$t_{80} \sim t_{90}$	C90
$t_{90} \sim t_{99.99}$	C99.99

（b）接收器引脚电容

图 5.30 ECS 接收器模型

当接收器引脚电容在引脚级指定时，单元库会给出接收器引脚电容的一维表格，如

图 5.31 所示。由图 5.31 可知,接收器引脚电容是关于该引脚的输入转换时间的函数,分别对应 10.0%VDD、30.0%VDD、50.0%VDD、60.0%VDD、70.0%VDD、80.0%VDD、90.0%VDD 和 99.99%VDD 对应的延迟阈值处的电容值。

```
ecsm_capacitance (rise) {
  when : "!A2";
  threshold_pct : "10.0";
  index_1 : "0.002, 0.0062, 0.0146, 0.0313, 0.0648, 0.1317, 0.2656, 0.5334";
  values : \
    "0.000236947, 0.000300716, 0.000341605, 0.000363355, 0.000374147, 0.000379965, 0.000382939, 0.000385";
}
ecsm_capacitance (rise) {
  when : "!A2";
  threshold_pct : "30.0";
  index_1 : "0.002, 0.0062, 0.0146, 0.0313, 0.0648, 0.1317, 0.2656, 0.5334";
  values : \
    "0.000289932, 0.000337607, 0.000361563, 0.000372559, 0.000377177, 0.000379232, 0.000380245, 0.00038099";
}
ecsm_capacitance (rise) {
  when : "!A2";
  threshold_pct : "50.0";
  index_1 : "0.002, 0.0062, 0.0146, 0.0313, 0.0648, 0.1317, 0.2656, 0.5334";
  values : \
    "0.000316533, 0.000347987, 0.000361461, 0.000366833, 0.000368911, 0.00036981, 0.00037033, 0.00037071";
}
ecsm_capacitance (rise) {
  when : "!A2";
  threshold_pct : "60.0";
  index_1 : "0.002, 0.0062, 0.0146, 0.0313, 0.0648, 0.1317, 0.2656, 0.5334";
  values : \
    "0.000321102, 0.000346222, 0.000356299, 0.000360126, 0.000361565, 0.000362164, 0.000362551, 0.000362836";
}
ecsm_capacitance (rise) {
  when : "!A2";
  threshold_pct : "70.0";
  index_1 : "0.002, 0.0062, 0.0146, 0.0313, 0.0648, 0.1317, 0.2656, 0.5334";
  values : \
    "0.000322604, 0.000343399, 0.000351311, 0.000354235, 0.000355324, 0.000355783, 0.000356083, 0.000356331";
}
ecsm_capacitance (rise) {
  when : "!A2";
  threshold_pct : "80.0";
  index_1 : "0.002, 0.0062, 0.0146, 0.0313, 0.0648, 0.1317, 0.2656, 0.5334";
  values : \
    "0.000323047, 0.000340901, 0.000347183, 0.000349481, 0.000350336, 0.0003507, 0.000350957, 0.000351163";
}
ecsm_capacitance (rise) {
  when : "!A2";
  threshold_pct : "90.0";
  index_1 : "0.002, 0.0062, 0.0146, 0.0313, 0.0648, 0.1317, 0.2656, 0.5334";
  values : \
    "0.000323383, 0.00033864, 0.000343728, 0.00034558, 0.000346269, 0.000346565, 0.000346782, 0.00034696";
}
ecsm_capacitance (rise) {
  when : "!A2";
  threshold_pct : "99.99";
  index_1 : "0.002, 0.0062, 0.0146, 0.0313, 0.0648, 0.1317, 0.2656, 0.5334";
  values : \
    "0.000343317, 0.000343203, 0.000343772, 0.000344065, 0.000344082, 0.00034392, 0.000344032, 0.000343766";
}
```

图 5.31 ECS 模型接收器引脚电容的一维表格

当接收器引脚电容在时序弧级指定时,单元库会给出接收器引脚电容的二维表格,如图 5.32 所示。由图 5.32 可知,接收器引脚电容是关于输入引脚的输入转换时间和输出引脚的负载电容的函数,分别对应 30.0%VDD、50.0%VDD、70.0%VDD 对应的延迟阈值处的电容值。

```
    index_1 ("0.002, 0.0062, 0.0146, 0.0313, 0.0648, 0.1317, 0.2656, 0.5334");
    index_2 ("0.00025, 0.00037, 0.00061, 0.00109, 0.00206, 0.004, 0.00787, 0.01561");

  ecsm_capacitance (fall) {
    threshold_pct : "70.0";
    values : \
      "0.000298845, 0.000305308, 0.000313577, 0.000322036, 0.000328963, 0.000333597, 0.000336323, 0.000337813, \
       0.000330908, 0.000336815, 0.000344855, 0.000353659, 0.000361315, 0.000366662, 0.000369889, 0.000371679, \
       0.000350612, 0.000354488, 0.000360289, 0.000367315, 0.000374054, 0.000379122, 0.000382328, 0.000384155, \
       0.000365561, 0.000367388, 0.000370442, 0.000374809, 0.000379795, 0.000384013, 0.000386924, 0.000388669, \
       0.000377072, 0.000377666, 0.000378788, 0.000380748, 0.000383529, 0.000386462, 0.000388824, 0.000390385, \
       0.000384495, 0.000384675, 0.000385046, 0.000385674, 0.00038676, 0.000388294, 0.000389186, 0.000391186, \
       0.000388689, 0.000388785, 0.000388943, 0.000389175, 0.000389366, 0.000390063, 0.000390906, 0.000391751, \
       0.000391028, 0.000391064, 0.000391136, 0.000391253, 0.000391343, 0.000391499, 0.000391798, 0.000392222";
  }
  ecsm_capacitance (fall) {
    threshold_pct : "50.0";
    values : \
      "0.00032048, 0.000326884, 0.000335004, 0.000343192, 0.000349797, 0.000354165, 0.000356717, 0.000358107, \
       0.000337737, 0.000343069, 0.000349876, 0.00035708, 0.000363403, 0.0003677, 0.000370272, 0.000371691, \
       0.000349201, 0.000352641, 0.000357646, 0.000363491, 0.000368922, 0.000372912, 0.0003754, 0.000376806, \
       0.000357669, 0.000359966, 0.000363241, 0.000367335, 0.000371605, 0.000375028, 0.000377315, 0.000378662, \
       0.000364485, 0.000365943, 0.000368079, 0.000370689, 0.000373577, 0.000376176, 0.000378108, 0.000379334, \
       0.000369335, 0.00037043, 0.000371871, 0.000373683, 0.000375513, 0.000377233, 0.000378396, 0.000379583, \
       0.000373098, 0.000373927, 0.00037493, 0.000376147, 0.000377235, 0.000378067, 0.000379269, 0.000380009, \
       0.000376752, 0.000377012, 0.000377586, 0.000378221, 0.000378851, 0.000379398, 0.000379899, 0.000380333";
  }

  ecsm_capacitance (fall) {
    threshold_pct : "30.0";
    values : \
      "0.000327217, 0.000332953, 0.000340248, 0.000347657, 0.000353681, 0.00035769, 0.000360041, 0.000361324, \
       0.000339166, 0.000343946, 0.000350071, 0.000356554, 0.000362191, 0.000366023, 0.000368311, 0.000369573, \
       0.000350022, 0.000353017, 0.000357293, 0.000362208, 0.000366713, 0.00036999, 0.000372022, 0.000373166, \
       0.000362518, 0.000363636, 0.000365336, 0.000367661, 0.000370244, 0.000372392, 0.000373857, 0.000374729, \
       0.000380595, 0.000378899, 0.000377036, 0.000375551, 0.000374938, 0.000375039, 0.000375398, 0.000375718, \
       0.000409997, 0.000400361, 0.000396012, 0.000388549, 0.000382828, 0.000379411, 0.00037753, 0.000376896, \
       0.000462131, 0.000447698, 0.000429559, 0.000411428, 0.000396927, 0.000387183, 0.000381955, 0.000379164, \
       0.00055147, 0.000526325, 0.000491156, 0.000453878, 0.000423163, 0.000402264, 0.000389965, 0.000383314";
  }
```

图 5.32　ECS 模型接收器引脚电容的二维表格

5.2.5　功耗模型

单元库里包含标准单元的功耗信息，包括泄漏功耗和动态功耗。其中，动态功耗由输出负载的充电及单元内部的开关引起，将其分别称为输出开关功耗（Output Switching Power）和内部开关功耗（Internal Switching Power）。

1．泄漏功耗

大多数标准单元都仅在输出或状态发生变化时才消耗功率。当标准单元通电但没有任何行为时，所有功耗都源自泄漏电流。先进工艺下的泄漏功耗占比变得越来越大。

单元库中的每个标准单元都被指定了泄漏功耗。例如，反相器单元的泄漏功耗可描述如下：

```
cell_leakage_power: 1.422;
```

泄漏功耗的单位在库的头文件中指定，通常以 nW 为单位。

（1）泄漏功耗描述。

泄漏功耗与标准单元本身的状态相关，多输入的标准单元可能产生几十种状态，每种状态下的泄漏功耗均不同，可以使用 when 条件来指定状态相关值。

例如，一个二输入与非门单元的描述如图 5.33 所示。

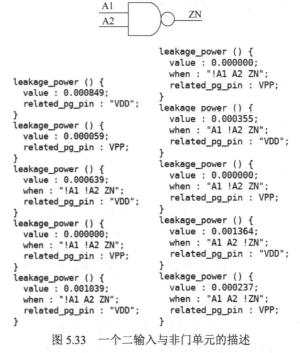

```
                                    leakage_power () {
                                      value : 0.000000;
                                      when : "!A1 A2 ZN";
                                      related_pg_pin : VPP;
                                    }
                                    leakage_power () {
         leakage_power () {          value : 0.000355;
           value : 0.000849;         when : "A1 !A2 ZN";
           related_pg_pin : "VDD";   related_pg_pin : "VDD";
         }                          }
         leakage_power () {         leakage_power () {
           value : 0.000059;         value : 0.000000;
           related_pg_pin : VPP;     when : "A1 !A2 ZN";
         }                           related_pg_pin : VPP;
         leakage_power () {         }
           value : 0.000639;        leakage_power () {
           when : "!A1 !A2 ZN";      value : 0.001364;
           related_pg_pin : "VDD";   when : "A1 A2 !ZN";
         }                           related_pg_pin : "VDD";
         leakage_power () {         }
           value : 0.000000;        leakage_power () {
           when : "!A1 !A2 ZN";      value : 0.000237;
           related_pg_pin : VPP;     when : "A1 A2 !ZN";
         }                           related_pg_pin : VPP;
         leakage_power () {         }
           value : 0.001039;
           when : "!A1 A2 ZN";
           related_pg_pin : "VDD";
         }
```

图 5.33 一个二输入与非门单元的描述

图 5.33 中，A1 和 A2 是二输入与非门单元的输入引脚。图 5.33 中的描述包括一个默认值（在 when 条件之外），该值通常是 when 条件内指定值的平均值。

（2）泄漏功耗计算。

可以根据输入引脚的静态概率（Static Probability）和查表得到的不同状态下的泄漏功耗来计算总泄漏功耗。假定静态概率（引脚 A1）＝ 0.6，静态概率（引脚 A2）＝ 0.55，则可通过计算得到

$$\text{VDD 总泄漏功耗} = 0.000639 \times (1-0.6) \times (1-0.55) + 0.001039 \times (1-0.6) \times 0.55 +$$
$$0.000355 \times 0.6 \times (1-0.55) + 0.001364 \times 0.6 \times 0.55$$
$$= 0.00088957\text{nW}$$

$$\text{VPP 总泄漏功耗} = 0.000000 \times (1-0.6) \times (1-0.55) + 0.000000 \times (1-0.6) \times 0.55 +$$
$$0.000000 \times 0.6 \times (1-0.55) + 0.000237 \times 0.6 \times 0.55$$
$$= 0.00007821\text{nW}$$

2．内部开关功耗

内部开关功耗是指单元的输入或输出处于活动状态时单元内部的功耗。

（1）组合逻辑单元的内部开关功耗。

对于组合逻辑单元，输入引脚的电平跳变会导致输出引脚的电平跳变，产生内部开关

功耗。内部开关功耗取决于单元类型，其值包含在单元库中。

单元库中描述的组合逻辑单元的内部开关功耗如图 5.34 所示。

```
pin(ZN) {
  direction : output;
  power_down_function : "!VDD + !VPP + VBB + VSS";
  function : "(!(A1 A2))";
  related_ground_pin : VSS;
  related_power_pin : VDD;
  related_bias_pin : "VBB VPP";
  internal_power () {
    related_pin : "A1";
    related_pg_pin : "VDD";
    rise_power (power_template_8x8) {
      index_1 ("0.002, 0.0062, 0.0146, 0.0313, 0.0648, 0.1317, 0.2656, 0.5334");
      index_2 ("0.00025, 0.00048, 0.00093, 0.00183, 0.00364, 0.00725, 0.01447, 0.02891");
      values ( \
        "0.000369869, 0.000371807, 0.000373509, 0.000374052, 0.000374093, 0.000370976, 0.000366226, 0.000365621", \
        "0.000361426, 0.00036616, 0.000369335, 0.000373276, 0.000374383, 0.000372816, 0.000368069, 0.000368329", \
        "0.000352146, 0.000357112, 0.000363371, 0.000369593, 0.000372699, 0.000369547, 0.000365391, 0.000370093", \
        "0.000341799, 0.000347695, 0.000354662, 0.000362897, 0.000365189, 0.000371133, 0.000366966, 0.000370654", \
        "0.000334722, 0.00033831, 0.000345006, 0.000350769, 0.000360281, 0.000371063, 0.00035809, 0.000357889", \
        "0.000329356, 0.000331783, 0.000335377, 0.000343287, 0.000351155, 0.000360635, 0.000367875, 0.000347686", \
        "0.000326435, 0.000328619, 0.000330089, 0.000331648, 0.000340078, 0.000351107, 0.000358515, 0.000365031", \
        "0.000323956, 0.000324115, 0.000326472, 0.000329006, 0.000327192, 0.000341955, 0.000340514, 0.000382692" \
      );
    }
  }
```

图 5.34　单元库中描述的组合逻辑单元的内部开关功耗

图 5.34 中展示了组合逻辑单元从输入引脚 A1 到输出引脚 ZN 的功耗，即每次开关转换时内部所消耗的能量。8×8 表是根据引脚 A1 上的输入转换时间和引脚 ZN 上的输出电容确定的，该表中的输出电容仅对应于单元内部开关，并不包括外部连接的负载电容。此外，图 5.34 中还给出了电源引脚、接地引脚的说明，并且指定了可将单元断电的条件。

内部开关功耗描述可进一步细分为上升开关功耗描述和下降开关功耗描述。

仍以前面的二输入与非门单元为例，假定供电电压=0.8V，输出负载电容=20fF，翻转率（引脚 A1）=6×10^6 次转换/秒，翻转率（引脚 A2）=6×10^6 次转换/秒，静态概率（引脚 ZN）=0.6，翻转率（引脚 ZN）=8×10^6 次转换/秒。其内部开关功耗描述如图 5.35 所示。

```
pin(A1) {
  direction : "input";
  related_ground_pin : VSS;
  related_power_pin : VDD;
  related_bias_pin : "VBB VPP";
  capacitance : 0.000492954;
  rise_capacitance : 0.000492954;
  fall_capacitance : 0.000435737;
  internal_power () {
    when : "!A2";
    related_pg_pin : "VDD";
    rise_power (passive_power_template_8x1) {
      index_1 ("0.002, 0.0062, 0.0146, 0.0313, 0.0648, 0.1317, 0.2656, 0.5334");
      values ( \
        "-0.000167788, -0.00016776, -0.000167941, -0.000167964, -0.000167928, -0.000167906, -0.000168137, -0.000168191" \
      );
    }
    fall_power (passive_power_template_8x1) {
      index_1 ("0.002, 0.0062, 0.0146, 0.0313, 0.0648, 0.1317, 0.2656, 0.5334");
      values ( \
        "0.000168481, 0.000168622, 0.000168666, 0.00016895, 0.000168892, 0.000169028, 0.000169089, 0.000169121" \
      );
    }
  }
}
```

图 5.35　二输入与非门单元的内部开关功耗描述

```
pin(A2) {
  direction : "input";
  related_ground_pin : VSS;
  related_power_pin : VDD;
  related_bias_pin : "VBB VPP";
  capacitance : 0.000502247;
  rise_capacitance : 0.000496508;
  fall_capacitance : 0.000502247;
  internal_power () {
    when : "!A1";
    related_pg_pin : "VDD";
    rise_power (passive_power_template_8x1) {
      index_1 ("0.002, 0.0062, 0.0146, 0.0313, 0.0648, 0.1317, 0.2656, 0.5334");
      values ( \
        "-0.000117373, -0.000117171, -0.00011748, -0.00011752, -0.000117375, -0.000117409, -0.00011745, -0.000117501" \
      );
    }
    fall_power (passive_power_template_8x1) {
      index_1 ("0.002, 0.0062, 0.0146, 0.0313, 0.0648, 0.1317, 0.2656, 0.5334");
      values ( \
        "0.000121113, 0.000118532, 0.000117905, 0.000117857, 0.000117823, 0.000117695, 0.0001178, 0.000117663" \
      );
    }
  }
}

pin(ZN) {
  direction : output;
  internal_power () {
    related_pin : "A1";
    related_pg_pin : "VDD";
    rise_power (power_template_8x8) {
      index_1 ("0.002, 0.0062, 0.0146, 0.0313, 0.0648, 0.1317, 0.2656, 0.5334");
      index_2 ("0.00025, 0.00048, 0.00093, 0.00183, 0.00364, 0.00725, 0.01447, 0.02891");
      values ( \
        "0.000369869, 0.000371807, 0.000373509, 0.000374052, 0.000374093, 0.000370976, 0.000366226, 0.000365621", \
        ...
      );
    }
    fall_power (power_template_8x8) {
      index_1 ("0.002, 0.0062, 0.0146, 0.0313, 0.0648, 0.1317, 0.2656, 0.5334");
      index_2 ("0.00025, 0.00048, 0.00093, 0.00183, 0.00364, 0.00725, 0.01447, 0.02891");
      values ( \
        "-4.90617e-05, -4.67662e-05, -4.48313e-05, -4.33465e-05, -4.24036e-05, -4.19148e-05, -4.1668e-05, -4.15157e-05", \
        ...
      );
    }
  }

  internal_power () {
    related_pin : "A2";
    related_pg_pin : "VDD";
    rise_power (power_template_8x8) {
      index_1 ("0.002, 0.0062, 0.0146, 0.0313, 0.0648, 0.1317, 0.2656, 0.5334");
      index_2 ("0.00025, 0.00048, 0.00093, 0.00183, 0.00364, 0.00725, 0.01447, 0.02891");
      values ( \
        "0.000431168, 0.000431564, 0.000431568, 0.000431064, 0.000430087, 0.000427319, 0.0004234, 0.000420351", \
        ...
      );
    }
    fall_power (power_template_8x8) {
      index_1 ("0.002, 0.0062, 0.0146, 0.0313, 0.0648, 0.1317, 0.2656, 0.5334");
      index_2 ("0.00025, 0.00048, 0.00093, 0.00183, 0.00364, 0.00725, 0.01447, 0.02891");
      values ( \
        "-4.69059e-05, -4.59318e-05, -4.4976e-05, -4.42531e-05, -4.37997e-05, -4.348e-05, -4.33682e-05, -4.3274e-05", \
        ...
      );
    }
  }
}
```

图 5.35　二输入与非门单元的内部开关功耗描述（续）

可以根据查表得到的 rise_power、fall_power 计算出输入和输出的内部功耗（internal_power）。当考虑输入转换时间为 0.002ns，负载电容为 0.00025pF 时，若引脚 A1 的转换不会导致引脚 ZN 的转换，则其内部开关功耗=$6{\times}10^6{\times}(1{-}0.6){\times}(0.000167788{+}0.000168481)/2$=403.5228nW；若引脚 A2 的转换不会导致引脚 ZN 的转换，则其内部功耗=$6{\times}10^6{\times}(1{-}0.6){\times}(0.000117373{+}0.000121113)/2$=286.1832nW；若引脚 A1 的转换导致引脚 ZN 的转换，则引脚 A1 至引脚 ZN 的内部开关功耗=$6{\times}10^6{\times}0.6{\times}(0.000369869{+}0.0000490617)/2$=754.07526nW；若

引脚 A2 的转换导致引脚 ZN 的转换时，则引脚 A2 至引脚 ZN 的内部开关功耗=6×10⁶×0.6×(0.000431168+0.0000469059)/2=860.53302nW。

（2）时序逻辑单元的内部开关功耗。

对于触发器之类的时序逻辑单元来说，单元库中内部开关功耗指定为二维表格，二个维度分别是 CLK 端的输入转换时间和 Q（或 QN）端的输出负载电容。时序逻辑单元的内部开关功耗描述如图 5.36 所示。

```
pin(Q) {
  ...
  internal_power () {
    related_pin : "CP";
    when : "CDN&D&SE";
    related_pg_pin : "VDD";
    rise_power (power_template_8x8) {
      index_1 ("0.002, 0.0041, 0.0083, 0.0166, 0.0333, 0.0666, 0.1333, 0.2667");
      index_2 ("0.00025, 0.00112, 0.00287, 0.00637, 0.01337, 0.02736, 0.05534, 0.1113");
      values ( \
        "0.00180493, 0.00181632, 0.00182679, 0.00183465, 0.00183663, 0.00182854, 0.00182225, 0.00183516", \
        ...
      );
    }
    fall_power (power_template_8x8) {
      index_1 ("0.002, 0.0041, 0.0083, 0.0166, 0.0333, 0.0666, 0.1333, 0.2667");
      index_2 ("0.00025, 0.00112, 0.00287, 0.00637, 0.01337, 0.02736, 0.05534, 0.1113");
      values ( \
        "0.00183561, 0.0018534, 0.00187381, 0.00189243, 0.00190392, 0.00190996, 0.00191073, 0.00191143", \
        ...
      );
    }
  }
}
```

图 5.36　时序逻辑单元的内部开关功耗描述

即使输出和内部状态没有转换，也可能存在内部开关功耗。对于时序逻辑单元来说，输入引脚功耗是指输出不切换时的单元内部开关功耗。例如，触发器输出未切换，仍会由于时钟端的状态切换而产生内部开关功耗。

时序逻辑单元的输入引脚功耗描述如图 5.37 所示。

```
cell (SDFF) {
  ...
  pin(CP) {
    ...
    internal_power () {
      when : "CDN&D&SE&SI";
      related_pg_pin : "VDD";
      rise_power (passive_power_template_8x1) {
        index_1 ("0.002, 0.0041, 0.0083, 0.0166, 0.0333, 0.0666, 0.1333, 0.2667");
        values ( \
          "0.000792602, 0.000790169, 0.000785465, 0.000780175, 0.000771025, 0.000761701, 0.000748054, 0.000737922" \
        );
      }
      fall_power (passive_power_template_8x1) {
        index_1 ("0.002, 0.0041, 0.0083, 0.0166, 0.0333, 0.0666, 0.1333, 0.2667");
        values ( \
          "0.00115912, 0.00115739, 0.0011543, 0.00114856, 0.00114301, 0.00113266, 0.00111849, 0.00110646" \
        );
      }
    }
  }
}
```

图 5.37　时序逻辑单元的输入引脚功耗描述

3. 输出开关功耗

输出开关功耗与单元类型无关，仅取决于供电电压、输出负载电容和翻转率。

仍以前面的二输入与非门单元为例，假定供电电压=0.8V，输出负载电容=20fF，翻转率（引脚 ZN）=8×10⁶ 次转换/秒，由此可得引脚 ZN 的输出开关功耗=51.2nW。

4．总功耗计算

动态功耗分成两个部分：标准单元的内部功耗和互连线上的开关功耗。总功耗为泄漏功耗、内部功耗和开关功耗之和。

5.2.6　噪声模型

在 90nm 及以下的工艺节点上，与信号完整性（Signal Integrity，SI）相关的故障风险大大增加。在标准单元模型中扩展加入噪声模型，利用信号完整性工具可以分析在多阈值和多电压器件混合的复杂场景中，耦合电容引入的噪声累积效应。

CCS 模型和 ECS 模型中包含噪声信息，但 NLD 模型中没有。

1．CCS 噪声模型

CCS 噪声（CCS Noise）模型基于 CCB（Channel Connected Block）建模。CCB 是指标准单元的源漏通道连接部分，数字逻辑单元可以认为由一级或多级 CCB 组成，其中反相器、与非门、或非门只包含一级 CCB，与门包含两级 CCB，寄存器包含多级 CCB。

CCS 噪声模型可以基于标准单元的引脚指定或者基于标准单元的时序弧指定，包含稳态电流、输出电压和传播噪声模型。

（1）单级组合逻辑单元的 CCS 噪声模型。

单级组合逻辑单元的 CCS 噪声模型基于时序弧，如反相器，噪声建模基于时序弧，噪声传输也基于时序弧。反相器的模型转换框图如图 5.38 所示。

图 5.38　反相器的模型转换框图

图 5.39 所示为一个与非门单元的 CCS 噪声模型示例。

① ccsn_first_stage 字段表示该模型用于与非门单元的第一级 CCB。

② is_needed 字段几乎始终为 true，但天线单元等非功能性单元除外。

③ stage_type 字段中的 both 表示该级 CCB 同时具有上拉和下拉结构。

④ miller_cap_rise 和 miller_cap_fall 分别代表输出上升和下降过渡时的米勒电容。

```
pin(ZN) {
  ...
  timing () {
    related_pin : "A1";
    ...
    ccsn_first_stage () {
      is_inverting : true;
      is_needed : true;
      miller_cap_fall : 0.000138576;
      miller_cap_rise : 0.000138538;
      stage_type : both;
      dc_current (ccsn_dc_template) {
        index_1 ("-0.72, -0.36, -0.144, -0.072, 0, 0.036, 0.072");
        index_2 ("-0.72, -0.36, -0.144, -0.072, 0, 0.036, 0.072");
        values ( \
          "0.218469, 0.212747, 0.208201, 0.206128, 0.203566, 0.202029 ...", \
          "0.161901, 0.157371, 0.153717, 0.152141, 0.150274, 0.149195 ...", \
          "0.12041, 0.100873, 0.0985927, 0.0976749, 0.0966332, 0.0960515 ...", \
          ...
        );
      }
      output_voltage_fall () {
        vector (ccsn_vout_template) {
          index_1 ("0.02667");
          index_2 ("0.0007805");
          index_3 ("0.0280509, 0.0337253, 0.0395706, 0.0458427, 0.0543588");
          values ( \
            "0.648263, 0.504789, 0.361315, 0.217842, 0.0743678" \
          );
        }
      }

      output_voltage_rise () {
        vector (ccsn_vout_template) {
          index_1 ("0.02667");
          index_2 ("0.0007805");
          index_3 ("0.0248732, 0.0281519, 0.031172, 0.0345301, 0.0394224");
          values ( \
            "0.071719, 0.215157, 0.358595, 0.502033, 0.645471" \
          );
        }
      }
      propagated_noise_low () {
        vector (ccsn_prop_template) {
          index_1 ("0.520109");
          index_2 ("0.294159");
          index_3 ("0.0007805");
          index_4 ("0.150263, 0.164353, 0.213702, 0.244717, 0.258248");
          values ( \
            "0.14285, 0.22856, 0.2857, 0.22856, 0.14285" \
          );
        }
        ...
      }

      propagated_noise_high () {
        vector (ccsn_prop_template) {
          index_1 ("0.529704");
          index_2 ("0.627671");
          index_3 ("0.0007805");
          index_4 ("0.317834, 0.342849, 0.425168, 0.473052, 0.493996");
          values ( \
            "0.587619, 0.508191, 0.455238, 0.508191, 0.587619" \
          );
        }
      }
      ...
    }
```

图 5.39　一个与非门单元的 CCS 噪声模型示例

⑤ dc_current 表示输出引脚上针对输入和输出引脚电压不同组合的直流电流。其中，

index_1 为输入电压；index_2 为输出电压；二维表格中的数值为 CCB 输出节点的直流电流。

⑥ output_voltage_rise 和 output_voltage_fall 表中分别包含 CCB 输出上升和下降的时序信息。它们是 CCB 输出节点的多维表格，指定了针对不同输入过渡时间和输出电容的上升和下降输出电压。每个表格的 index_1 指定了输入转换时间，index_2 指定了输出电容，index_3 指定了输出电压超过特定阈值点（如 V_{dd} 的 30%、70% 和 90% 等）的时间。

⑦ propagated_noise_high 和 propagated_noise_low 指定的多维表格提供了通过 CCB 的噪声传播信息：输入毛刺幅值（index_1）、输入毛刺宽度（index_2）、CCB 输出电容（index_3）和时间（index_4），表格中的数值指定了 CCB 输出电压（或通过 CCB 传播的噪声）。

（2）两级组合逻辑单元的 CCS 噪声模型。

两级组合逻辑单元的 CCS 噪声模型通常基于时序弧，由于包含两个单独的 CCB，因此需要分别为输入和输出指定噪声模型。例如与门，其噪声建模基于时序弧，分为输入级和输出级，噪声传输也基于时序弧。与门的模型转换框图如图 5.40 所示。

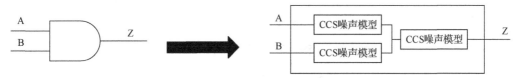

图 5.40　与门的模型转换框图

图 5.41 所示为一个二输入与门的 CCS 噪声模型示例。

```
pin(Z) {
  ...
  timing () {
    related_pin : "A1";
    ...
    ccsn_first_stage () {
    ...
    }
    ccsn_last_stage () {
    ...
    }
    ...
  }
  timing () {
    related_pin : "A2";
    ...
    ccsn_first_stage () {
    ...
    }
    ccsn_last_stage () {
    ...
    }
    ...
  }
  ...
}
```

图 5.41　一个二输入与门的 CCS 噪声模型示例

（3）多级组合逻辑单元和时序逻辑单元的 CCS 噪声模型。

较为复杂的组合逻辑单元或时序逻辑单元的 CCS 噪声模型通常基于引脚，这与前面单级或两级组合逻辑单元的 CCS 噪声模型基于时序弧不同。如果组合逻辑单元中存在某些 I/O 路径，其 CCS 噪声模型可以基于时序弧指定。例如寄存器，其噪声建模是基于引脚的，对于所有输入都抽取输入级模型，对于输出抽取输出级模型。寄存器的模型转换框图如图 5.42 所示。

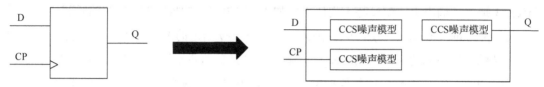

图 5.42　寄存器的模型转换框图

图 5.43 所示为基于引脚和时序弧指定的寄存器的 CCS 噪声模型示例。

```
pin(CDN) {
  ...
  ccsn_first_stage () {
  }
  ...
}
pin(CP) {
  ...
  ccsn_first_stage () {
  }
  ...
}
pin(D) {
  ...
  ccsn_first_stage () {
  ...
  }
}
pin(Q) {
  timing () {
    related_pin : "CDN";
  }
  ccsn_first_stage () {
  }
  ccsn_last_stage () {
  }
}
pin(SE) {
  ...
}
```

图 5.43　基于引脚和时序弧指定的寄存器的 CCS 噪声模型示例

① 触发器单元的某些 CCS 噪声模型是通过引脚定义的。由输入引脚上的引脚说明所定义的 CCS 噪声模型指定为 ccsn_first_stage，由输出引脚 Q 上的引脚说明所定义的 CCS 噪声模型指定为 ccsn_last_stage。

② 两级 CCS 噪声模型被描述为从 CDN 到 Q 的时序弧。因此，一个单元的 CCS 噪声模型可以由引脚说明和时序弧所指定。

2．其他噪声模型

某些单元库还提供了其他噪声模型，通常如果 CCS 噪声模型可用，则不需要使用其他噪声模型。

① 直流裕量模型。

直流裕量是指单元保持稳定状态，即不会在输出端引起毛刺时所允许的单元输入引脚上的最大直流变化。例如，低电平输入的直流裕量是指不会在输出端引起任何电平跳变的输入引脚上的最大直流电压。直流裕量模型指定了单元每个输入引脚上的直流裕量。

② 抗扰度模型。

抗扰度模型指定了输入引脚允许的毛刺幅度，通常以二维表格的形式来描述，其中毛刺宽度和输出电容为两个索引量，任何小于指定幅度和宽度的毛刺都不会通过单元传播。

5.3　标准单元设计

标准单元根据性能、功耗和面积进行设计。各个标准单元的高度相同，但宽度随标准单元功能的复杂程度而变化。所有标准单元的电源线和地线位置相同，处在标准单元的最上端和最下端。

金属层的走线轨道用于约束信号线的走线方向，也用作定义标准单元高度的单位，常用的单元 7T、9T、12T 就是以轨道数来区分的，其中 9T 意味着在标准单元的高度范围内以最小间距可以并行走线 9 根。显然 7T 单元的面积较小，12T 单元的面积较大。使用 7T 单元将实现更高的密度和更低的功耗，使用 12T 单元将获得更好的性能。

5.3.1　标准单元的布局

几种不同的标准单元布局如图 5.44 所示。

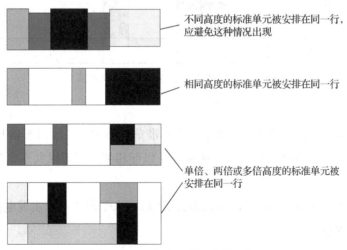

不同高度的标准单元被安排在同一行，应避免这种情况出现

相同高度的标准单元被安排在同一行

单倍、两倍或多倍高度的标准单元被安排在同一行

图 5.44　几种不同的标准单元布局

（1）行。

摆放标准单元时，必须先创建行。每行由许多 Site 排列而成，如图 5.45 所示。

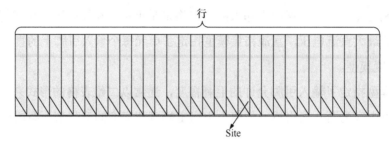

图 5.45　用于摆放标准单元的行

（2）基于行的布局。

标准单元成行放置，行中标准单元的高度相同，但宽度可以变化，如图 5.46 所示。

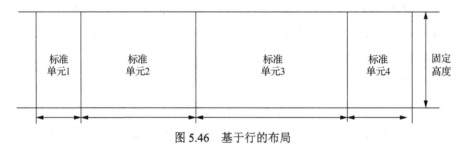

图 5.46　基于行的布局

标准单元的电源线与位于其上、下两端的电源轨相连，地线与位于其上、下两端的地轨相连，如图 5.47 所示。

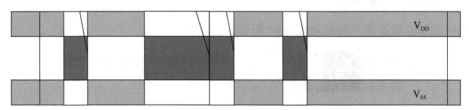

图 5.47　标准单元的电源线与地线连接

（3）Site。

Site 代表最基本的布局单元，反映了最小标准单元的大小，如图 5.48 所示。

行有自己的方向。有时，将行翻转或邻接，以便相邻两行可以共享电源轨和地轨，如图 5.49 所示。

图 5.50 所示为标准单元水平和垂直翻转的情形，水平翻转可以实现电源、地的邻接，垂直翻转可以实现信号短接。

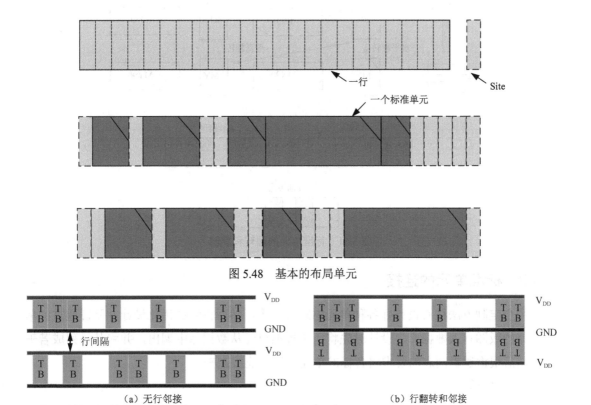

图 5.48 基本的布局单元

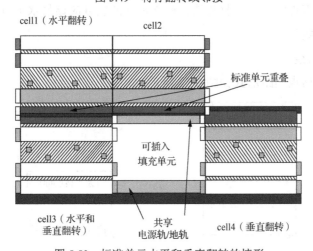

（a）无行邻接

（b）行翻转和邻接

图 5.49 将行翻转或邻接

cell1（水平翻转）　　cell2

标准单元重叠

可插入
填充单元

cell3（水平和
垂直翻转）　　共享
电源轨/地轨　　cell4（垂直翻转）

图 5.50 标准单元水平和垂直翻转的情形

（4）标准单元的摆放方向。

标准单元的摆放方向默认遵从行的方向，但是标准单元本身具有对称性，其摆放方向
也可以翻转和旋转，如图 5.51 所示。

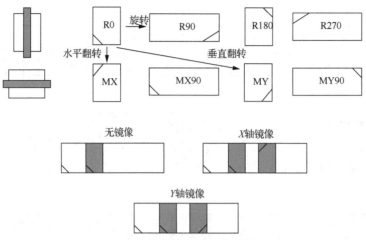

图 5.51　标准单元的翻转和旋转

5.3.2　标准单元的连接

用全定制方法精心设计好各种单元电路的版图，然后将经过优化设计并验证通过的单元电路的版图存入数据库。设计时先将所需标准单元从数据库中调出，并将其排列成若干行，然后根据逻辑网表的要求将各标准单元的端口连接起来。

（1）格点。

格点是根据标准单元端口所在金属层的间距来定义的。标准单元的高度应该是垂直方向上格点间距（垂直点间距）的整数倍，标准单元的宽度应该是水平方向上格点间距（水平格点间距）的整数倍。

① 水平格点间距。

水平方向上的格点间距形式如图 5.52 所示。

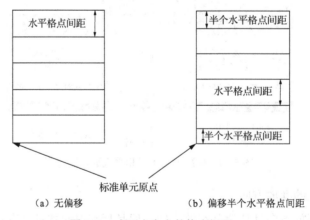

（a）无偏移　　　　　　　　（b）偏移半个水平格点间距

图 5.52　水平方向上的格点间距

② 垂直格点间距。

垂直方向上的格点间距形式如图 5.53 所示。

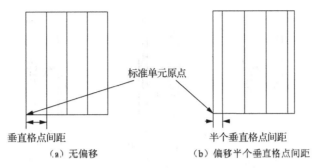

图 5.53　垂直方向上的格点间距形式

③ 水平与垂直合并后的格点间距。

水平与垂直合并后的格点间距形式如图 5.54 所示。

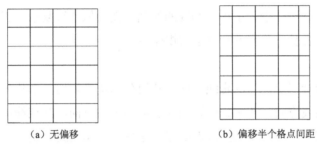

（a）无偏移　　　　　　　　　　（b）偏移半个格点间距

图 5.54　水平与垂直合并后的格点间距形式

标准单元有效的端口位置应该位于格点的交界点上。大多数布局布线工具能够对位于格点上的端口进行高效的端口连接，也可以对不在格点上的端口进行连线，但是这样会增加布线的难度，同时降低布线的效率。为了提高可连接性，端口应该水平错开放置，这样可以提高垂直布线通道的利用率。也可以在端口的垂直方向上设置多个由通孔连接的金属层端口，如图 5.55 所示。

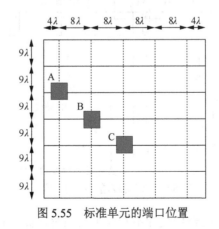

图 5.55　标准单元的端口位置

格点间距可以根据 3 种标准来设置：线与线的距离、线与通孔的距离、通孔与通孔的距离，如图 5.56 所示。

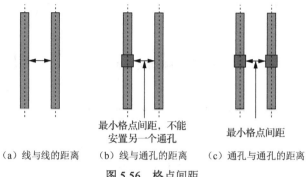

最小格点间距，不能
安置另一个通孔

最小格点间距

（a）线与线的距离　（b）线与通孔的距离　（c）通孔与通孔的距离

图 5.56　格点间距

由于各个标准单元的高度相等，宽度不限，标准单元中的电源线、地线及 I/O 端口的位置都有特殊的规定，所以标准单元与标准单元之间的连接简单、有条理，布局也有规律，为以后的高层次系统设计带来了很大程度的便利，使得原本很复杂、工作量很大的系统设计变得相对简单、容易，并且带有很强的规律性。

（2）布线方向。

布线方向代表金属层优先的走线方向。轨道分为优先轨道与非优先轨道，优先轨道是金属层上主流的走线方向；非优先轨道是非主流的走线方向，其连线比较宽，占用绕线资源，所以一般不推荐使用。如果主流走线方向是纵向，非主流走线方向就是横向。

早期的标准单元由于布线资源有限，需要专门留有走线通道，如图 5.57 所示。

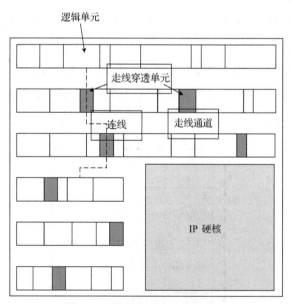

图 5.57　带走线通道的物理实现

随着工艺越来越先进，在器件尺寸不断缩小的同时，提供布线资源的金属层数也逐渐增多，标准单元与标准单元之间的连接可以直接通过不同的金属层进行连接，所以一般情况下已经不再需要走线通道，如图 5.58 所示。

图 5.58　不带走线通道的物理实现

5.3.3　标准单元的供电网络

标准单元的供电网络由电源轨、电源条、电源环组成，如图 5.59 所示。

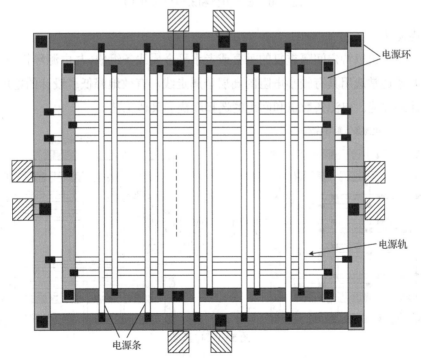

图 5.59　标准单元的供电网络

（1）电源环。

电源环是指为了均匀供电而在芯片内核四周安装的电源和接地环。顶部和底部使用水平金属层，左边和右边使用垂直金属层。垂直金属层和水平金属层利用通孔相连接。

除了芯片内核需要电源和接地环，宏模块也可能需要使用垂直金属层和水平金属层创建电源和接地环，多个宏模块可以放在同一个电源和接地环内部，如图 5.60 所示。例如，设计中同时存在数字模块和模拟模块，此时需要确保数字模块不会通过电源布线将噪声注入模拟模块，通常采用的办法是单独创建模拟模块的电源连接。

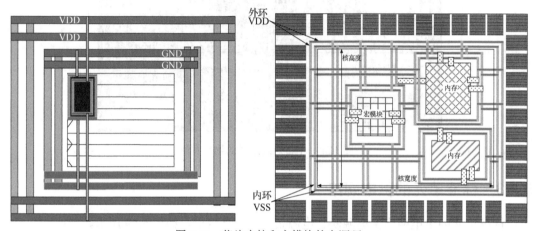

图 5.60　芯片内核和宏模块的电源环

（2）电源条。

电源条由多组以特定间隔重复的垂直或者水平金属线条组成，与电源环相连，如图 5.61 所示。电源条通常选用具有较小电阻的高层金属走线，有效地降低了设计的电压降，提高了芯片设计的性能。电源条数量和间距的选择取决于具体工艺。

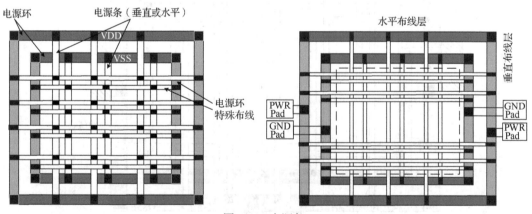

图 5.61　电源条

（3）电源轨。

电源轨形成标准单元的供电网络，并与芯片内核或模块里面的电源环、电源条相连通。

标准单元的电源端口和地端口分别连接到电源轨和地轨上，如图 5.62 所示。

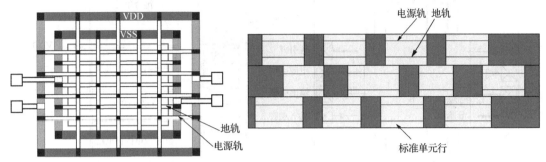

图 5.62　电源轨

（4）低功耗单元的电源引脚。

在低功耗设计中，工艺库必须包含时钟门控、多电压域、多阈值库或电源开关等单元。在传统的制造工艺中，芯片上的所有单元都连接到同一电源，共享相同类型的电源/地，其工艺库中缺少单元的电源连接关系。然而，当芯片上的单元使用多个电源时，就必须指定每个单元特定的电源连接关系。某些类型的单元（如电平转换器）需要指定相同单元但不同电源引脚的连接关系。

为此，时序库语法已扩展到可以支持电源连接关系，以利于综合、物理实现和验证工具的电源优化设计，合理连接版图上的电源引脚，并分析使用多个电源电压的设计行为。

对于没有电源引脚的旧库，可以在综合或后端设计工具中通过命令快速添加，从而使旧库与电源意图规范兼容。

5.4　I/O 单元

I/O 单元是芯片内核与芯片外部之间的接口，可以发送和接收信号，并保护芯片内核免受静电放电（ElectroStatic Discharge，ESD）的影响。

制造厂商会提供相应工艺的 I/O 单元库。工程师可以参考设计文档，完成 I/O 单元的选型。

I/O 单元由两部分组成：键合单元（Bond Cell）和 I/O 单元电路，如图 5.63 所示。

键合单元：用于将信号从芯片内核传输到外部封装引脚。

I/O 单元电路：包括内部 CMOS 逻辑与片外相连所需的电路（由一些逻辑单元组成，如电平转换器和缓冲器，以控制 I/O 信号的电压并调整驱动强度）和静电放电保护电路。

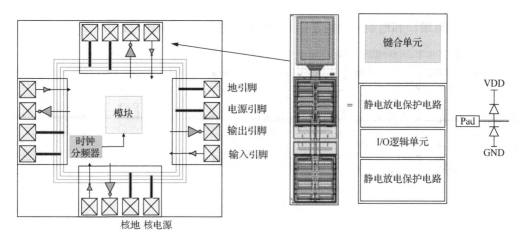

图 5.63　I/O 单元的组成

5.4.1　键合单元

在半导体工艺中，键合是指将晶圆芯片固定于基板上。键合工艺可分为传统方法和先进方法。传统方法采用芯片键合（Die Bonding）和引线键合（Wire Bonding），先进方法则采用缓冲垫键合（Dumper Bonding）和倒装芯片键合（Flip Chip Bonding），如图 5.64 所示。

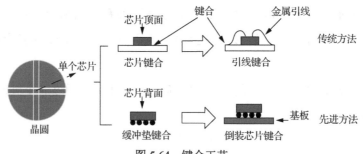

图 5.64　键合工艺

（1）引线键合。

引线键合是将金属引线连接到焊盘上的一种方法。从结构上看，金属引线是芯片焊盘（一次键合）与载体焊盘（二次键合）之间的桥梁。早期，引线框架（Lead Frame）被用作基板，但现在已越来越多地使用 PCB 作为载体基板，如图 5.65 所示。

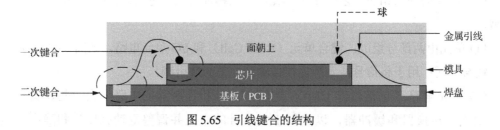

图 5.65　引线键合的结构

在引线键合芯片中，键合单元为一个矩形的金属焊盘框架，用作金属引线的焊接区域，键合焊盘（Bord Pad）含有多层金属层并具有引脚，方便布线设计时与 I/O 单元电路的引脚相接。键合焊盘一般分布在芯片的边沿或四周，其数量不能太多。

狭义上的焊盘就是指键合焊盘，用于将金属引线连接到封装引脚上。但广义上的焊盘还包括 I/O 单元电路（用于将内核的 CMOS 逻辑与外部相连接，以及保护芯片电路免受因过电压脉冲或持续过电压而造成的破坏）。

（2）倒装芯片键合。

倒装芯片键合是指将芯片功能区朝下，以倒扣的方式背对着基板，通过凸块（Bump）与基板进行互连。倒装芯片可以将整个芯片面积用于与基板互连，从而极大地增加 I/O 单元的数量，如图 5.66 所示。

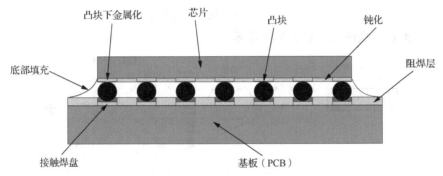

图 5.66 倒装芯片的结构

在倒装芯片中，键合单元是一种凸块，可以将其理解为焊球，放置在芯片四周或内核区域。凸块的形状有多种，最常见的为球状和柱状，如图 5.67 所示。

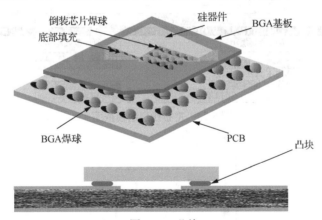

图 5.67 凸块

倒装芯片封装一般分为两种类型：外围阵列和区域阵列，如图 5.68 所示。在外围阵列中，有限数量的凸块沿倒装芯片封装的边界摆放；在区域阵列中，凸块可以被放置在倒装芯片封装的整个区域中。

对于倒装芯片来说，通常将凸块放置在网格图案中，使用重布线层（Re-Distribution

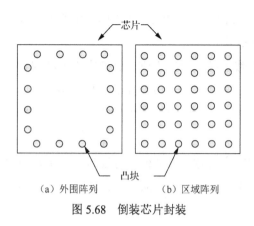

（a）外围阵列　　　　（b）区域阵列

图 5.68　倒装芯片封装

Layer，RDL）将 I/O 单元引脚连接到凸块，因此无须更改 I/O 单元的布局，如图 5.69 所示。

重布线层是由金属层顶部的布线组成的额外金属层，充当了倒装芯片与封装之间的接口，其横截面如图 5.70 所示。

（3）Pad 与 Pin。

芯片中的引脚是指芯片内部各子模块或逻辑单元连接的接点，封装中的 Pin 则指芯片封装好后的引脚，即用户能够看到的引脚。Pad 是指硅片的引脚，封装在芯片内部，用户看不到。Pad 到 Pin 之间可以通过导线连接，如图 5.71 所示。

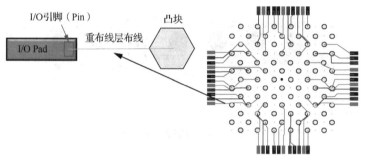

图 5.69　重布线层连接 I/O 单元与凸块

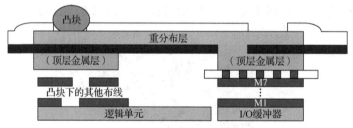

图 5.70　重布线层的横截面

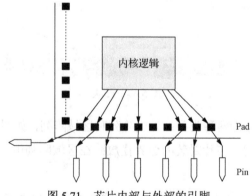

图 5.71　芯片内部与外部的引脚

（4）I/O 环。

在芯片内核的四周，若干 Pad 组成 Pad 环，用于与外界交互，通常也称为 I/O 环（I/O Ring），如图 5.72 所示。各 Pad 之间间隔一定距离，模块和 Pad 的摆放布局会在很大程度上影响整个芯片面积，并因此影响成本/良率。

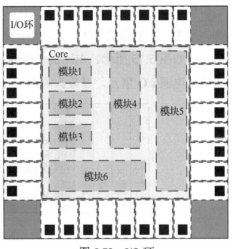

图 5.72　I/O 环

芯片中的每个 I/O 单元和芯片内核都需要连接电源或接地。芯片至少需要两种电源电压，分别提供给芯片内核和 I/O 单元。例如，大多数 28nm 设计都将 0.9V 用作芯片内核电压，将 1.8V 用作 I/O 单元电压，这样芯片内核的逻辑电路工作在低压下，以降低功耗，I/O 单元工作在高压下，以实现外部兼容性。当然，I/O 单元内部存在电平转换器，完成高压与低压的转换。

图 5.73 中，I/O 单元上至少有四个电源（地），分别用于 I/O 单元的 VSSO（0.0V）和 VDDO（1.8V），内核的 VSSC（0.0V）和 VDDC（0.9V）。

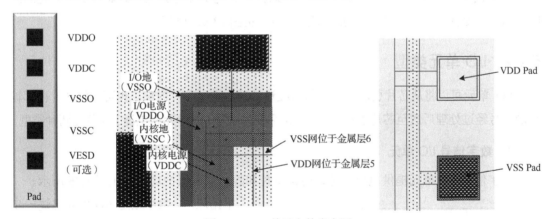

图 5.73　I/O 单元上的多电源

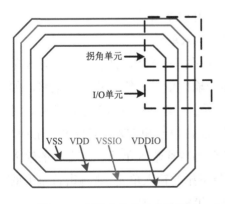

图 5.74　芯片上的多个 P/G 环

基于不同的电源电压（模拟或数字）或具有相同电源电压的不同电源域，可以存在多个 I/O 环。

（5）P/G 环。

用金属线将 I/O 单元的电源、地分别无缝相连，形成一个环，称为 P/G 环。芯片上可能存在多个单独的 P/G 环，如图 5.74 所示。

（6）电源 I/O 单元。

电源 I/O 单元是模拟单元，为 I/O 环提供电源。如果某输入信号的电平高于内核电平，并且该信号到达内核，则可能发生内核故障，所以电源 I/O 单元需提供静电放电保护。

通常一定数量的 I/O 单元需要配备一对电源 I/O 单元，焊盘环上可能存在多对电源 I/O 单元，如图 5.75 所示。电路的功耗越大，所需电源 I/O 单元的数量也越多。应尽可能均匀地分配电源 I/O 单元，以最大限度地减少供电问题。

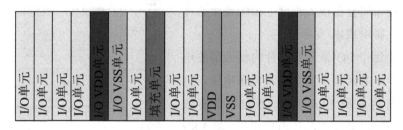

图 5.75　电源 I/O 单元

给芯片内核供电的电源 I/O 单元数量要根据芯片总功耗来估算；给 I/O 单元供电的电源 I/O 单元数量则需要根据同时开关输出噪声（Simultaneously Switching Output Noise，SSO Noise）来确定比例，通常电源 I/O 单元数量与 I/O 单元数量保持 1：（5～10）的比例。

每个代工厂都提供自己的 I/O 环规则，以保护 IP 免受静电放电和其他可靠性问题的影响。这些规则因代工厂而异，因技术节点而异，也因 IP 供应商而异。

5.4.2　I/O 单元类型

I/O 单元可以将从芯片引脚输入的信号经过处理后送至芯片内部，也可以将芯片内部输出的信号经过处理后送至芯片引脚。I/O 单元可分为信号 I/O 单元和电源 I/O 单元两种类型。

1. 数字信号 I/O 单元

数字信号 I/O 单元提供电位上拉、电位下拉和静电放电保护功能，如图 5.76 所示。

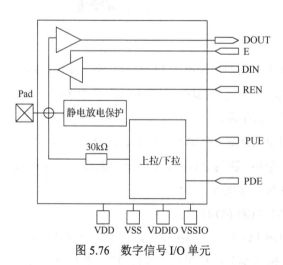

图 5.76　数字信号 I/O 单元

根据应用，数字信号 I/O 单元可进一步分为输入单元、输出单元、双向单元和开漏单元，如图 5.77 所示。

（1）输入单元。

芯片引脚信号作为输入进入输入单元，驱动输出信号送给芯片内部电路，如图 5.78 所示。输入信号包含数据信号、时钟信号、复位信号和 JTAG 信号等。输入单元可细分为普通输入单元、带上拉的输入单元、带下拉的输入单元、带施密特整形的输入单元等多种类型。

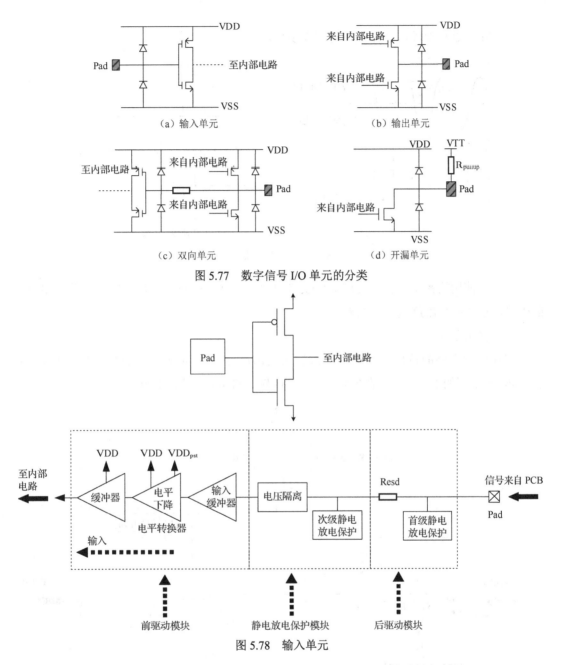

（a）输入单元　　　　　　　　　（b）输出单元

（c）双向单元　　　　　　　　　（d）开漏单元

图 5.77　数字信号 I/O 单元的分类

图 5.78　输入单元

输入单元的主要功能有静电放电保护、电平移位和抑制输入噪声。

如果输入信号对毛刺敏感，那么就需要使用带有施密特触发器功能的 I/O 单元，如芯片的外部复位输入。CMOS 接收器使用施密特触发器很常见，通过阈值电压抑制输入噪声。对于标准施密特触发器来说，当输入电压高于高阈值电压时，输出为高电平；当输入电压低于低阈值电压时，输出为低电平；当输入电压在高阈值电压和低阈值电压之间时，输出不改变，如图 5.79 所示。因此，当施密特触发器的输出由高电平翻转为低电平或由低电平翻转为高电平时，其所对应的阈值电压是不同的；只有当输入电压发生足够的变化时，输出才会变化，这种双阈值动作被称为迟滞现象。

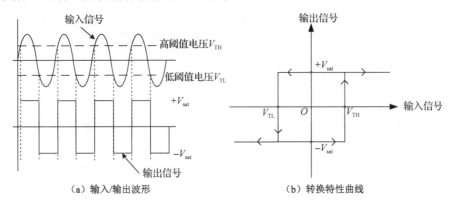

（a）输入/输出波形　　　　（b）转换特性曲线

图 5.79　施密特触发器

但是，使用施密特触发器会增加接收器的输入延时。SSTL I/O 单元的接收器需要较小的磁滞，基本不采用施密特触发器。

（2）输出单元。

芯片内部电路的输出信号作为输入进入输出单元，驱动输出信号送至芯片引脚，如图 5.80 所示。输出信号包含数据信号、观察时钟、JTAG 信号和中断等。

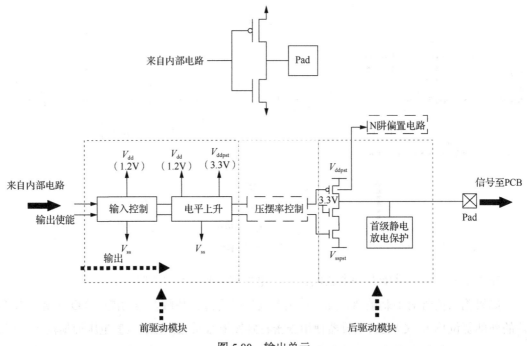

图 5.80　输出单元

输出单元的主要功能除静电放电保护、电平移位和三态输出外，还有驱动能力和压摆率的控制。

① 驱动能力控制。

当增加负载时，需要 I/O 单元能够足够快地提供电流以对负载电容进行充放电。如果没有足够的驱动强度，则在需要该信号有效时（如在下一个时钟沿到来之前），该信号可能无法达到有效的逻辑电平以正常驱动外设；如果驱动强度太大，可能会增大同步开关噪声（Simultaneous Switching Noise，SSN），导致信号出现振铃（过冲/下冲），并可能出现双时钟和其他无效逻辑条件。

② 压摆率控制。

压摆率是指输出从可能的最低水平变化到最高水平（或相反）的变化率，压摆率太小将增大输出 I/O 单元延时，如图 5.81 所示。

（3）双向单元。

GPIO 是最常用的双向单元类型，常用于各类数据的 I/O。

将 GPIO 配置为输入单元时，可用于读取外部电信号，其主要配置选项有高阻抗、上拉和下拉（内部

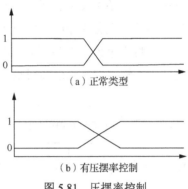

（a）正常类型

（b）有压摆率控制

图 5.81　压摆率控制

电阻接地）。此外，大多数 GPIO 的输入引脚还具有内置的迟滞功能，以防引脚上的噪声信号传入。

① 高阻抗。

引脚处于高阻抗状态，也称为"浮空"。此时信号既未连接至电源，又未接地，其状态不确定。当器件进入高阻抗状态时，输出将有效地被移除，这样多个器件可以共享相同的输出线。这种机制常常用于通信总线，可以避免 I/O 竞争和短路。

② 上拉。

上拉是指当输入信号浮空时，通过上拉电阻强制将输入引脚连接至电源。当另一个信号源驱动为低电平（接地）时，上拉电阻被覆盖，输入引脚将读取为"0"。可以使用外部上拉电阻，但许多 I/O 单元提供内部上拉电阻配置。

③ 下拉。

下拉是指通过下拉电阻强制将输入引脚接地。当另一个信号源驱动为高电平（连接至电源）时，下拉电阻被覆盖，输入引脚将读取为"1"。可以使用外部下拉电阻，但许多 I/O 单元提供内部下拉电阻配置。

当 GPIO 配置为输出单元时，可以输出高电平或低电平，其主要配置选项有推挽输出和开漏输出，一般推挽输出是默认设置。

① 推挽输出。

推挽输出能够供电和吸电，驱动高电平或低电平信号。当输出变低时，信号电平被主

动"拉"到地电平；当输出变高时，信号电平被主动"推"到电源电平。

② 开漏输出。

开漏输出只能吸电，输出两种状态：低阻抗和高阻抗。为了实现逻辑高电平输出，需使用上拉电阻。开漏 GPIO 通常有两种不同的配置模式：开漏和带内部上拉电阻的开漏。当内部上拉电阻不足时，还需要接外部上拉电阻。

当多个门或引脚连接在一起形成一条线（例如，通过 I2C 总线连接时）开漏输出非常有用。当设备不使用总线时，开漏输出处于高阻抗状态，输出电压由上拉电阻上拉至高电平。当某一设备的输出为低电平时，所有相接的线都将变为低电平。

当将多个外部设备驱动的芯片上单一的、低电平有效的中断引脚配置成开漏输出后，这些中断输出信号可以线或形式连接在一起。

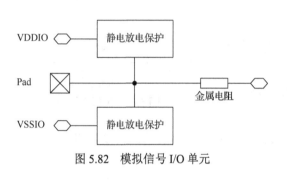

图 5.82　模拟信号 I/O 单元

2．模拟信号 I/O 单元

模拟信号 I/O 单元基本上就是一根连线，但提供静电放电保护，如图 5.82 所示。

3．电源 I/O 单元

电源 I/O 单元包括以下几类。

① 模拟电源 I/O 单元：给芯片内部的模拟电路供电。

② 数字电源 I/O 单元：给芯片的 I/O 单元及内部的数字电路供电，如图 5.83 所示。

③ 隔离 I/O 单元：隔离数字电源 I/O 单元和模拟电源 I/O 单元。

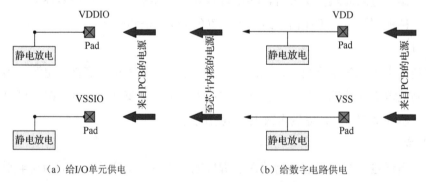

（a）给 I/O 单元供电　　　　　　　　　　（b）给数字电路供电

图 5.83　数字 I/O 单元

4．静电放电保护电路

静电放电保护电路是将高电流转移出内部电路，并在静电放电应力期间钳制高电压。图 5.84 所示为简单的静电放电保护电路，利用了限流电阻、钳位二极管和薄栅氧化层晶体管。

图 5.85 给出了常用的两级静态放电保护电路。第一级静电放电钳位器件用于电流分流,第二级短沟道 NMOS 器件用于电压钳位。为了提高抗静电放电的水平,采用坚固的器件（如 SCR、场氧器件或长沟道 NMOS 器件）作为第一级静电放电保护,用于旁路 Pad 的静电放电电流。在静电放电钳位器件

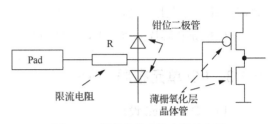

图 5.84　简单的静电放电保护电路

和短沟道 NMOS 器件之间,加入电阻 R_{ESD} 以限制流经短沟道 NMOS 器件的电流。静电放电钳位器件必须在短沟道 NMOS 器件被过冲的静电放电电流损坏之前触发。对于输出 Pad 来说,由于不需要保护栅极,所以不需要第二级静态放电保护电路。

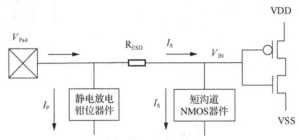

图 5.85　常用的两级静电放电保护电路

5. I/O 复用

I/O 复用（I/O Multiplexing）可以用于功能模式和测试模式。功能模式下的 I/O 复用可以是静态复用,也可以是动态复用;测试模式下的 I/O 复用一般是静态复用。

静态复用的时间尺度相对较大,其间同一 I/O 单元的功能保持不变,一般通过软件配置寄存器、配置引脚等实现。

动态复用的时间尺度相对较小,需要实现多种功能在同一 I/O 单元上的切换。例如,同一组 I/O 单元既是存储器接口又是显示接口,当播放视频的时候,需要从存储器中输入数据,然后将这些数据输出到显示设备上,因此该组 I/O 单元需要处理好切换过程。

在进行内部 IP 测试时,需要将 IP 的引脚在测试模式下引出到芯片 I/O 单元上。通常通过多路选择器来区分功能模式和测试模式。

（1）配置引脚。

配置引脚主要用于指示某种功能是否被激活,可以有两种实现方式:一种是上电复位时由锁存器来捕获配置引脚上的设定值;另一种是利用时钟来锁存。

（2）I/O 单元状态初始化。

I/O 单元上电时的状态非常重要,需要确保不对芯片外部产生干扰,通常上电时 I/O 单元处于输入状态。另外需要注意的是,上电时不要产生大电流,以及考虑 I/O 单元内部是

否需要默认使能上拉电阻/下拉电阻。

I/O 单元和芯片内核的上电、断电都有一定的顺序，必须予以保证。

5.4.3 I/O 单元布局

（1）I/O Limited 设计。

当 I/O 单元紧密地排布在芯片四周，所需面积超过了芯片内核包含的标准单元和宏模块面积的总和时，芯片面积由 I/O 单元排列决定。

对于引线键合设计，当 Pad 太多时，需要采用十分细长的 Pad，并分上、下两层交错排列，两层的单元部分可以适当重叠，以摆放更多的 Pad，如图 5.86 所示。

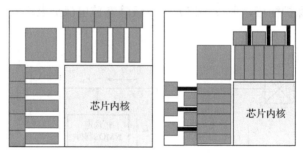

图 5.86 I/O Limited 设计

（2）Core Limited 设计。

当 I/O 单元紧密地排布在芯片四周，所需面积小于芯片内核包含的标准单元和宏模块面积的总和时，芯片面积由芯片内核面积所决定，如图 5.87 所示。

当芯片内核太大的时候，可以采用更加"矮胖"的 I/O 单元。

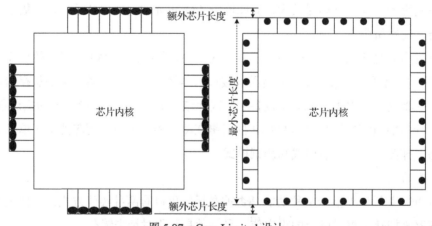

图 5.87 Core Limited 设计

（3）外围 I/O 单元和区域 I/O 单元。

按放置的位置不同，I/O 单元可分为外围 I/O 单元和区域 I/O 单元（Area I/O Cell），如图 5.88 所示。

外围 I/O 单元摆放在芯片内核四周。虽然到凸块的连线较长，但不会占用芯片内核空间，可以更自由挪动凸块和 I/O Pad。

区域 I/O 单元摆放在芯片内核里面，用来连接凸块，并且给凸块供电。区域 I/O 单元会占据标准单元的位置，影响其布局和电源条。

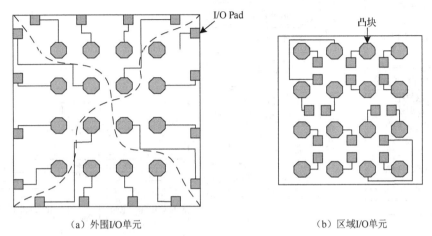

（a）外围I/O单元　　　　　　　　　　（b）区域I/O单元

图 5.88　外围 I/O 单元和区域 I/O 单元

（4）排列式 I/O 单元和交错式 I/O 单元。

按实现方式不同，I/O 单元可分为排列式 I/O 单元（Linear I/O Cell）和交错式 I/O 单元（Staggered I/O Cell）。

排列式 I/O 单元彼此相邻放置，排成一线，中间留有小间隙，如图 5.89 所示。最小间距由代工厂、供应商确定，并取决于工艺技术。排列式 I/O 单元通常只是一排排列，对于 Core Limited 设计来说，其可以节省面积。

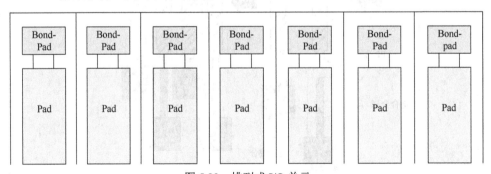

图 5.89　排列式 I/O 单元

图 5.90 所示为几种不同类型的排列式 I/O 单元。

交错式 I/O 单元将内部和外部的键合焊盘交替排成两排，可以容纳更多的焊盘，节省 I/O 区域的面积，从而减小芯片面积。交错式 I/O 单元多用于 Pad Limited 设计，缺点是 I/O 单元的整体高度显著增加。

图 5.91 所示为不同类型的 Non-CUP（Circuit-Under-Pad）型交错式 I/O 单元。

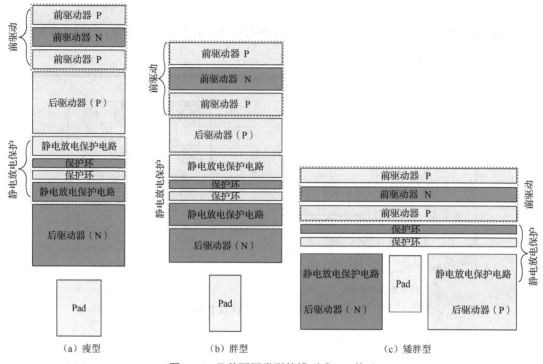

（a）瘦型　　　　　　　　（b）胖型　　　　　　　　（c）矮胖型

图 5.90　几种不同类型的排列式 I/O 单元

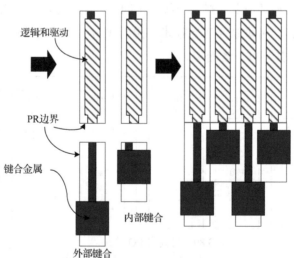

图 5.91　不同类型的 Non-CUP 型交错式 I/O 单元

图 5.92 所示为 CUP 型交错式 I/O 单元。键合焊盘位于 I/O 单元之上，与 I/O 单元中心附近的 Pad 引脚相连。因为其除 I/O 单元本身占用的空间外，不占有任何额外空间，所以大大减小了芯片面积，可以摆放更多的 I/O 单元。

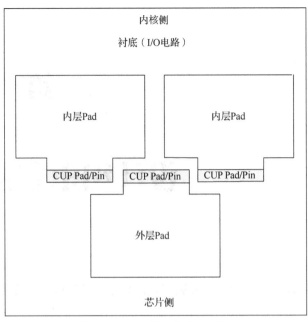

图 5.92　CUP 型交错式 I/O 单元

小结

- 芯片设计需要各种类型的库，通常包括标准单元库、I/O 单元库、存储器库和 IP 库等。
- 时序模型由驱动器模型、互连网络模型和接收器模型组成，用于电路综合和时序分析，常用的时序模型有 NLD 模型、CCS 模型、ECS 模型。功耗模型提供了单元的泄漏功耗和动态功耗信息，用于功耗分析。噪声模型则用于信号完整性分析。
- 在标准单元设计中，所有标准单元的高度相同，但宽度随标准单元功能的复杂程度而变化。所有标准单元的电源线和地线位置相同，处在标准单元的最上端和最下端。
- I/O 单元是一个芯片引脚处理模块，由键合单元和 I/O 单元电路组成。I/O 单元可分为数字信号 I/O 单元、模拟信号 I/O 单元、电源 I/O 单元，数字 I/O 单元可分为输入单元、输出单元、双向单元、开漏单元。
- 输入单元的主要功能有静电放电保护、电平移位和抑制输入噪声。输出单元的主要功能有静电放电保护、电平移位、三态输出，以及驱动能力和压摆率控制。GPIO 是最常用的双向单元类型，常用于各类数据的 I/O，可配置成带有多种选项的输入单元或输出单元。
- 芯片通常分为 I/O Limited 和 Core Limited 两种设计情形。

第 **6** 章

设计约束和逻辑综合

设计约束是芯片设计规范的一种表达形式，设定了芯片时序、面积和功耗等目标参数需要达到的标准。

逻辑综合是在标准库和特定的设计约束基础上，将数字电路设计的高层次描述转换为优化的门级网表的过程。使用不同标准库逻辑综合出来的电路在时序和面积等方面具有差异。

同步逻辑常用的时序优化技术包括流水线、重定时、时间借用（Time Borrowing）、有用偏斜等。

本章第一节介绍了时序路径与延迟，第二节介绍了逻辑综合，第三节介绍了设计约束，最后一节介绍了时序优化方法。

6.1 时序路径与延迟

6.1.1 时序路径

时序路径是指设计中数据信号传播所经过的逻辑路径，由对应的始发点和终止点构成，其中，始发点为设计中被时钟边沿触发的端点，一般是时序逻辑单元的时钟引脚或设计的输入端口；终止点为数据被另一时钟边沿载入的端点，一般是时序逻辑单元的数据输入引脚或者设计的输出端口。

根据始发点和终止点的不同，时序路径主要分为四种类型：输入端口至寄存器（路径1）、寄存器至寄存器（路径2）、寄存器至输出端口（路径3）、输入端口至输出端口（路径4），如图6.1所示。

还有一些其他的时序路径，如复位路径、时钟门控路径等，如图6.2所示。

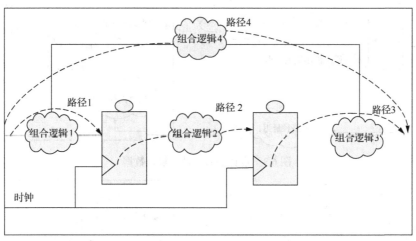

图 6.1　时序路径的主要分类

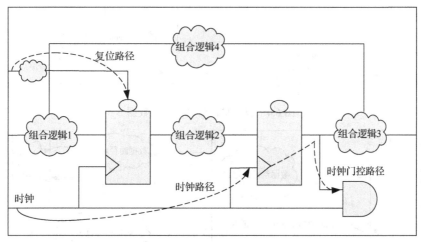

图 6.2　其他的时序路径

（1）寄存器间的时序路径。

寄存器间的时序路径通常为单周期路径，按功能或实现要求不同，也可为多周期路径或虚假路径。

（2）I/O 场景。

常见的 I/O 场景有以下 4 种。

① 设计输入时钟、输入数据，如图 6.3 所示。

② 设计输出时钟、输入数据，如图 6.4 所示。

③ 设计输出时钟、输出数据，如图 6.5 所示。

④ 设计输入时钟、输出数据，如图 6.6 所示。

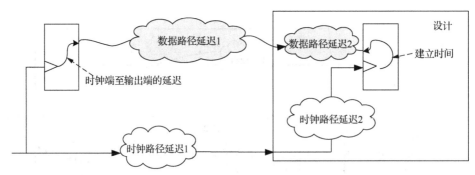

图 6.3　设计输入时钟、输入数据

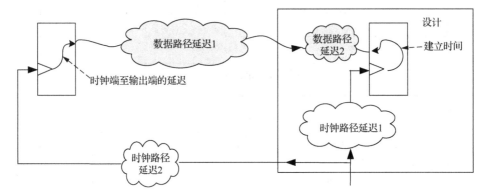

图 6.4　设计输出时钟、输入数据

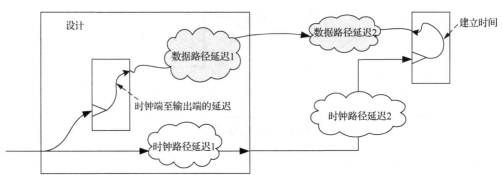

图 6.5　设计输出时钟、输出数据

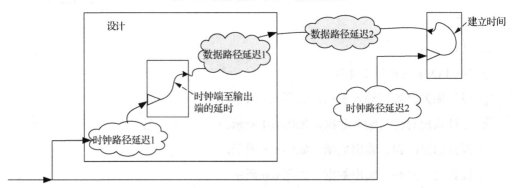

图 6.6　设计输入时钟、输出数据

（3）系统同步。

当源时钟（Source Clock）和目的时钟（Destination Clock）来自同一个系统时钟时，称为系统同步（System Synchronous），如图 6.7 所示。

系统同步存在以下 2 种情形。

① SDR。

SDR（Single Data Rate，单倍数据速率）是指数据只在时钟的上升沿或者下降沿被采样，如图 6.8所示。

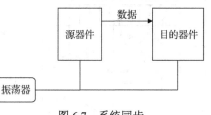

图 6.7　系统同步

② DDR。

DDR（Double Data Rate，双倍数据速率）是指数据在时钟的上升沿和下降沿被采样，如图 6.9 所示。

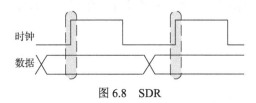

图 6.8　SDR

图 6.9　DDR

（4）源同步。

源同步（Source Synchronous）是指在发送端将数据和时钟同步传输，在接收端利用时钟边沿锁存数据，如图 6.10 所示。理论上，源同步不受传输延迟的影响，可以消除系统同步中的频率限制。

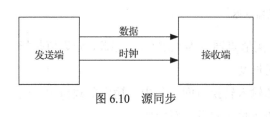

图 6.10　源同步

在源时钟的单沿采样称为 SDR，在源时钟的双沿采样称为 DDR。此外，源同步还有中心对齐和边缘对齐的情形。

① 中心对齐。

中心对齐是指时钟和数据到达时序逻辑单元时，时钟边沿在数据中心，可以直接使用时钟采样数据，如图 6.11 所示。

② 边缘对齐。

边缘对齐是指时钟和数据到达时序逻辑单元时，时钟边沿与数据变化沿重合，如图 6.12所示。

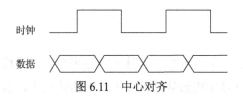

图 6.11　中心对齐

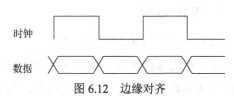

图 6.12　边缘对齐

6.1.2 时序路径延迟

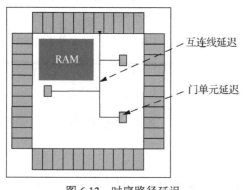

图 6.13　时序路径延迟

时序路径延迟包含门单元延迟和互连线延迟，如图 6.13 所示。

1. 门单元延迟

门单元的时序模型旨在为设计中的各种门单元实例（Instance）提供准确的时序信息。通常会从门单元的详细电路仿真中获得时序模型，用以对门单元工作时的实际情况进行建模，且需要为门单元的每个时序弧建立一个时序模型。

考虑图 6.14 中所示反相器（Inverter）的时序弧，表征此反相器的两种延迟分别是输出上升沿延迟（T_r）和输出下降沿延迟（T_f）。

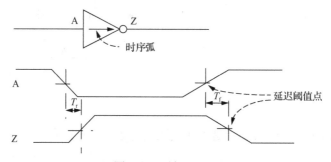

图 6.14　反相器延迟

延迟是根据单元库中定义的阈值点测量的，阈值点通常为 $50\%V_{DD}$。因此，延迟值是指从输入经过其阈值点到输出经过其阈值点的时间长度。

反相器的延迟取决于两个因素：输出负载和输入转换时间。其中，输出负载越大，延迟也越大；在大多数情况下，延迟会随着输入转换时间的增加而增加。

压摆率（Slew Rate）定义为电平转换速率。转换时间（Transition Time）是指信号在两个特定电平之间转换所需的时间，因此压摆率实际上是转换时间的倒数，转换时间越大，压摆率就越低，反之亦然。门单元输出引脚的压摆率是根据转换时间阈值测量的。转换时间阈值的取值可能有所不同，如 10%/90%、30%/70%、20%/80%。选择合适的门单元类型和输出负载可以改善输出引脚的压摆率。图 6.15 展示了通过调节门单元的输出负载，改善或恶化门单元压摆率的情况。

2. 互连线延迟

（1）互连线的 RC 寄生参数。

互连电阻来自物理实现中各种金属层和过孔中的互连线。互连电容也来自金属走线，包括接地电容及相邻走线之间的电容。互连电感是由电流环路产生的，通常情况下，其效应在芯片内可忽略不计，仅在封装和板级分析中考虑。

（a）压摆率改善　　　　　　　　（b）压摆率恶化

图 6.15　输出负载对压摆率的影响

图 6.16 所示为穿越金属层和过孔的互连线。

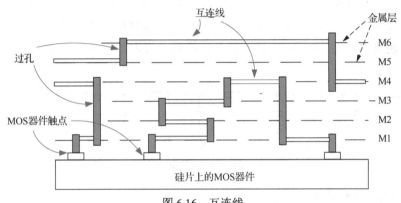

图 6.16　互连线

（2）互连模型。

互连可以通过各种简化模型来表示。

① 集中电容模型。

如果互连线的电阻很小，在中低频率时可以只用单一的集中电容模型来表示。图 6.17 中，总电容 $C_{lumped}=L \times C_p$，L 为互连线长度，C_p 为单位长度互连线的电容。

② 集中阻容模型。

如果互连线的长度较长，则必须采用集中阻容模型。集中阻容模型可分为 3 种类型：L 模型、T 模型和 π 模型。

在 L 模型中，总电阻由单一电阻 R 表示，总电容由单一电容 C 表示，如图 6.18 所示。

图 6.17　集中电容模型　　　　　　　图 6.18　L 模型

在 T 模型中，总电阻 R 被分为 2 部分（每部分为 $R/2$），电容 C 连接在电阻树的中点，如图 6.19 所示。

在 π 模型中，总电容 C 被分为 2 部分（每部分为 $C/2$），并连接在电阻 R 的两侧，如图 6.20 所示。

图 6.19　T 模型　　　　　　　　　　　　图 6.20　π 模型

③ 分布式 RC 模型。

理想情况下，互连线的电阻和电容用分布式 RC 模型表示，如图 6.21 所示。RC 树的总电阻和总电容分别等于 $R_p×L$ 和 $C_p×L$，其中 R_p 和 C_p 分别是单位长度互连线的电阻和电容，L 是互连线的长度。R_p 和 C_p 通常从各种配置下提取的寄生参数中获取，并由芯片代工厂提供。

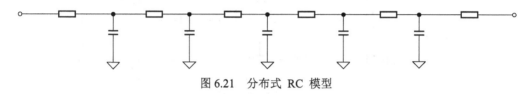

图 6.21　分布式 RC 模型

④ 集中 RC 梯形模型。

对于长互连线来说，集中阻容模型简单，但是悲观且不准确；而集中 RC 梯形模型能提供更好的精度，并通过集中 RC 梯形网络来近似。将 R 和 C 分成 N 部分，每个中间部分的电阻和电容分别为 R/N 和 C/N，两端部分则需要根据 π 模型或 T 模型的概念来进行建模，如图 6.22 所示。

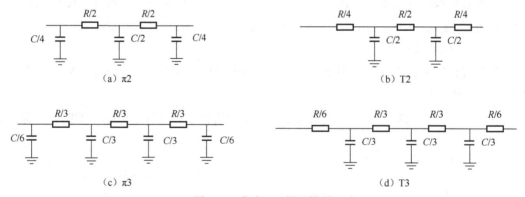

(a) π2　　　　　　　　　　　　　　　　(b) T2

(c) π3　　　　　　　　　　　　　　　　(d) T3

图 6.22　集中 RC 梯形模型

（3）互连线延迟计算。

在进行布局规划（Floorplaning）或布局（Layout）之前，缺少有关的互连线物理信息，此时可以通过线负载模型（Wire Load Model）来估算物理实现后由互连线所带来的电容、电阻及面积开销。

① 线负载模型。

线负载模型中描述了互连线长度与扇出之间的函数关系，如表 6.1 所示，对于表中未明确列出的任何扇出，可使用具有指定斜率的线性外推法计算得到对应的电阻和电容。线负载模型的原理是根据扇出预估互连线长度，再根据互连线长度来进行线上电阻、电容和面积等参数的预估。

线负载模型由半导体工艺厂商根据自身工艺特点开发，包含单位长度互连线的面积因子、电阻、电容，以及一个扇出与互连线长度查找表。

表 6.1　互连线长度与扇出

扇出	互连线长度/μm
1	2.6
2	2.9
3	3.2
4	3.6
5	4.1

随着物理实现的逐步推进，将获取更多的互连线细节，如长度和布线层等。通过工具可以抽取互连线的寄生参数，生成 SPEF（Standard Parasitic Exchange Format）等文件。

② RC 树。

从驱动引脚（Drive Pin）到负载引脚（Load Pin）的互连线延迟取决于互连结构。在目前的工艺条件下，芯片中的互连线主要考虑电容和电阻的影响，所以互连又常称为 RC 互连。互连结构由 RC 树的类型所决定。三种类型的 RC 树如图 6.23 所示（假定互连线的总长度及电阻、电容估计值都相同）。

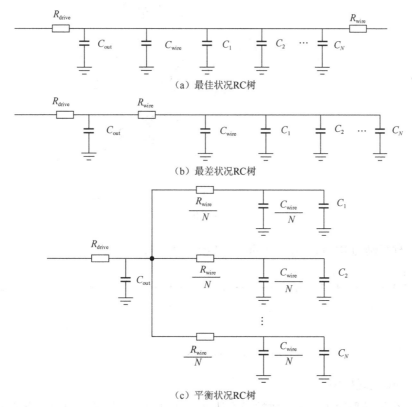

（a）最佳状况RC树

（b）最差状况RC树

（c）平衡状况RC树

图 6.23　三种类型的 RC 树

在图 6.23 中，R_{drive} 为驱动电阻负载；C_{out} 为输出电容负载；C_{wire} 为互连电容负载；R_{wire} 为互连电阻负载。

在最佳状况 RC 树中，假定负载引脚在物理上与驱动引脚相邻，因此到负载引脚的路径中都没有互连电阻，来自其他扇出引脚的所有互连电容和引脚电容就作为驱动引脚上的负载。

在最差状况 RC 树中，假定所有负载引脚都集中在互连线的另一端，因此每条到负载引脚的路径上都会有全部的互连电阻和电容。

在平衡状况 RC 树中，假定每个负载引脚都均衡位于互连线上，因此其路径上的总电阻和总电容都相等。

通常，考虑最差状况的慢速工艺角时，会选择最差状况 RC 树，此时的互连线延迟最大。类似地，考虑最佳状况的快速工艺角时，会选择最佳状况 RC 树，此时的互连线延迟近乎为零。

通常，RC 树应满足以下三个条件：单一的输入（源）节点、没有任何电阻回路、所有电容都在节点和地之间，如图 6.24 所示。

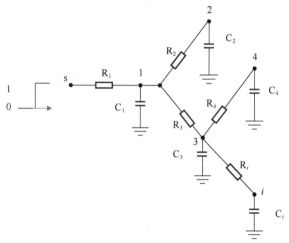

图 6.24 RC 树

其中一种特例为 RC 链（RC Chain），如图 6.25 所示。

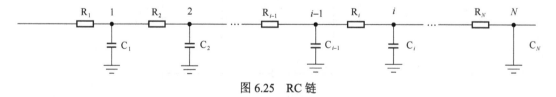

图 6.25 RC 链

③ Elmore 延迟模型。

Elmore 延迟模型适用于 RC 树的延迟计算，其原理是找到各个中间节点的延迟，然后取各延迟之和。

$$T_{d1} = C_1 \times R_1$$

$$T_{d2} = C_1 \times R_1 + C_2 \times (R_1 + R_2)$$

$$\vdots$$

$$T_{dN} = \sum_{i=1}^{N} \left(C_i \times \sum_{j=1}^{i} R_j \right)$$

基于 Elmore 延迟模型的简化计算如下所述。

互连线的寄生电阻与电容分别为 R_{wire} 和 C_{wire}，互连线远端的引脚电容根据负载电容 C_{load} 来建模。等效的 RC 网络可以简化为 π 模型或 T 模型，两种模型的互连线延迟均为 $R_{wire} \times (C_{wire}/2 + C_{load})$。

使用平衡状况 RC 树时，互连网络的电阻和电容在互连网络的各个分支之间平均分配（假设扇出为 N）。对于具有引脚负载 C_{pin} 的分支来说，平衡状况 RC 树的延迟为 $(R_{wire}/N) \times (C_{wire}/(2N) + C_{pin})$。

使用最差状况 RC 树时，互连网络的每个分支终点都考虑了互连网络的电阻和整体电容。此时的延迟为 $R_{wire} \times (C_{wire}/2 + C_{pins})$，$C_{pins}$ 是所有扇出的总引脚负载。

在图 6.26 中，如果使用最差状况 RC 树来计算互连网络 N1 的延迟，将得到

$$互连网络延迟 = R_{wire} \times (C_{wire}/2 + C_{pins})$$

$$= 0.4 \times (1.0/2 + 2.3) = 1.12$$

如果使用平衡状况 RC 树，得到互连网络 N1 的两个分支的延迟为

$$至 NOR2 输入引脚的延迟 = (0.4/2) \times (1.0/4 + 1.2)$$

$$= 0.29$$

$$至 BUF 输入引脚的延迟 = (0.4/2) \times (1.0/4 + 1.1)$$

$$= 0.27$$

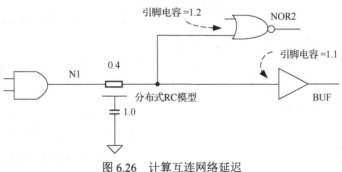

图 6.26 计算互连网络延迟

6.2 逻辑综合

逻辑综合是指根据系统逻辑功能和性能要求设定约束条件，基于芯片制造商提供的标

准库，在满足电路功能、速度及面积等条件下，使用综合工具将行为级描述转化为标准单元的连接，即门级网表。

逻辑综合前应进行代码语法检查和功能验证，逻辑综合后应进行形式验证和时序分析，然后递交至其他设计环节，如 DFT 和后端设计。

6.2.1 逻辑综合流程

数字电路的逻辑综合由三部分组成：转换（Translation）、优化（Optimization）和映射（Mapping）。以 Synopsys 公司的 DC（Design Compiler）工具为例，逻辑综合的流程如图 6.27 所示。

第一步是读取 RTL 代码，并转换成 GTECH 格式或 unmapped ddc 格式的网表。GTECH 库是 Synopsys 公司提供的通用的、与工艺无关的库，库中单元仅表示逻辑功能，没有时序和负载信息；unmapped ddc 是 DC 工具内部使用的一种二进制数据格式。在转换过程中，DC 工具会对 RTL 代码进行结构级优化。

第二步是根据电路的功能要求，对 GTECH 格式或 unmapped ddc 格式的网表施加时序、功耗和面积等各方面的约束，使其能达到设计目标。

第三步是根据所施加的时序和面积等约束，用编译命令按照一定的算法进行逻辑重组和优化，且映射到特定厂家的工艺库上。

第四步是产生各种设计报告供设计工程师分析评估。若不满足预期需求，可对约束或者 RTL 代码进行修改，直到满足设计需求为止。

第五步保存满足设计需求的门级网表。

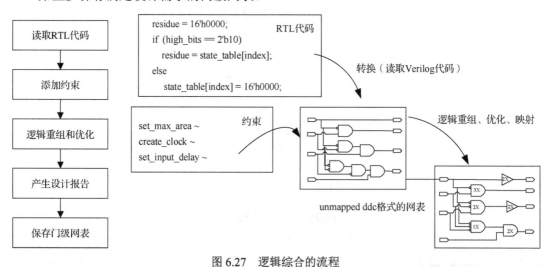

图 6.27 逻辑综合的流程

6.2.2 综合策略

目前使用最多的是自上而下和由底向上两种综合策略。

（1）自上而下的综合策略。

对于一些规模较小的设计，一般采用自上而下的综合策略。由于该策略仅需要对顶层进行约束，将整个设计作为整体来进行优化，因此可以得到较好的优化效果，但采用该策略时，代码的编译时间太长，一旦改变其中的某一个模块，就必须重新编译。

（2）由底向上的综合策略。

由底向上的综合策略是指先对各个单独的子模块进行逻辑综合和优化，然后将它们整合到上一层模块中进行逻辑综合，重复这一过程直至顶层模块。该策略便于管理各个模块，但需要很多脚本来维护逻辑综合后的设计。

逻辑综合受各种约束条件（如工作环境、时序、面积、功耗等）所驱动。逻辑综合的最终目标是产生满足约束条件的结果，满足时序约束（或称时序收敛）是逻辑综合最重要的目标。逻辑综合的好坏直接影响到芯片的性能、面积和功耗等方面。

6.2.3　综合优化

综合优化包含结构级优化（Architectural-Level Optimization）、逻辑级优化（Logic-Level Optimization）和门级优化（Gate-Level Optimization），如图 6.28 所示。

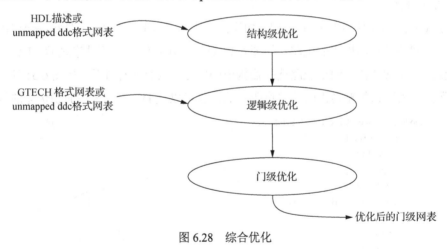

图 6.28　综合优化

（1）结构级优化。

结构级优化的内容如图 6.29 所示。

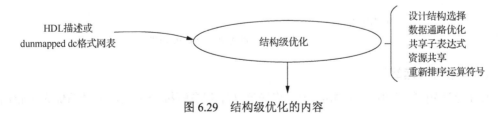

图 6.29　结构级优化的内容

① 设计结构选择。

在 DesignWare 库中选择最合适的结构或算法实现电路的功能。

② 数据通路优化。

选择多种算法优化数据通路的设计。

③ 共享子表达式。

当多个表达式/等式中有共同的子表达式时，可以进行共享。观察下列表达式：

$$SUM1<=A+B+C;$$
$$SUM2<=A+B+D;$$
$$SUM3<=A+B+E;$$

显然存在共同的子表达式 A+B，那么子表达式 A+B 可以被共享，原表达式可改为

$$Temp=A+B;$$
$$SUM1<=Temp+C;$$
$$SUM2<=Temp+D;$$
$$SUM3<=Temp+E;$$

这种方法可以使加法器的数量减少，共享共同的子表达式。

④ 资源共享。

对于图 6.30（a）所示的 RTL 代码，如果没有进行资源共享，DC 工具将综合出由两个加法器和一个双路选择器构成的电路，如图 6.30（b）所示；经过资源共享之后，DC 工具就会综合出仅由一个加法器和两个双路选择器构成的电路，从而节省资源，如图 6.31 所示。算术运算资源共享的默认策略是由时序约束驱动的，也可以使 DC 工具采用面积优化的策略。

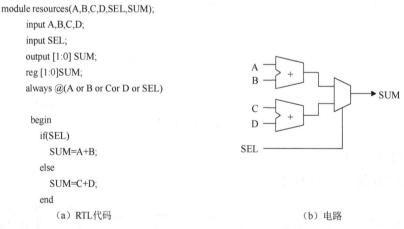

```
module resources(A,B,C,D,SEL,SUM);
    input A,B,C,D;
    input SEL;
    output [1:0] SUM;
    reg [1:0]SUM;
    always @(A or B or Cor D or SEL)

    begin
      if(SEL)
        SUM=A+B;
      else
        SUM=C+D;
    end
```

（a）RTL代码　　　　　　　　　　　（b）电路

图 6.30　没有经过资源共享的代码及电路

⑤ 重新排序运算符号。

RTL 代码中含有电路的拓扑结构。编译器从左到右解析表达式，括号的优先级较高，DC 工具中的 DesignWare 库即以此次序作为排序的开始。

对于表达式 SUM<= A*B+C*D+E+F+G，重新排序运算符号前的电路如图 6.32 所示。

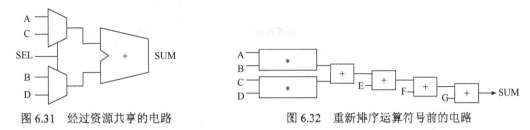

图 6.31　经过资源共享的电路　　　　图 6.32　重新排序运算符号前的电路

电路的总延迟等于 1 个乘法器的延迟加上 4 个加法器的延迟。为了使电路的延迟减小，可以改变表达式的次序或用括号强制电路采用不同的拓扑结构。例如，将上述表达式改写为 SUM <= E + F + G + C * D + A * B 或 SUM <=(A * B)+ ((C * D)+((E + F)+ G))，这时得到的电路如图 6.33 所示。

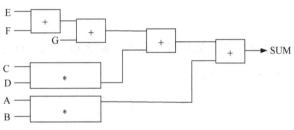

图 6.33　重新排序运算符号后的电路

电路的总延迟等于 1 个乘法器的延迟加上 2 个加法器的延迟，比原来的电路少了 2 个加法器的延迟。

（2）逻辑级优化。

逻辑级优化的内容如图 6.34 所示。

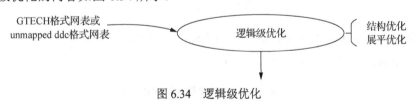

图 6.34　逻辑级优化

完成结构级优化后，逻辑功能以 GTECH 格式或 unmapped ddc 格式的网表来表示。在逻辑级优化的过程中，可以进行结构优化和展平优化。

① 结构优化。

结构优化是 DC 工具默认的逻辑级优化策略，其原理是寻找设计中的共用子表达式来减少逻辑。结构优化既可用于速度优化，又可用于面积优化。结构优化举例如图 6.35 所示。

需要指出的是，逻辑级优化中的共用子表达式与结构级优化中的共用子表达式是不同的，前者指门级电路的共用子表达式，后者指算术电路的共用子表达式。

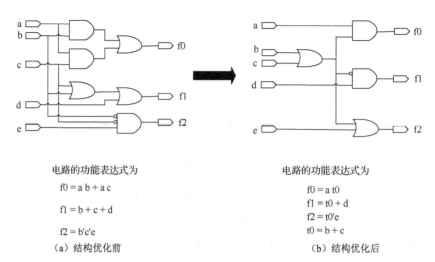

电路的功能表达式为

f0 = a b + a c

f1 = b + c + d

f2 = b'c'e

（a）结构优化前

电路的功能表达式为

f0 = a t0

f1 = t0 + d

f2 = t0'e

t0 = b + c

（b）结构优化后

图 6.35　结构优化举例

② 展平优化。

展平优化将组合逻辑路径减少为两级，变为乘积之和（Sum-Of-Products，SOP）的电路，即先与后或的电路，如图 6.36 所示。

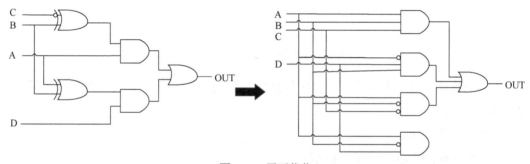

图 6.36　展平优化

展平优化主要用于速度优化，优化后的电路面积可能会很大。

结构优化和展平优化的比较如表 6.2 所示。

表 6.2　结构优化和展平优化的比较

项目	结构优化	展平优化
表达式	产生中间结构来完成设计	移去中间结构，将设计减少为乘积（之）和
约束	与约束有关	与约束无关
优化目标	既可用于面积优化，又可用于速度优化	主要用于速度优化，电路面积可能会很大
综合命令	set_structure true | false	set_flatten true | false

（3）门级优化。

门级优化时，综合工具开始映射组合逻辑功能和时序逻辑功能，进行设计规则修正，实现门级网表，如图 6.37 所示。门级优化过程包括延迟优化、DRC 和面积优化。

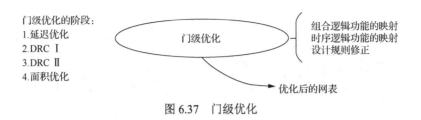

门级优化的阶段：
1. 延迟优化
2. DRC Ⅰ
3. DRC Ⅱ
4. 面积优化

图 6.37　门级优化

① 组合逻辑功能的映射。

DC 工具从目标库中选择组合逻辑单元构成设计，满足时间和面积要求，如图 6.38 所示。

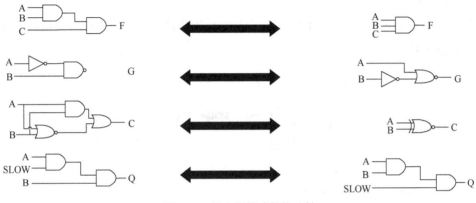

图 6.38　组合逻辑功能的映射

DC 工具会对每个逻辑表达式进行多个不同的变形，在优化时，从中选择一个满足要求的，如图 6.39 所示。

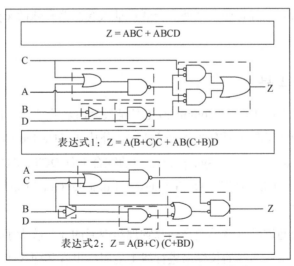

图 6.39　DC 工具对逻辑表达式进行优化

当一个器件的多个驱动中存在关键路径时，DC 工具会将其关键路径分割出来，采用面积换速度的方法来满足时序要求，如图 6.40 所示。

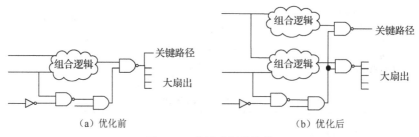

（a）优化前　　　　　　　　　　　　（b）优化后

图 6.40　关键路径的优化

② 时序逻辑功能的映射。

为了提高速度和减小面积，DC 工具会从目标库中选择比较复杂的时序逻辑单元构成设计，如图 6.41 所示。

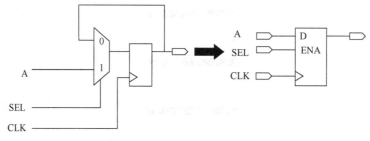

图 6.41　时序逻辑功能的映射

③ 设计规则修正。

工艺库中包含了厂商为每个单元制定的设计规则。映射过程中，DC 工具会检查电路是否满足设计规则的约束，若有违反之处，会通过插入缓冲器和修改单元的驱动能力来满足设计规则的要求。

6.2.4　常用综合工具

Synopsys 公司的 DC（Design Compiler）工具是最为出名的综合工具，此外还有 Cadence公司的 Genus 等。DC 工具主要有线负载模式和拓扑模式（Design Compiler Topographical Mode，DCT），在亚微米工艺下，Synopsys 公司的综合工具 DCT、DCG 已逐渐成为优化时序的一种选择。此外，DC、DCT、DCG（Design Compiler Graphical）都支持低功耗设计。

（1）线负载模式。

线负载模式是指通过线负载模型来估算物理实现后的线负载大小，即根据扇出来预估互连线的长度，再根据互连线的长度来进行线上电阻、电容和面积等参数预估，并估算互连线上的延迟。

在特征尺寸比较大的工艺下，门单元延迟占主要部分，线负载模型得到了很好的应用；在深亚微米工艺下，互连线的寄生参数对时序路径延迟的影响越发突出，此时线负载模型存在较大的局限性。图 6.42 中，线 1 和线 2 的扇出相同，但互连线的长度不同，导致绕线上的延迟和功耗差异很大，但是线负载模型给出的结果却是相同的。为此，精确性要求高的时序收敛不再采用线负载模型，为此，DC 工具推出了拓扑模式。

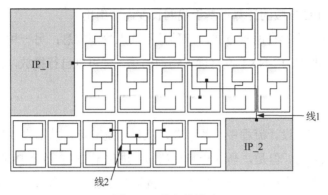

图 6.42　线负载模式

（2）拓扑模式。

在传统的逻辑综合流程中，逻辑综合与物理布局之后的时序存在不一致的情况。在 40nm 及更新工艺下，使用线负载模型估算 RC 网络延迟不够精确，物理布局之后的关键路径可能与逻辑综合阶段的关键路径不一样，并且自动布局布线无法进行足够的优化。所以，需要 physical-aware 的综合来减小逻辑综合与物理布局之间的鸿沟，以减少后端物理实现的迭代次数。

在拓扑模式下，DC 工具读入一些物理布局规划信息和物理约束信息，实现虚拟布局驱动的映射和优化；除逻辑综合外，还执行粗略布局（Coarse Placement），以估计单元之间的距离，计算实际电阻和电容，更精准地预估互连线延迟，从而优化 PPA（时序、功耗和面积），提高逻辑综合与物理实现之间的时序相关性。

（3）DCG。

相比 DCT，DCG 具有与走线层（Layer）和拥塞相关的设置，使用虚拟全局布线技术，可在逻辑综合期间预测布线拥塞，如图 6.43 所示。

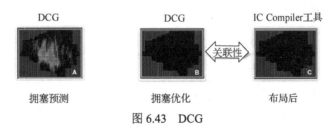

图 6.43　DCG

使用 DCG 对多模多角（MMMC）的设计进行优化时，允许设计人员识别和修复设计问题，以减少布线拥塞；提高与物理实现工具在 PPA 上的相关性，优化物理实现的运行时间，消除逻辑综合与物理实现之间代价高昂的迭代。

（4）DC-NXT。

DC-NXT（Design Compiler NXT）是 Synopsys 公司推出的新一代综合工具，采用快速、

高效的优化引擎，以及不以牺牲逻辑综合品质为前提的全新分布式综合技术。DC-NXT 基于虚拟布线（Virtual Routing），使用曼哈顿距离（Manhattan Distance）来估计两个引脚（Pin）之间的线网长度，RC 参数的计算也基于线网长度而非扇出。

DC-NXT 在使用中存在两种方式：一种是不读入物理信息；另一种是读入物理信息，类似于 DC/DCG。即便 DC-NXT 没有读入物理信息，仍可以自行摆放，并根据摆放位置和线长来计算延迟。

（5）FC。

在最初的数字芯片设计流程中，数字芯片从设计到验证，从前端到后端的每一步都是层次分明且互相独立的。但是，当综合工具从 DC 进化至 DCT 乃至 DCG 后，需要利用后端的一些信息（如内核大小、宏位置和端口位置等）来提高逻辑综合品质。

FC（Fusion Compiler）是 Synopsys 公司开发的新一代设计工具，能完成综合、DFT 和布局布线，即输入 RTL 代码，输出 GDSII 文件，故又称为 RTL2GDS 工具。该工具采用融合技术，使之前某些独立的设计步骤不再完全独立，与前面或者后面的步骤产生联系，从而获得比独立设计更好的结果和关联性，大大提升了芯片的逻辑综合品质，缩短了设计周期。

6.3 设计约束

设计约束是电路设计规范的一种表达形式，在逻辑综合或者物理综合期间施加于设计。

设计约束包括设计环境约束、设计规则约束和设计优化约束。设计环境约束是宏观和整体的约束，一方面是设置综合工具的工作环境，另一方面是为了保证电路的每一条时序路径延迟的计算精确性。设计规则约束由工艺库决定，只有满足设计规则才能确保电路正常工作。设计优化约束定义了综合工具需要达到的时序和面积优化目标。图 6.44 所示为设计约束类型。

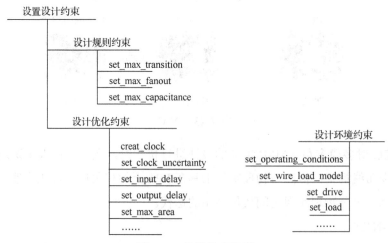

图 6.44 设计约束类型

6.3.1　设计环境约束

设计环境约束包括操作每件（如工艺、温度、电压等）、I/O 端口属性（电容负载、驱动强度、扇出负载）、统计模型，如图 6.45 所示。

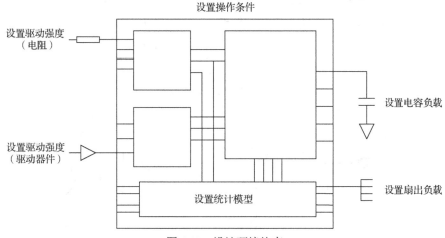

图 6.45　设计环境约束

（1）设置操作条件。

芯片的操作条件包括三方面：工艺、电压和温度，简称 PVT。

代工厂提供了工艺库，其中各个单元的延迟是在一个标准条件下标定的，比如工艺参数 1.0、温度 25℃、电压 0.8V。工艺库中包含了各种操作条件，如慢速（Slow）、快速（Fast）、典型（Typical）的操作条件分别对应于芯片工作的最差状况（Worst Case）、最好状况（Best Case）和典型状况（Typical Case）。

如果电路工作在非标准电压或温度下，则需要设置操作条件。逻辑综合时，原来按标准条件计算出的门单元延迟和互连线延迟将按操作条件进行适当比例的调整，图 6.46 所示为在传统制造工艺下，延迟与操作条件的关系。

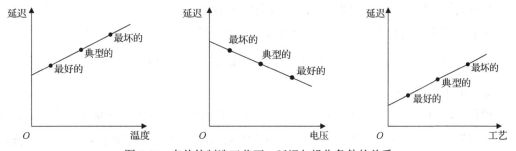

图 6.46　在传统制造工艺下，延迟与操作条件的关系

门单元延迟与输入转换时间、输出负载电容都有关，如图 6.47 所示。

（2）设置驱动强度。

在图 6.48 中，若输入信号的驱动能力越强，转换越快，即输入转换时间越短，则受驱动单元的延迟就越小；反之，若输入信号的驱动能力越弱，转换越慢，则受驱动单元的延迟越大。

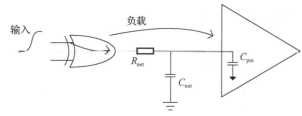

图 6.47　门单元延迟

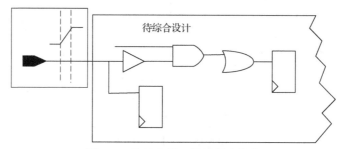

图 6.48　为输入端口设置驱动能力

综合和时序分析工具（如 DC 工具等）默认所有输入端口具有无限的驱动能力，即其输入转换时间为零，这显然过于理想。因此，需要为所有输入端口设置合理的驱动能力，才能精确获得输入端口处电路的时序。具体实现时可以选用标准单元库中的单元作为驱动器件，也可以直接指定输入端口的电阻或者输入转换时间。下面以 DC 工具的命令为例进行介绍。

① set_driving_cell 命令。

使用 set_driving_cell 命令直接指定驱动器件是首选方法。对模块级设计而言，当前模块的输入来自外部电路的输出，可以参考此输出指定驱动强度，EDA 工具会从指定的库中查找得出更加真实的输入转换时间来替代零输入转换时间。

例如，假定模块的所有输入受单元 DFF1 驱动，可以使用以下 SDC 命令。

```
> set_driving_cell -lib_cell DFF1 -pin Q [all_inputs]
```

② set_drive 命令。

对芯片级设计（顶层设计）而言，驱动 I/O 单元的外部器件需要具备较强的驱动能力，很难找到等效的标准单元库单元。因此一般使用 set_drive 命令来直接定义输入端口的输入电阻，EDA 工具会据此来计算被驱动电路的延迟。

例如，为设计的输入端口 A、B 和 C 指定输入电阻 1.0 kΩ（单位一般是 kΩ，与库中定义有关），可以使用以下 SDC 命令。

```
> set_drive 1.0 {A B C}
```

③ set_input_transition 命令。

输入转换时间对被驱动器件的延迟有直接影响。当同时考虑大驱动和大电容因素时，在顶层可以使用 set_input_transition 命令来直接设定输入端口的输入转换时间。输入转换时间可细分为上升转换时间和下降转换时间。

例如，为芯片级输入端口 A 指定 0.1ns 的上升转换时间和下降转换时间，可以使用以下 SDC 命令：

```
> set_input_transition 0.1 [get_ports A]
```

（3）设置电容负载。

对于输出端口，为了精确地计算输出电路的延迟，EDA 工具需要知道输出端口所驱动的总负载。输出端口的电容负载如图 6.49 所示。

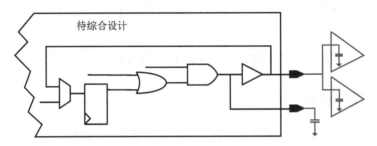

图 6.49　输出端口的电容负载

默认情况下，EDA 工具假设输出端口的电容负载为 0。

① set_load 命令。

可以通过 set_load 命令直接定义电容负载，如图 6.50 所示，对应的 SDC 命令如下。

```
> set_load 5 [get_ports OUT1]
```

② load_of 命令。

也可以通过 load_of 命令来指定外部被驱动器件的输入引脚负载作为电容负载，如图 6.51 所示对应的 SDC 命令如下。

图 6.50　直接定义电容负载　　　图 6.51　指定外部被驱动器件的输入引脚负载作为电容负载

```
> set_load [load_of AN2/A] [get_ports OUT1]
```

当模块外部的驱动能力和负载未知时，需要为 I/O 端口设置适当的环境约束。为保险起见，通常假设输入端口的驱动能力弱，输入端口的输入电容有限，输出端口的扇出有限。

对于图 6.52 所示的电路图，要求模块输入端口驱动的负载不大于 10 个二输入与门的输入引脚负载，模块输出端口最多允许连接 3 个模块，对应的约束可设置如下。

```
> set_driving_cell -lib_cell inv  [get_ports all_clk_inputs]
> set  MAX_INPUT_LOAD  [expr [load_of AN2/A] *10]
> set_load [expr $ MAX_INPUT_LOAD *3] [all_outputs]
```

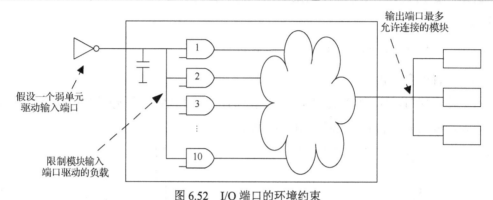

图 6.52　I/O 端口的环境约束

6.3.2　设计规则约束

设计规则一般由半导体厂商提供，以强制限制工艺库中的逻辑单元的相互连接。设计规则约束主要有以下 3 种。

① 最大电容负载（max_capacitance）：约束一个标准单元所能驱动的最大电容负载。

② 最大转换时间（max_transition）：约束一个标准单元所被允许的最大转换时间，其也可以被施加到某一个线网中。

③ 最大扇出（max_fanout）：约束一个标准单元所能驱动的标准单元的最大数量。

如果设计中一个逻辑单元的电容负载大于工艺库中给定的最大电容负载，制造厂商将不能保证该单元正常工作。因此，必须遵守设计规则约束，甚至制定更严格的设计规则约束。综合工具通常通过添加缓冲器和改变门单元的驱动能力来满足设计规则的要求。

综合时，设计规则的优先级设置为最高，其次序为最大电容负载、最大转换时间、最大扇出。

6.3.3　时序约束

时序约束是用户指定的，与芯片设计的频率、面积和功耗有关。最基本的时序约束如下。

① 系统时钟定义。

② 寄存器间的时序路径：单周期路径、多周期路径、虚假路径。

③ 输入和输出延迟。

④ 最小和最大路径延迟。

1．系统时钟定义

系统时钟由芯片外部提供或在芯片内部生成。综合工具认为时钟网络是理想的，即具有固定延迟和零时钟偏斜，物理设计工具将根据系统时钟定义进行时钟树综合，以满足时钟网络的约束。

对于模块来说，可能存在多个时钟输入，如寄存器总线时钟和数据总线时钟等，在定义时钟之间的关系时，存在不同的情形。

如果两时钟在模块内部为异步时钟，如图 6.53 所示，那么通常在输入端口处将其定义成异步时钟即可，命令如下。

```
>set_clock_groups -asynchronous -group {clk_in1} -group {clk_in2}
```

不过，如果内部异步的两时钟来自顶层的同一时钟源，如图 6.54 所示，则可以在输入端口内部添加缓冲器后再将其重新定义为异步关系，对应的 SDC 命令如下。

```
> set_clock_groups -asynchronous    \
   -group {GEN_clk1}  -group {GEN_clk2}
```

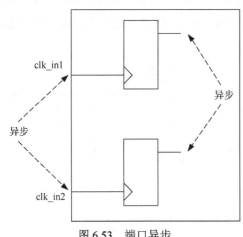

图 6.53　端口异步

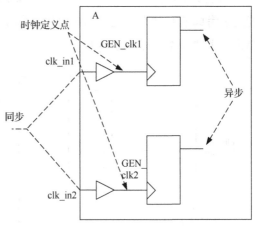

图 6.54　端口同步，内部异步

如果两时钟在模块内部为同步时钟，如图 6.55 所示，那么就要求在输入端口处将其定义成同步时钟。

假定同一时钟源信号通过不同路径到达模块的输入端口，并且非公共路径较长，那么彼此之间会出现一定的时钟偏斜。此时，在模块内部添加异步转换桥，如图 6.56 所示，就可以在输入端口处将其定义为异步时钟，以方便顶层的时钟树生长及时序收敛。

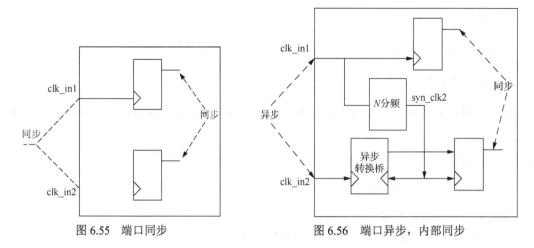

图 6.55　端口同步　　　　　　　图 6.56　端口异步，内部同步

当模块工作在不同模式时，同一端口上可以定义多个物理互斥的不同时钟，如图 6.57 所示，对应的 SDC 命令如下。

```
>create_clock -name clk_in1 [get_ports clk_in] -period $period1
>create_clock -name clk_in2 [get_ports clk_in] -period $period2  - add
>set_clock_groups -physically_exclusive \
   -group {clk_in1} -group {clk_in2}
```

当模块工作在不同频率时，同一端口上的时钟来自多个不同频率的时钟，时序收敛可能需要考虑所有频率。但是如果时序收敛仅考虑主要频率，就可在端口内部添加缓冲器后再定义主要频率，如图 6.58 所示。

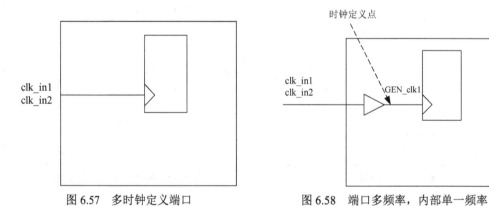

图 6.57　多时钟定义端口　　　　　　　图 6.58　端口多频率，内部单一频率

如果使用 DC 工具，总延迟包括门单元延迟和互连线延迟两部分。使用零线负载模型（Zero-WLM）时，互连线延迟假定为零。考虑到实际存在互连线延迟，时序裕量（Timing Margin）可设置为时钟周期的 35%，这意味着设计时钟频率提高了约 1.54 倍。

如果使用 DCT 工具，互连线延迟将根据布局信息预先估算，但 DFT 扫描链尚未连接，并且标准单元的位置后续仍然可能有调整，考虑到上述两个因素，时序裕量可设置为时钟周期的 10%，这意味着设计时钟频率提高了约 1.11 倍。

如果使用 DCG 工具，互连线延迟将根据布局图和拥塞信息预先估算，仅需考虑 DFT 扫描链的影响，因此可将时钟频率设置为全速。

2．寄存器间的时序路径

对于寄存器间的时序路径，综合工具默认为单周期路径。但实际设计中，可能存在多周期路径和虚假路径，如图 6.59 所示。

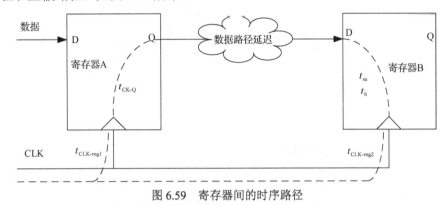

图 6.59　寄存器间的时序路径

（1）多周期路径。

多周期路径一般有以下几种：从快时钟域到慢时钟域的多周期路径、从慢时钟域到快时钟域的多周期路径、深度逻辑的多周期路径，以及长距离路径导致的多周期路径等。

① 从快时钟域到慢时钟域的多周期路径。

数据在快时钟域生成，在慢时钟域被捕获。通常数据在发送方时钟的多个时钟周期内才产生一次，如图 6.60 所示。对应的 SDC 命令如下。

```
> set_multicycle_path -setup 4 -from clk_in1 -to clk_in2 -start
> set_multicycle_path -hold  3 -from clk_in1 -to clk_in2 -start
```

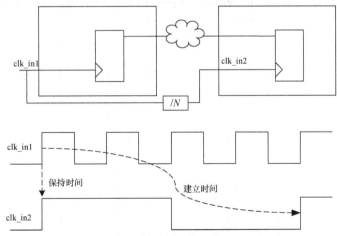

图 6.60　从快时钟域到慢时钟域的多周期路径

② 从慢时钟域到快时钟域的多周期路径。

数据在慢时钟域生成，在快时钟域被捕获。通常可以间隔多个快时钟周期接收一次源信号，如图 6.61 所示。对应的 SDC 命令如下。

```
> set_multicycle_path -setup 4 -from clk_in1 -to clk_in2 -end
> set_multicycle_path -hold  3 -from clk_in1 -to clk_in2 -end
```

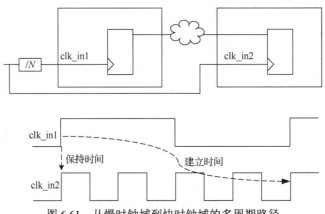

图 6.61　从慢时钟域到快时钟域的多周期路径

③ 深度逻辑的多周期路径。

门电路的运算比较复杂，需要多个时钟周期才能完成。图 6.62 中，如果加法器的延迟大于一个时钟周期，则为多周期路径。

在图 6.62 中，假设时钟周期为 10ns，加法器这条路径上的延迟为 50～60ns，让 FF5 等待 5 个时钟周期再读数据（第 1～5 个时钟周期等待，第 6 个时钟周期获取数据，如此循环），对应的 SDC 命令如下。

```
> set_multicycle_path 6 -setup -from FF2/Q -to FF5/D
> set_multicycle_path 6 -setup -from FF3/Q -to FF5/D
```

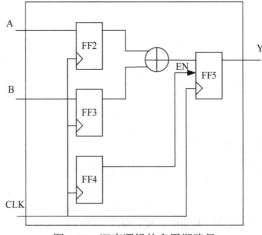

图 6.62　深度逻辑的多周期路径

上述约束只保证了综合工具能够综合出正确工作的多时钟周期的加法器。但是此加法器电路经过延迟得到结果后，后面采样的正确性却有赖于逻辑设计保证。

在高性能外设总线中，数据读/写访问发生在单个时钟周期内。如果某些外设不需要像系统一样运行，则可以向外设总线控制器插入等待状态，将每个数据读/写访问当作多时钟周期访问。

④ 长距离路径导致的多周期路径。

有些路径很长，数据需要一个时钟周期以上的传输时间才能到达。

⑤ 虚假路径的多周期处理。

虽然有些虚假路径根本没有任何时序限制， 但可以假定其为具有上限的多周期路径，如图 6.63 所示。

（2）虚假路径。

虚假路径是指设计中不需要进行时序优化和分析的路径。虚假路径一般有以下几种：跨时钟域路径、静态虚假路径、伪异步路径、架构性虚假路径、不同模式导致的虚假路径、互斥时钟导致的虚假路径、协议导致的虚假路径、引脚环路导致的虚假路径、引脚复用导致的虚假路径、虚假复位时序弧导致的虚假路径。

① 跨时钟域路径。

如果源寄存器的时钟域与目的寄存器的时钟域异步，则认为该路径为跨时钟域路径，如图 6.64 所示，对应的 SDC 命令如下。

```
> set_false_path  -from [get_clocks CLK1] -to [get_clocks CLK2]
> set_false_path  -from [get_clocks CLK2] -to [get_clocks CLK1]
```

② 静态虚假路径。

常见的操作模式是寄存器配置完成后，相应逻辑才开始工作。此时，与配置寄存器有关的一些路径可以设置为虚假路径。

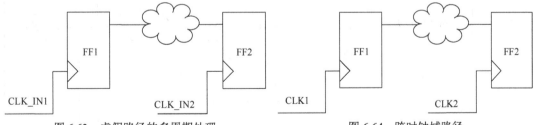

图 6.63　虚假路径的多周期处理　　　　图 6.64　跨时钟域路径

图 6.65 中，在进行数据传输前应该先配置寄存器。当数据传输开始时，有效的时序路径将是移位寄存器→组合逻辑 3→I/O 缓冲区→Pad。始于配置 1/2/3，终于 Pad 的时序路径为虚假路径，被直接忽略。但是，需要仔细审查才能判定和排除此类时序路径。

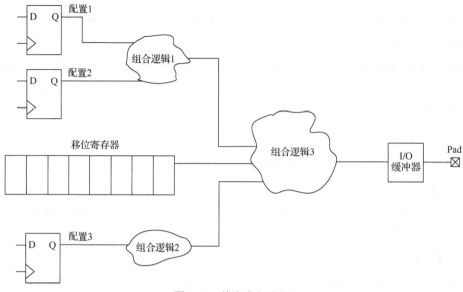

图 6.65 静态虚假路径

③ 伪异步路径。

当源寄存器和目的寄存器由同一时钟或时钟源驱动，但满足时序规范极困难甚至不可能时，可以忽略其严格的时序要求。

在图 6.66 中，PLL 用于生成 sys_clk 和其他片上/片外时钟信号，由于时钟路径中存在分频器、功能和测试时钟多路复用器等，因此 PLL 输出时钟和系统时钟之间存在一段较长的非公共路径。两时钟所驱动的电路之间的通信路径理论上为同步时序路径，但综合工具对其进行时序优化和收敛时相当困难，常常会当作异步路径处理。图 6.66 中的同步器阻止了亚稳态传播到整个系统，因此只需将寄存器 D1 到寄存器 Sync0 的路径视为虚假路径即可。

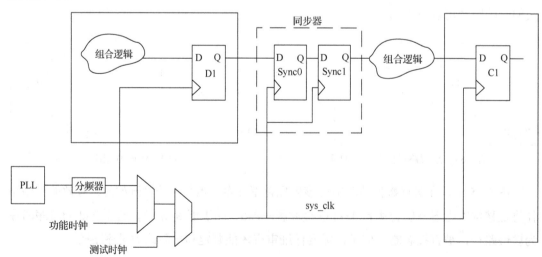

图 6.66 伪异步路径

④ 架构性虚假路径。

源寄存器和目的寄存器都运行在相同的时钟域中，但拓扑结构中的时序路径在逻辑上并不存在，即源寄存器的变化不会对目的寄存器产生任何影响。这种物理上存在连接关系，但是逻辑上不存在的路径称为逻辑伪路径。图 6.67 中，从 b 到 e 是没有数据流通的，即该逻辑通路并不存在。为避免综合和时序分析工具对此路径进行优化和分析，需要将其设置为虚假路径，对应的 SDC 命令如下。

```
> set_false_path -from b -to e
```

⑤ 不同模式导致的虚假路径。

在图 6.68 中，FF1 到 FF2 的路径是功能路径，FF1 到 FF3 的路径仅是扫描路径，在正常操作时为虚假路径，对应的 SDC 命令如下。

```
> create_clock -name FuncClk -period 10 [get_ports clk1]
> create_clock -name TestClk -period 40 [get_ports clk1]
> set_false_path -from FuncClk -to *_reg/SI
```

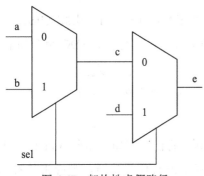

图 6.67　架构性虚假路径

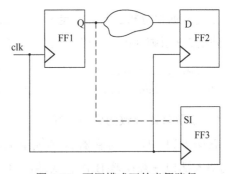

图 6.68　不同模式下的虚假路径

⑥ 互斥时钟导致的虚假路径。

在图 6.69 中，触发器 FF1 和 FF2 都可以获得 clk1 或 clk2 时钟，但是不可能出现 FF1 工作于一个时钟，FF2 工作于另一个时钟的情况。

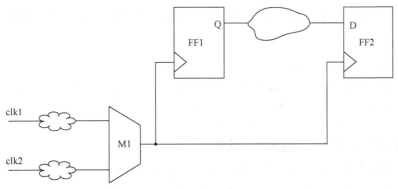

图 6.69　互斥时钟导致的虚假路径

⑦ 协议导致的虚假路径。

任何外设都可以向主机发送数据或从主机接收数据，但是彼此之间不能直接相互交换数据，即不存在真实的时序路径，如图 6.70 所示。

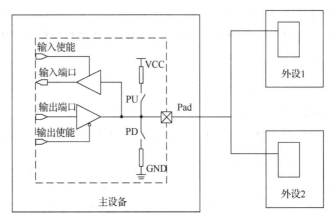

图 6.70　协议导致的虚假路径

综合和时序分析工具会假定两个外设之间存在时序路径（外设 1→引脚（Pad）→外设 2 和外设 2→引脚（Pad）→外设 1），需要排除此类虚假路径，对应的 SDC 命令如下。

```
> set_false_path  -from {Peripheral1}  -to {Peripheral2}
> set_false_path  -from {Peripheral2}  -to {Peripheral1}
```

⑧ 引脚环路导致的虚假路径。

在图 6.71 中，若寄存器 A 的输出端口→I/O 单元的输出端口→引脚（Pad）→I/O 单元的输入端口→寄存器 B 的输入端口这一物理路径上没有任何功能，则应将其看作虚假路径。

⑨ 引脚复用导致的虚假路径。

在不同的操作模式下，引脚将用于不同的目的。常见的情形是在功能模式下，某个引脚用于某些功能数据传输，而在扫描模式下，同一引脚用于扫描数据传输。即使是同一引脚，不同操作模式下的路径之间也并无逻辑关联，应设为虚假路径（见图 6.72），对应的 SDC 命令如下。

```
> set_output_delay <value> -clock clk1 [get_ports out]
> set_output_delay <value> -clock clk2 [get_ports out]  -add_delay
> set_false_path  -from clk1  -to clk2
> set_false_path  -from clk2  -to clk1
```

⑩ 虚假的复位时序弧导致的虚假路径。

如果系统复位释放期间不存在时钟，那么寄存器异步复位恢复路径可以被视为虚假路径，不需要考虑可能出现的亚稳态，如图 6.73 所示。

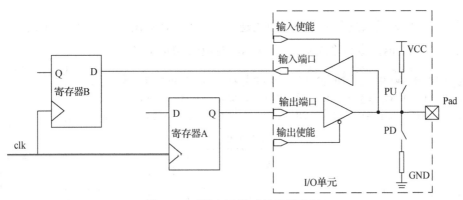

图 6.71　引脚环路导致的虚假路径

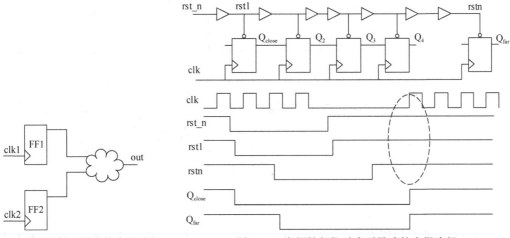

图 6.72　引脚复用导致的虚假路径　　　图 6.73　虚假的复位时序弧导致的虚假路径

3．输入和输出延迟

输入和输出延迟用于约束芯片设计的边界路径。

（1）输入延迟。

图 6.74 所示为输入延迟的电路模型。

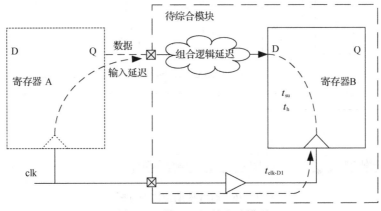

图 6.74　输入延迟的电路模型

理论上，如果已知组合逻辑延迟和线延迟，则可以计算出输入延迟。在图 6.75 中，最大输入延迟为 6.2ns，最小输入延迟为 3.0ns，对应的 SDC 命令如下。

```
> create_clock -name clk -period 10  [get_ports clk]
>set_input_delay -max 6.2 -clock clk  [get_ports data]
>set_input_delay  min 3.0  clock clk  [get_ports data]
```

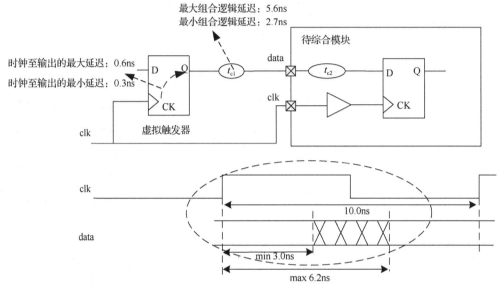

图 6.75　输入延迟的计算

可以将一个时钟周期按比例分配到外部发送端（30%）、内部接收端（30%）和相互间的互连线（40%），如图 6.76 所示。此法广泛应用于模块级综合。

① 系统同步输入情形。

在图 6.77 中，源时钟是 clka，目的时钟是 clkb。其中，clka 引入芯片外部器件，clkb 通过时钟输入端口引入芯片内部。

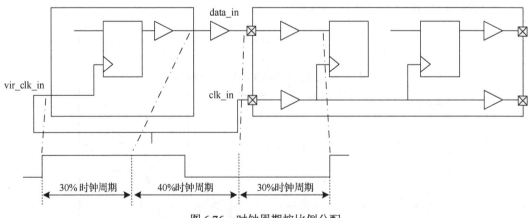

图 6.76　时钟周期按比例分配

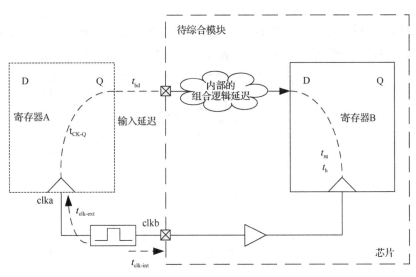

图 6.77　系统同步输入情形

在图 6.77 中，t_{clk_ext} 表示外部时钟源到外部器件的延迟；t_{clk_int} 表示外部时钟源到芯片时钟输入端口的延迟；t_{CK_Q} 表示外部器件时钟端口到输出端口的延迟；t_{bd} 表示外部器件输出端口到芯片的延迟。每个时间参数都有最大值和最小值，构成了最大和最小输入延迟。

系统同步输入延迟约束存在不同情形。当 SDR 输入时，约束只需针对时钟的上升沿或下降沿进行；当 DDR 输入时，约束需要针对时钟的上升沿和下降沿进行。使用双沿时钟时，时钟的非对称占空比可能导致建立时间和保持时间违例，并且很难确定关键信号的路径。

② 源同步输入情形。

在图 6.78 中，外部器件产生时钟和数据，在发送端将数据和时钟同步传输，在接收端利用时钟边沿锁存数据。

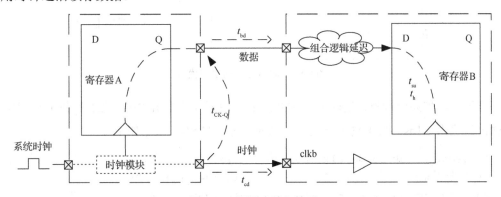

图 6.78　源同步输入情形

源同步输入延迟约束比较复杂，除 SDR、DDR 外，还要考虑时钟与数据边缘对齐或者中心对齐的情形。

对于数据与时钟中心对齐的情形，可以直接使用时钟采样数据；对于数据与时钟边缘对齐的情形，时钟需要经过一定的移相才能用于采样数据，如图 6.79 所示。

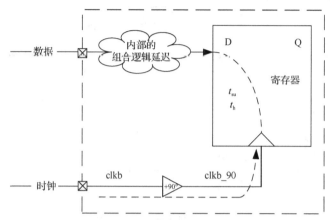

图 6.79   边缘对齐时，时钟经过移相后用于采样数据

源同步接口常用于高速数据传输，如 DDR SDRAM 等。

（2）输出延迟。

图 6.80 所示为输出延迟的电路模型。

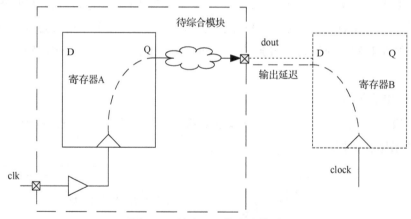

图 6.80   输出延迟的电路模型

理论上，如果已知外部逻辑延迟和线延迟，则可以计算出输出延迟。在图 6.81 中，最大输出延迟为 3.1ns，最小输出延迟为 1.45ns，对应的 SDC 命令如下。

```
> create_clock -name clk -period 5  [get_ports clk]
>set_output_delay -max 3.1  -clock clk [get_ports RDY]
>set_output_delay -min 1.45 -clock clk [get_ports RDY]
```

可以将一个时钟周期按比例分配到内部发送端（30%）、外部接收端（30%）和相互间的互连线（40%），如图 6.82 所示。此法广泛应用于模块级综合。

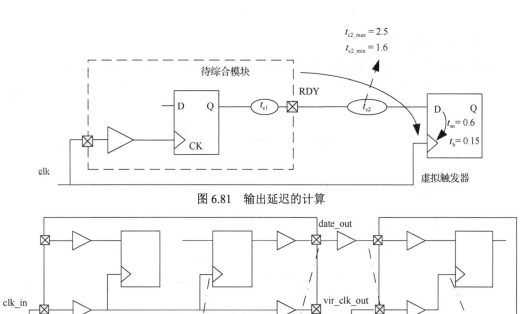

图 6.81　输出延迟的计算

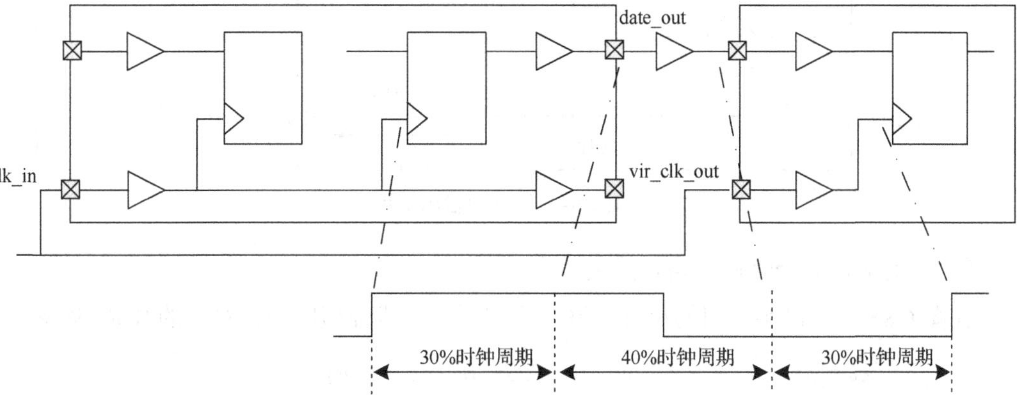

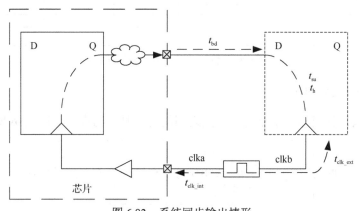

图 6.82　时钟周期按比例分配

① 系统同步输出情形。

在图 6.83 中，源时钟是 clka，通过输入端口引入到芯片内部；目的时钟是 clkb，引入外部器件。

在图 6.83 中，t_{clk_ext} 表示外部时钟源到外部器件的延迟；t_{clk_int} 表示外部时钟源到芯片输入端口的延迟；t_{su} 表示外部器件的建立时间；t_h 表示外部器件的保持时间；t_{bd} 表示芯片输出端口到外部器件的延迟。

图 6.83　系统同步输出情形

② 源同步输出情形。

在图 6.84 中，芯片输出到外部器件的除数据外，还有芯片内部产生的时钟。

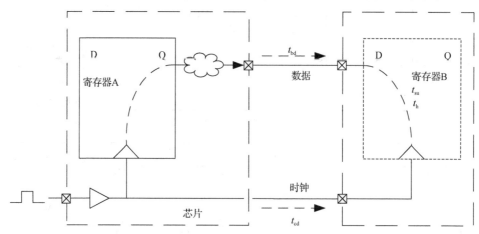

图 6.84　源同步输出情形

③ 输出端口的跨时钟域路径约束。

在图 6.85 中，模块之间的跨时钟域路径需要约束成虚假路径，对应的 SDC 命令如下。

```
> create_clock -period 20 [get_ports CLKA]
> create_clock -period 10 [get_ports CLKB]
> set_false_path -from [get_clocks CLKA] -to [get_clocks CLKB]
> set_false_path -from [get_clocks CLKB] -to [get_clocks CLKA]
```

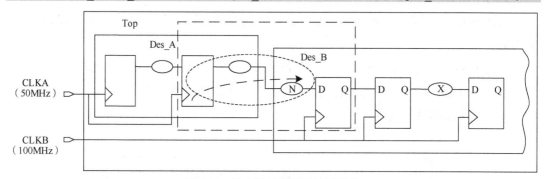

图 6.85　输出端口的跨时钟域路径

4．最小和最大路径延迟

最小和最大路径延迟用于指定点与点之间的特定时序约束，如图 6.86 所示。

图 6.86　最小和最大路径延迟

6.3.4　面积约束

面积约束用于限制综合后的芯片设计面积。通常情况下，面积的计量单位可以是平方微米、等效二输入与非门数量或晶体管数量，具体情况可咨询半导体厂商。通常一个芯片的等效二输入与非门数量等于芯片总面积除以单个二输入与非门面积。

6.3.5　芯片级时序约束指南

芯片级时序约束包括工作模式下的约束和测试模式下的约束。其中，工作模式又分为功能模式和 DFT 模式，可以分别约束或合并约束。一种常见的芯片顶层时钟结构如图 6.87 所示。

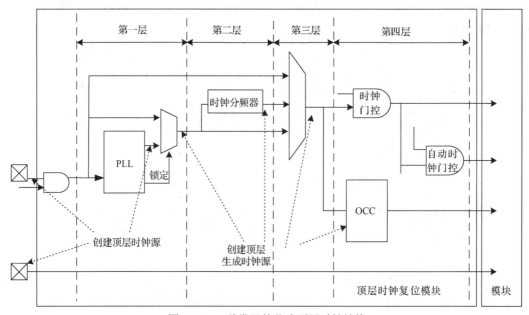

图 6.87　一种常见的芯片顶层时钟结构

创建顶层时钟源时，主要考虑芯片端口时钟、顶层 PLL 输出时钟和顶层时钟发生器输出时钟。

创建顶层生成时钟源时，主要考虑第一层的时钟多路选择器、第二层的时钟分频器、第三层的时钟多路选择器、第四层的片上时钟（On-Chip Clock，OCC）。

① 时钟组设置。

整个芯片顶层的时钟可设置为多个时钟组。第一级时钟组包括 PLL、芯片端口时钟、PLL 多路选择器；第二级时钟组包括时钟分频器、时钟多路选择器；专用时钟组包括 DFT 测试时钟、OCC 控制器等。

② 模块自测时钟。

有些模块在功能或时序等自测中需要特定的测试时钟，其信息将提交给后端设计工程师进行时钟树生长，并在自测模式下进行静态时序分析。

（1）时钟多路选择器。

多路时钟通过时钟多路选择器输出到对应的电路，如图 6.88 所示。

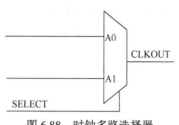

图 6.88　时钟多路选择器

如果定义了某一个输入时钟，无论是否设置了对应的选择引脚，该时钟都会通过时钟多路选择器。如果定义了两个输入时钟，但没有设置对应的选择引脚，则两个时钟都将通过时钟多路选择器。

时钟多路选择器输出（CLKOUT）连接到内部电路时钟，如果不配置时钟多路选择器，综合工具和时序分析工具会默认选择各种可能的时钟组合进行建立时间和保持时间分析，如图 6.89 所示。

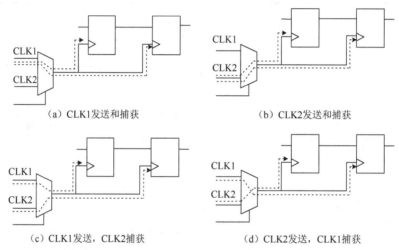

图 6.89　综合工具和时序分析工具默认的时序路径

实际上，图 6.89 中真正可能存在的时序路径只有图 6.89（a）和图 6.89（b）两种情形。如果不考虑串扰影响，这两个时钟称为物理互斥时钟（Physically Exclusive Clock），如图 6.90 所示，对应的 SDC 命令如下。

```
> set_clock_groups -physically_exclusive -group {CLK1} -group {CLK2}
```

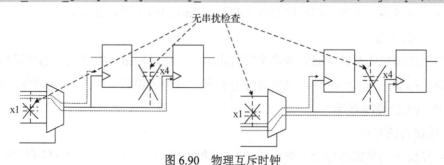

图 6.90　物理互斥时钟

如果考虑串扰影响，这两个时钟称为逻辑互斥时钟（Logically Exclusive Clock），如图 6.91 所示，对应的 SDC 命令如下。

```
> set_clock_groups -logically_exclusive -group {CLK1} -group {CLK2}
```

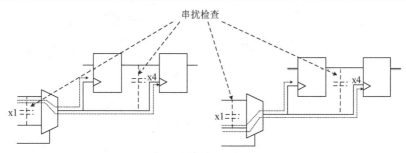

图 6.91　逻辑互斥时钟

如果设计者清楚在不同模式下的工作时钟，可以直接指定进行约束和分析的时钟，如可以使用模式分析特征进行约束，对应的 SDC 命令如下。

```
> set_case_analysis  0 [get_ports  SELECT]
```

综合时通常在时钟多路选择器后定义一个签核时钟的生成时钟。对于静态时序分析，存在多种情形。如果时钟多路选择器后的时钟需要非常高的质量，那么需要创建对应于所有参考输入时钟的生成时钟或者创建对应于最高或次高输入频率时钟的生成时钟。一般情况下，可创建对应于单一参考输入时钟的生成时钟，但在不同时钟的周期差较小时仍需要定义多个时钟频率。当用于驱动时钟输出时，需要在引脚上也创建生成时钟。生成时钟通常被设置为物理互斥时钟。

（2）分频器时序约束。

时钟会自动穿过逻辑单元，停止在时序元件的时钟端，综合工具并不确定寄存器的输出端是时钟信号还是非时钟信号，所以需要对寄存器产生的分频时钟再定义生成时钟。如果将此生成时钟与源时钟定义为异步，那么分频器本身路径即为异步路径，不会进行时序检查。通常在分频器的输出端添加一个单元（缓冲器或其他），在其输出端再定义生成时钟，从而保证分频器自身的时序完整，如图 6.92 所示，对应的 SDC 命令如下。

```
> create_generated_clock -name  CLK2 -source [get_pins CLK1] \
                                    -divide_by 2 [get_pins  BUF/OUT]
```

（3）时钟重聚。

时钟重聚（Clock Reconvergency）是指同一个时钟经过不同路径后在时钟多路选择器上重新汇聚，如图 6.93 所示。虽然这些路径不能同时处于活动状态，但时序分析时仍会选择较长和较短路径进行建立时间和保持时间的时序检查。有两种方法可用于处理时钟重聚：一种方法是在时钟多路选择器上设置不同模式选择，每个模式只分析一条路径，利用多模式多工艺角方法（MMMC）可以同时进行多模式分析；另一种方法是分别定义生成时钟，分析某条路径时，将其他路径设为虚假路径。

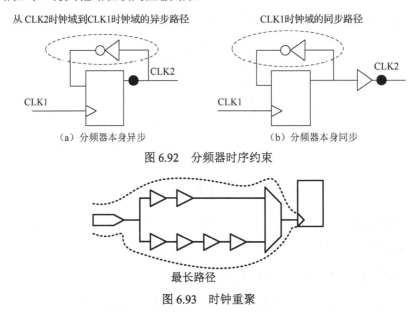

（a）分频器本身异步　　　　　　　　（b）分频器本身同步

图 6.92　分频器时序约束

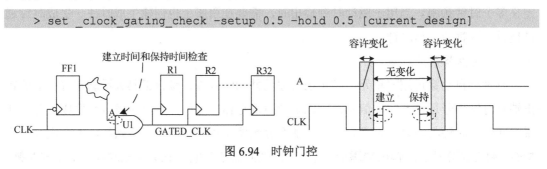

最长路径

图 6.93　时钟重聚

（4）时钟门控。

如果在代码中例化标准库中的集成时钟门控单元，则不需要提供其内部约束，但综合后会检查门控信号的时序，如图 6.94 所示。时钟门控约束对应的 SDC 命令如下。

```
> set _clock_gating_check -setup 0.5 -hold 0.5 [current_design]
```

图 6.94　时钟门控

需要说明的是，综合和时序分析工具能自动辨认时钟门控电路。综合时，将根据上述约束在时钟门控电路中增加或删除逻辑单元，以满足门控使能信号的建立时间和保持时间要求。

如果使用多路选择器，综合和时序分析工具也会进行选择信号与相应时钟的门控检查。图 6.95 中，信号 A 来源于时钟 CLK1，综合和时序分析工具将检查 A 与 A0 的时序关系；信号 B 类似；信号 C 来源于时钟 CLK3，与 CLK1 和 CLK2 皆为异步，综合和时序分析工具不会进行任何时钟门控检查。

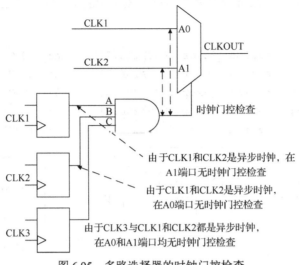

图 6.95　多路选择器的时钟门控检查

（5）单一时钟的多输出路径。

图 6.96 中有两条输出路径，可以设置相应的输出延迟约束，对应的 SDC 命令如下。

```
> set_output_delay -max 2.5 -clock CLK  [get_ports B]
> set_output_delay  -max 0.7 -clock CLK  -clock_fall  -add_delay
[get_ports B]
```

也可以直接使用更保守的约束，对应的 SDC 命令如下。

```
> set_output_delay -max 0.7 -clock CLK  -clock_fall  [get_ports B]
```

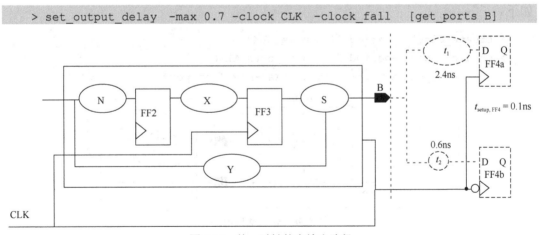

图 6.96　单一时钟的多输出路径

（6）多时钟同步设计。

在图 6.97 所示的多时钟同步电路中，只有一个源时钟 CLK，时钟 CLKA、CLKB、CLKC、CLKD、CLKE 都由 CLK 经过分频得来。待综合设计的时钟是 CLKC，其他时钟在待综合设计中没有对应的输入端口，并不驱动内部任何寄存器，主要用于 I/O 端口的延迟约束，因此需要使用虚拟时钟来说明相对于该时钟的 I/O 端口延迟，对应的 SDC 命令如下。

```
> create_clock  -period  [expr 1000/125.0]      -name CLKA
> create_clock  -period  [expr 1000/166.7]      -name CLKB
> create_clock  -pcriod  [cxpr 1000/200.0]      -name CLKC [get_ports CLKC]
> create_clock  -period  [expr 1000/250.0]      -name CLKD
> create_clock  -period  [expr 1000/500.0]      -name CLKE
```

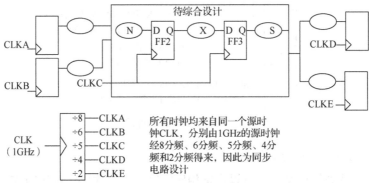

图 6.97 多时钟同步电路

① 多时钟同步的输入路径。

对于图 6.98 所示的输入端口电路，可以利用外部已知延迟直接约束，不过要注意，此时输入路径对应的时钟是 CLKA，不是待综合设计的时钟 CLKC，对应的 SDC 命令如下。

```
> create_clock  -period 30  -name CLKA
> create_clock  -period 20  [get_ports CLKC]
> set_input_delay 5.5  -clock CLKA -max [get_ports IN1]
```

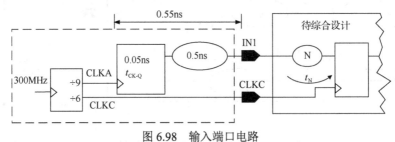

图 6.98 输入端口电路

② 多时钟同步的多输出路径。

在图 6.99 所示的输出端口电路中，在 CLKC 的上升沿发送数据，在 CLKD 或 CLKE 的上升沿接收数据。综合工具在所有时钟的公共基本周期（Common Base Period）内，针对每个可能的数据发送或接收时间，按最严的情况对电路进行综合，这样可以保证得到的结果能满足所有约束要求，达到设计目标。对应的 SDC 命令如下。

```
> set_output_delay -max 0.15 -clock CLKD [get_ports OUT1]
> set_output_delay -max 0.52 -clock CLKE  -add_delay   [get_ports OUT1]
```

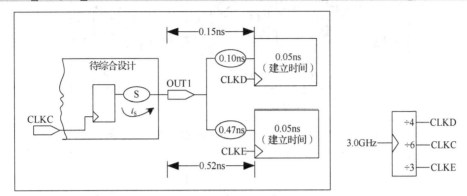

图 6.99　输出端口电路

（7）多时钟异步设计。

异步时钟电路使用不同频或者同频但相位不确定的时钟。在图 6.100 中，5 个不同时钟来自 4 个时钟源，待综合设计使用时钟源 OSC3 产生的时钟 CLKC。

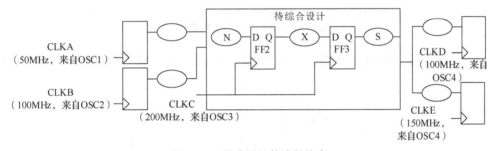

图 6.100　异步设计的路径约束

设计异步时钟电路时，为了避免出现亚稳态，可以考虑在设计中使用双时钟、低亚稳态专用触发器（Double-Clocking、Metastable-Hard Flip-Flops）或双端口 FIFO 存储器等。

在图 6.101 中，从物理连接上来说，除了 FF3→FF4 和 FF7→FF8 两条路径，还有 FF3→FF8 和 FF7→FF4 的路径，假定 CLK1 与 CLK2 为异步时钟，那么只有同时钟域的路径才是真实路径，但是综合和时序分析工具并不能自动判断，所以需要设置虚假路径或者设置"逻辑互斥"约束，以排除跨时钟域路径。

在图 6.102 中，组合电路 X 和 Y 之间存在物理连接，因此不能将两时钟直接设为逻辑互斥时钟，只能屏蔽输出端口的两条跨时钟域路径，而设计内部的路径还需保留并对其进行分析和优化。

（8）多模式端口路径。

在不同模式下，同一个时钟的时序路径可能存在差异。

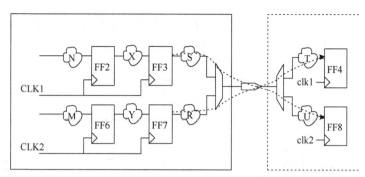

图 6.101　设置虚假路径约束或将两时钟设为逻辑互斥时钟

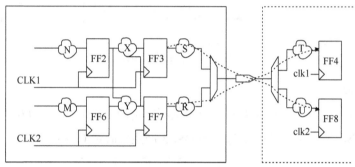

图 6.102　屏蔽输出端口的两条跨时钟域路径

图 6.103 中的一条时序路径由时钟的上升沿触发，另一条时序路径由时钟的下降沿触发。

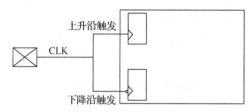

图 6.103　多模式端口路径

如图 6.104 所示，在不同模式下，时钟和数据共享同一个引脚。

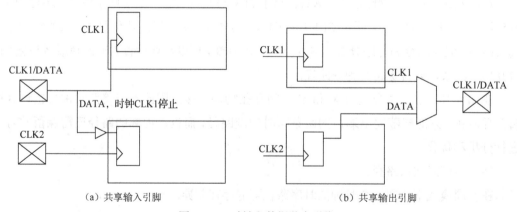

（a）共享输入引脚　　　　　　　　　　　（b）共享输出引脚

图 6.104　时钟和数据共享引脚

如图 6.105 所示，在不同模式下，两个互斥时钟或来自不同时钟域的数据共享引脚。

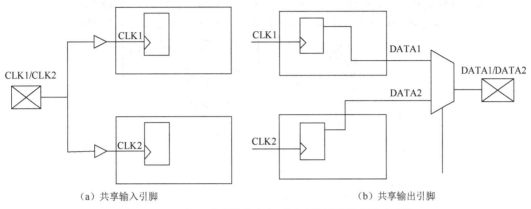

（a）共享输入引脚　　　　　　　　　　　　　（b）共享输出引脚

图 6.105　两个互斥时钟或来自不同时钟域的数据共享引脚

如图 6.106 所示，在不同模式下，多个输出信号共享引脚，称为引脚复用。

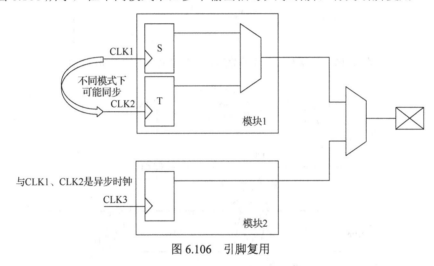

图 6.106　引脚复用

（9）依据对接器件来建立端口约束。

在实际应用中，可以依据对接器件来建立输入端口约束和输出端口约束。

① 依据对接器件来建立输入端口约束。

图 6.107 展示了外部对接器件的输出波形，提供了芯片输入路径延迟和数据有效窗口。其对应的 SDC 约束为如下。

```
> create_clock -period 8 -name CLKP [get_ports CLKP]
> set_input_delay -max 3.7 -clock CLKP -max [get_ports CIN]
> set_input_delay -min 2.0 -clock CLKP -max [get_ports CIN]
```

图 6.108 也展示了外部对接器件的输出波形，提供了芯片输入路径延迟和数据无效窗口，其对应的 SDC 约束如下。

```
> create_clock  -period 15 -waveform {5 12}  -name CLKP [get_ports CLKP]
> set_input_delay -max 6.7 -clock CLKP -max [get_ports INPA]
> set_input_delay -min 3.0 -clock CLKP -max [get_ports INPA]
```

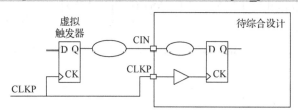

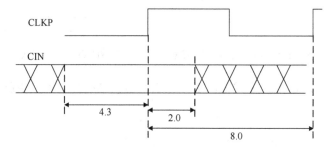

图 6.107　依据对接器件的数据有效窗口来建立输入端口约束

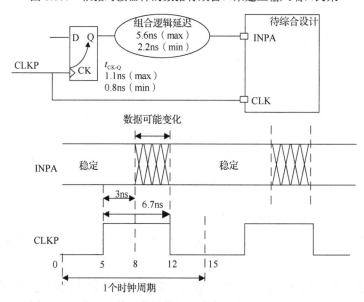

图 6.108　依据对接器件的数据无效窗口来建立输入端口约束

② 依据对接器件来建立输出端口约束。

图 6.109 展示了外部对接器件的输入波形，提供了芯片输出路径延迟和数据有效窗口。其对应的 SDC 约束如下。

```
> create_clock  -period 6 -waveform {0 3}  -name CLKP [get_ports CLKP]
> set_output_delay -max 2.0  -clock CLKP -max [get_ports QOUT]
> set_output_delay -min -1.5 -clock CLKP -max [get_ports QOUT]
```

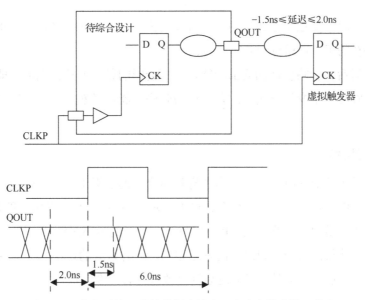

图 6.109　依据对接器件的数据有效窗口来建立输出端口约束

6.4　时序优化方法

关键路径通常是指同步逻辑电路中，组合逻辑延迟（包含布线延迟）最大的路径，其对设计性能起着决定性作用。

6.4.1　时序技术

时序技术对关键路径进行时序优化，可以直接提高设计性能。对同步逻辑电路来说，常用的时序技术包括流水线技术、重定时技术、时间借用技术、有用偏斜技术、操作符平衡、代码结构平坦化、关键信号后移等。

1. 流水线技术

寄存器到寄存器的路径是数字电路的主要时序路径，路径中的组合逻辑延迟过大就会成为关键路径。为了提高芯片的工作频率，将较长的关键路径拆分为多段，中间插入寄存器，这种方法称为流水线技术，如图 6.110 所示。

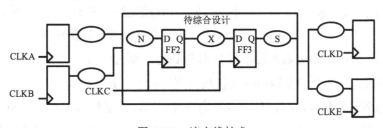

图 6.110　流水线技术

插入寄存器时，要在组合逻辑中选择合适的位置进行插入，使得插入寄存器后被分割出的几段短路径的组合逻辑延迟基本一致。

插入寄存器后会影响设计的局部功能，但不会影响设计的总体功能，即插入额外的寄存器可在保持吞吐量不变的情况下改善设计的时序性能。当然，面积和功耗会增加，延迟也会增加。

2. 重定时技术

重定时就是重新调整时序，在不增加寄存器个数的前提下，通过改变寄存器的位置来优化关键路径。图 6.111（a）中，组合逻辑 1 的延迟为 3ns，组合逻辑 2 的延迟为 1ns，系统的最高工作频率是由最长路径决定的，也就是此系统的最小时钟周期不小于 3ns。如果采用重定时技术，使得两组合逻辑之间的延迟相当，此时系统的最小时钟周期将减小到 2ns，如图 6.111（b）所示。重定时可以通过设计修改或综合命令完成。

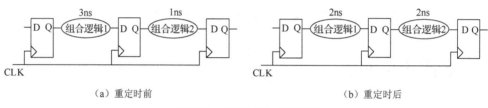

（a）重定时前   （b）重定时后

图 6.111 重定时技术的应用

3. 时间借用技术

对锁存器而言，其会在时钟的开通沿（Opening Edge）到来之后打开，使得其输出与数据输入相同，此时称锁存器是透明的；会在时钟的关闭沿（Closing Edge）到来之后关闭，即便数据输入有变化，其输出也不会改变，如图 6.112 所示。

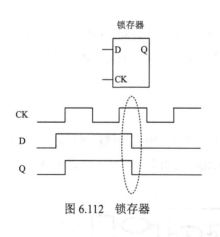

图 6.112 锁存器

如果锁存器的输入数据在时钟的开通沿到来之前准备好，则其行为与触发器类似，捕获数据将在一个时钟周期后传输出去。但是由于存在透明现象，如果数据在时钟的开通沿与关闭沿之间到达，那么会产生时间借用，即向下一个时钟周期"借时间"，借出的时间会决定下一条时序路径的起点。不过一旦"借时间"，该时钟周期内用于后级电路的时间就会减少。

以图 6.113 为例，如果输入数据在 B 时刻到达，那么相当于向下一个时钟周期借用了 t_b 时间，锁存器到下一个触发器的时间就减少到只剩下了 t_a。

根据数据到达的早晚，时间借用可分为三种情形，分别称为正余量（Positive Slack）、零余量（Zero Slack）、负余量（Negative Slack），如图 6.114 所示。如果数据在时钟关闭沿到来之后才到达，那么就错过了锁存器的透明窗口，无法再利用时间借用技术。

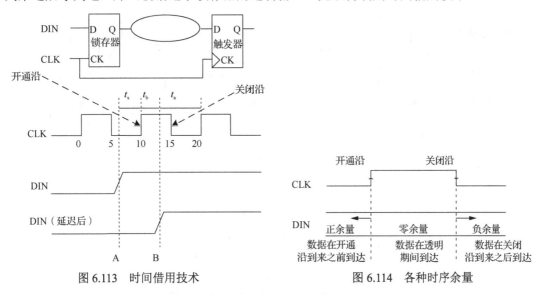

图 6.113　时间借用技术

图 6.114　各种时序余量

各种时序余量条件和借用值如图 6.115 所示。

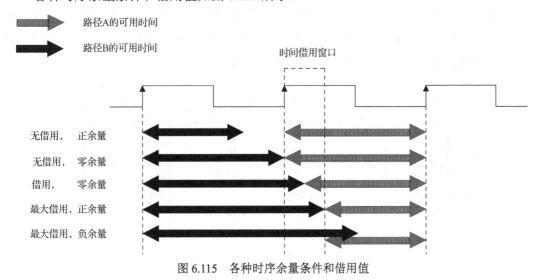

图 6.115　各种时序余量条件和借用值

时间借用技术主要利用锁存器的电平敏感特性，即通过有效电平获取数据，通过无效电平保持被锁的数据，又称为周期窃取（Cycle Stealing）技术，可用于解决路径中的时序违例问题，提高设计运行的频率。

4．有用偏斜技术

一般来说，时钟的偏斜会恶化时序，但如果合理使用，也可以起到修复时序的作用，从而提高设计运行的频率。

不同的偏斜方向对触发器时序的影响不一样，就建立时间而言，应提早发送或推后采样；对保持时间而言，应推后发送或提早采样，如图 6.116 所示。

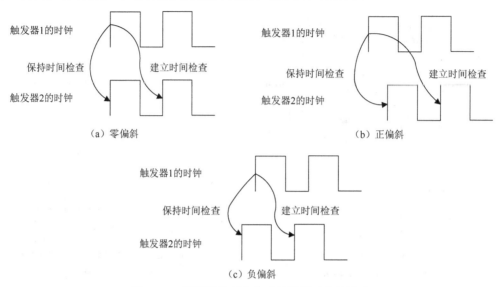

（a）零偏斜　　　　　　　　　　　　　　（b）正偏斜

（c）负偏斜

图 6.116　不同的偏斜方向对触发器时序的影响

在图 6.117 中，时钟周期为 4ns，中间有一条违规路径的时序余量为 -1ns，其对应的时钟偏斜为 $t_3-t_2=-1$ns。如果改变时钟偏斜，向前面一个时序余量比较充裕的路径（时序余量 =2ns）借用 1ns 的时间，那么两条路径都可以满足建立时间要求。

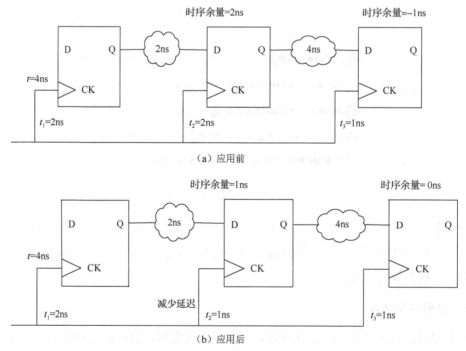

（a）应用前

（b）应用后

图 6.117　有用偏斜技术（向前）

上述方法称为有用偏斜技术，也称为时间窃取（Time Stealing）技术。时间借用技术适用于基于锁存器的设计，有用偏斜技术则适用于基于触发器的设计。

有用偏斜技术也可以通过向后偏斜来借用时间，从而修正时序违例，尤其对上一级的建立时间和下一级的保持时间有益，如图 6.118 所示。增加延迟可以改善上一级的建立时间和下一级的保持时间，称为向后的有用偏斜。

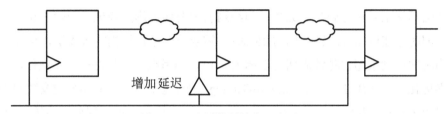

图 6.118　有用偏斜技术（向后）

5．其他常用技术

① 操作符平衡。

如图 6.119 所示，在进行操作符平衡前，a 和 b 均经历 3 个乘法器延迟，c 经历 2 个乘法器延迟，d 经历 1 个乘法器延迟，最长延迟为 3 个乘法器延迟。在进行操作符平衡后，a、b、c、d 均经历 2 个乘法器延迟。

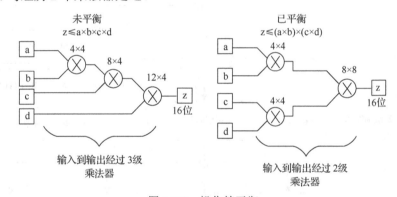

图 6.119　操作符平衡

② 代码结构平坦化。

如果代码中不需要优先级，可以使用 case 代替 if…else，使得顺序执行的语句变成并行执行。代码结构平坦化主要针对带优先级的编码结构。

③ 关键信号后移。

关键信号输入即延迟最大的信号输入，应该在组合逻辑的最后一级提供，如在 if…else if…else 链中，将关键信号放在第一级。

6.4.2　利用综合工具实现时序优化

综合之后查看详细报告，如果设计既能满足时序和面积的要求，又不违反设计规则，那么综合便已完成，可以将门级网表和设计约束等交付给后端工具进行布局、时钟树综合和布线等工作，最终产生 GDSII/OASIS（Open Artwork System Interchange Standard）文件。如果设计不能满足时序和面积的要求或违反设计规则等，就需要分析问题所在，判断问题大小，然后采取适当的措施解决问题。

综合完成的门级网表在交付给后端工具之前，应消除建立时间违例，保持时间违例通常可以留给后端工具进行修复。此外，门级网表需要通过形式验证。一般来说，当违例比较严重，即时序违例超过时钟周期的 25%时，需要修改电路结构或者算法，重新改写 RTL 代码；当时序违例未超过时钟周期的 25%时，可以利用综合工具进行时序优化，主要方法包括边界优化、利用 BRT（Behavioral Re-Timing）技术进行优化、利用自定义路径组（User-Defined Path Group）和关键范围（Critical Range）进行优化、重新划分模块等，如图 6.120 所示。

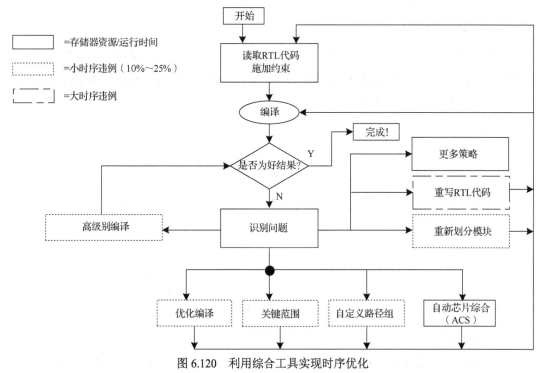

图 6.120　利用综合工具实现时序优化

（1）边界优化。

边界优化是指综合工具针对边界引脚上一些固定的电平、逻辑进行优化，如图 6.121 所示。不过，层次被打散后，对于后续的功能更改，难度会很大。

（2）BRT 技术。

BRT 技术通过对门级网表进行流水线操作，使设计的吞吐量更大，从而优化门级网表的时序和面积。

当有一条路径不满足要求，而相邻路径满足要求时，综合工具可以通过重定时技术进行路径间的逻辑迁移，以同时满足两条路径的要求，如图 6.122 所示。

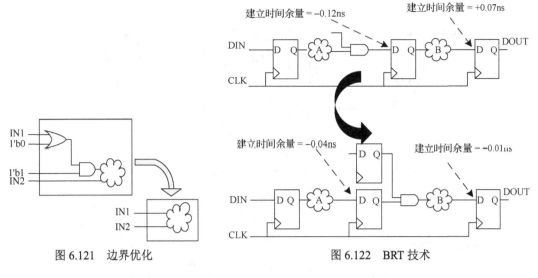

图 6.121 边界优化

图 6.122 BRT 技术

（3）自定义路径组和关键范围。

为了便于分析电路时序，综合工具会将时序路径分组，并在每个路径组中找出关键路径。综合工具默认只对路径组内的关键路径进行时序优化。当不能为关键路径找到更好的优化解决方案时，综合过程便停止。即使关键路径不能满足时序要求，次关键路径也不会被优化，如图 6.123 所示。

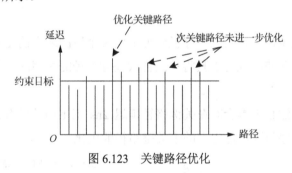

图 6.123 关键路径优化

有以下 3 种方法可以用来防止出现上述情况。

① 自定义路径组。

使用自定义路径组后，综合时，综合工具只对一个路径组中的最差（延迟最大）路径进行独立的优化，但并不阻碍其他自定义路径组的路径优化。设计者在约束中通过自定义路径组，帮助综合工具采用各个击破的策略，分别报告每个路径组的时序路径，以孤立设计的某个区域，更明确地控制优化，并分析出问题所在。当某些路径的时序比较差的时候，还可以通过指定权重使综合工具着重优化该路径，如图 6.124 所示。

产生自定义路径组后，寄存器与寄存器之间的时序路径就可以得到优化，如图 6.125 所示。

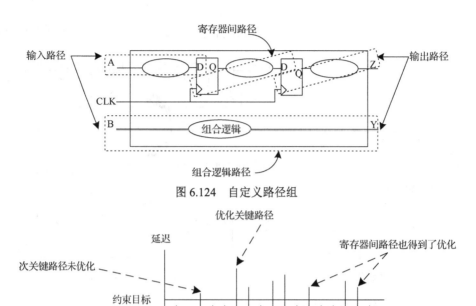

图 6.124　自定义路径组

图 6.125　自定义路径组的优化

② 关键范围。

通过设置关键范围，可以对关键路径延迟下面某个范围之内的路径进行优化。如果优化时关键路径的时序变差，综合工具将不改善次关键路径的时序。一般建议关键范围的值不要超过关键路径延迟的 10%。

在图 6.126 中，综合工具会对在关键路径延迟 2ns 范围内的所有路径进行优化，解决相关次关键路径的时序问题可能也有助于关键路径的优化。

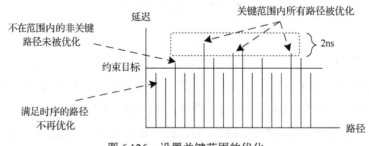

图 6.126　设置关键范围的优化

③ 自定义路径组+关键范围。

将自定义路径组和关键范围结合起来，在每一个自定义路径组内指定关键范围。

在数据通路的设计中，很多时序路径是相互关联的，对次关键路径进行优化可能会改善关键路径的时序。同时使用自定义路径组和关键范围，会使综合工具的运行时间加长，增加计算机的使用内存。

用户自定义路径组后，综合工具会以牺牲一个路径组的时序（时序变差）为代价，改善另一个路径组的时序，从而改善设计总性能。但关键范围不允许因为改进次关键路径的时序而使同一个路径组中关键路径的时序变得更差。

（4）重新划分模块。

模块划分应该在设计初期进行。常见的模块划分原则是组合逻辑电路不因层次划分而分离，将寄存器输出作为划分的边界，模块规模适中，运行时间合理，内核逻辑、引脚、时钟产生电路、异步电路和 JTAG 电路分开到不同模块。

如果现有划分不能满足要求，就需要修改划分。可以直接修改 RTL 原代码，也可以利用工具命令来对划分进行修改。综合工具可以自动修改划分和手动修改划分，还可以用命令取消当前设计中的所有层次结构。

可以使用 group 和 ungroup 命令修改设计的划分，如图 6.127 所示。

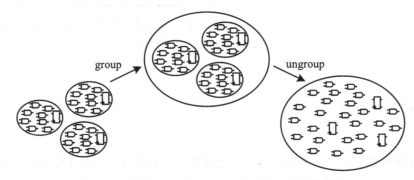

图 6.127　使用 group 和 ungroup 命令修改设计的划分

① group 命令。

利用 group 命令可以产生新的层次模块，如图 6.128 所示。

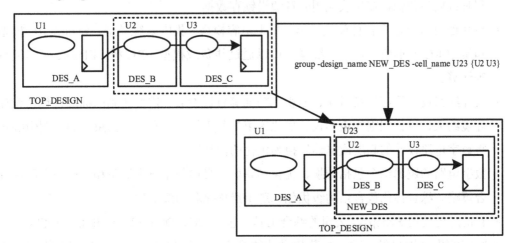

group -design_name NEW_DES -cell_name U23 {U2 U3}

图 6.128　group 命令的效果

② ungroup 命令。

利用 ungroup 命令可以取消一个或所有的模块分区，如图 6.129 所示。

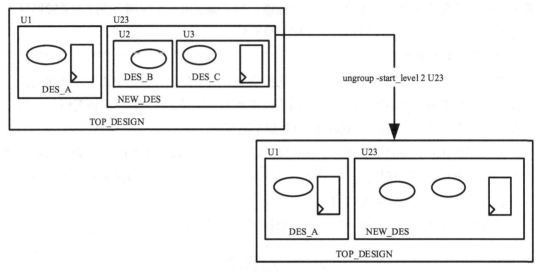

图 6.129　ungroup 命令的效果

小结

- 时序路径延迟包含门单元延迟和互连线延迟，其计算基于时序模型。主要的时序路径有四种类型：输入端口至寄存器、寄存器至寄存器、寄存器至输出端口和输入端口至输出端口。
- 系统同步是指源时钟和目的时钟来自同一个系统时钟，源同步是指在发送端将数据和时钟同步传输，在接收端用时钟边沿锁存数据。
- 线互连可以表示为各种简化模型：集中电容模型、集中阻容模型、分布式 RC 模型和集中 RC 梯形模型。互连线延迟可以通过线负载模型、RC 树、Elmore 延迟模型等计算。
- 设计约束设定了芯片在时序、面积、功耗等目标参数上需要达到的标准，包括设计环境约束、设计规则约束和设计优化约束。基于标准库和设计约束，通过逻辑综合将数字电路设计的高层次描述转换为优化的门级网表。
- 数字电路的逻辑综合包括转换、优化和映射。目前使用自上而下和由底向上两种综合策略。综合优化包含结构级优化、逻辑级优化和门级优化。
- 目前广泛使用 Synopsys 公司的综合工具，包括 DC、DCT、DCG 和 DC-NXT。
- 时序约束是用户指定的，与芯片设计的频率、面积和功耗有关。最基本的时序约束包含系统时钟定义、寄存器间的时序路径、输入和输出延迟、最小和最大路径延迟。

- 时序技术对关键路径进行时序优化，可以直接提高设计性能。同步逻辑电路的常用时序技术包括流水线技术、重定时技术、时间借用技术、有用偏斜技术、操作符平衡、代码结构平坦化、关键信号后移等。利用综合工具实现时序优化的方法包括边界优化、利用 BRT 技术进行优化、利用自定义路径组和关键范围进行优化、重新划分模块等。

第 7 章

验证

大规模 SoC 的系统功能复杂，基于随机验证（Random Verification）、覆盖率驱动验证（Coverage-Driven Verification，CDV）和断言验证（Assertion-Based Verification，ABV）的验证方法学（Verification Methodology）是芯片开发的重要保障。

SoC 验证可分为功能验证、性能验证和能效验证。其中，功能验证在硅前完成，通过检查、仿真、原型验证等手段反复迭代验证，提前发现系统软/硬件功能错误，使设计正确、可靠，符合最初规划的芯片规范；性能验证用于衡量一个系统在特定工作负载下的响应能力和稳定性，关注延迟、带宽、吞吐量和总线占用数据等关键指标，并及早反馈给设计，以便分析和优化系统，完善设计和降低开发成本；能效验证用于验证低功耗设计的准确性，其功耗估算和仿真数据可用于预测和分析，以便于选择降低功耗的方法。性能和能效很难在硅前实现充分的验证，一般还需要在流片后通过芯片实物测试。验证贯穿芯片的不同设计阶段，可以分为系统级验证（System Level Verification）、RTL 验证、门级验证（Gate Level Verification）和物理验证（Physical Verification）。

不同类型的 SoC 设计可能需要不同的验证策略、工具和测试环境，验证计划保证在可控的时间范围内完成最高质量的验证，验证平台主要关注验证结构和组件、激励输入和设计检查等。

本章首先介绍了验证的基本概念；接着介绍了验证策略，包括验证层次、验证手段、验证方法；然后介绍了功能验证；接下来两小节分别介绍了验证流程、验证计划和平台；最后两小节介绍了性能验证和能效验证。

7.1 验证的基本概念

7.1.1 验证、确认和测试

验证、确认和测试（Verification、Validation and Test）是芯片设计和制造的重要组成部分，如图 7.1 所示。

图 7.1 芯片设计和制造中的验证、确认和测试

（1）验证。

验证是指在流片之前根据给定的设计规范，验证（或测试）设计正确性的过程，如图 7.2 所示。随着设计复杂性的提高，验证的范围也在不断扩大，除功能外，还包括性能、能效、安全性等。RTL 仿真是验证的主要方法，形式验证、FPGA 原型验证、静态和动态检查等也用于检验设计的质量。

图 7.2 验证

（2）确认。

确认是指将芯片与系统其他组件一起安装在测试板或参考板上，在实验室中测试芯片所有功能正确性的过程。

确认主要包括对芯片的各个功能和接口进行确认，还可能运行真实的软件程序，对设计的所有功能进行压力测试。确认时，通常由硬件和软件工程师组成确认团队，在系统级环境中验证芯片，并在硬件上运行真正的软件。

验证常称为流片前验证，确认则称为流片后验证。

（3）测试。

测试（制造/生产测试）是指在批量出货前对制造的芯片进行故障或随机缺陷、可靠性和电气特性等产品质量检验，如图 7.3 所示。

第一级测试是晶圆分类/探针测试，用于在封装前识别有缺陷的芯片；第二级测试是对封装芯片进行高温压力测试，用于识别出易失效芯片；第三级测试用于制造缺陷或故障的识别，使用自动测试设备等向输入端口施加各种测试向量，并将输出响应与预期结果相比较；第四级测试是在批量出货前对芯片进行标定和筛选，标定涉及工作电压和频率测试，以找到理想的工作条件，如高速 I/O 端口的标定需要调整各种电气参数，以达到理想的传输率和错误率。量产功能测试使用功能测试用例来检测芯片缺陷，以实现高覆盖率和实时运行测试。

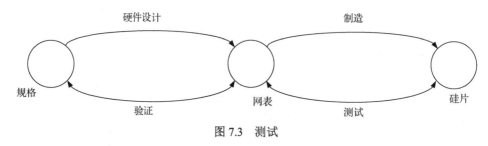

图 7.3　测试

7.1.2　仿真器实现算法

HDL 仿真器主要有三种实现算法（机制）：基于时间的仿真（Time-Based Simulation，TBS）、基于周期的仿真（Cycle-Based Simulation，CBS）和基于事件的仿真（Event-Based Simulation，EBS）。

（1）基于时间的仿真。

基于时间的仿真是指在每一个时刻对所有电路元器件的信号值进行计算。由于在实际情形下每个时刻可能只有极少部分电路工作，所以该仿真的效率十分低。

（2）基于周期的仿真。

基于周期的仿真以固定的时钟周期间隔累积时间，不关注时钟周期内的时序，只在时钟跳变沿核算组合逻辑的输出结果。该仿真的速度更快，内存使用效率更高，适合大规模同步电路的仿真，但仿真精度比较差。基于周期的仿真原理图如图 7.4 所示。

图 7.4　基于周期的仿真原理图

（3）基于事件的仿真。

事件是指引起系统状态发生改变的行为，如信号的变化，其发生具有随机性，并不保证按照规定的时间间隔发生。如果系统状态的改变仅仅由事件引发，即在两个相邻事件之间的时间内系统状态不会发生改变，则仿真执行由事件所驱动。该算法能准确地模拟设计的时序特征，尤其是可以模拟异步设计，因此应用范围广泛，大部分的商业仿真器都据此开发。基于事件的仿真原理图如图 7.5 所示。

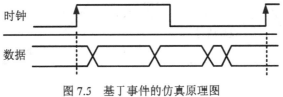

图 7.5 基于事件的仿真原理图

不同算法的仿真器和传统电路仿真软件的比较如图 7.6 所示。

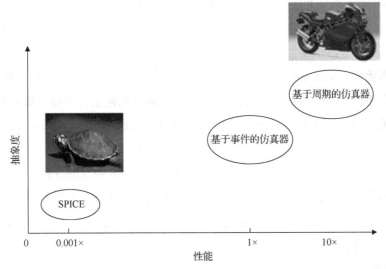

图 7.6 不同算法的仿真器和传统电路仿真软件的比较

基于事件的仿真器主要有 Modelsim（Mentor 公司研发）、Xcelium（Cadence 公司研发）、VCS（Synopsys 公司研发）等。基于周期的仿真器主要有 Modelsim（Mentor 公司研发）、Cobra（Cadence 公司研发）等。其中，Modelsim 同时支持基于事件的仿真和基于周期的仿真。

7.1.3 验证度量

当验证平台刚启动并运行时，会发现大量错误；随着设计过程的推进，错误率会不断下降，接近流片时，我们希望错误率降至零，如图 7.7 所示。每次错误率下降时，需要采用不同的方法来创建极端用例。

可以通过一些度量来评估验证的效果，覆盖率一般用于表示一个设计的验证进行的程度，目前常用的有代码覆盖率（Code Coverage）和功能覆盖率（Functional Coverage）。当然，达到设定覆盖率目标并不意味着验证通过了，因为功能覆盖率是人为定义的，可能存在遗漏，需要后续不断迭代。

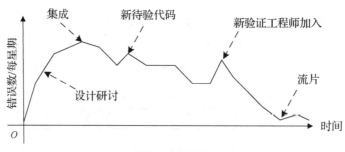

图 7.7 错误率

（1）代码覆盖率。

代码覆盖率用于衡量 RTL 代码是否充分运行，可以在仿真时由仿真器直接给出。根据代码覆盖率可以有效地找出冗余代码，但是并不能很方便地找出功能上的缺陷。常见的代码覆盖率如下。

① 语句覆盖率（Statement Coverage）：用于衡量程序的每一行代码是否执行过。

② 条件覆盖率（Condition Coverage）：用于衡量每个判断条件中操作数被覆盖的情况。

③ 分支覆盖率（Branch Coverage）：用于衡量 if、case、while、repeat、for 等语句中各个分支的执行情况。

④ 事件覆盖率（Event Coverage）：用于记录某个事件被触发的次数。

⑤ 翻转覆盖率（Toggle Coverage）：用于记录信号数据位 0→1 和 1→0 的翻转情况。

⑥ 有限状态机覆盖率（FSM Coverage）：用于记录有限状态机各个状态的进入次数，以及状态间的跳转情况。

（2）功能覆盖率。

功能覆盖率是衡量哪些设计特征已经被验证的标准，与设计意图紧密相连。通常验证人员需要从设计提供的功能详述中充分提取、归纳功能点，建立具体的可量化功能覆盖率模型，同时基于相关功能点构造随机或定向激励，在所有测试完成后查看功能验证情况。

在梳理功能点时需要注意以下问题。

① 关注小功能点。功能点可以分为大功能点和小功能点，大功能点中有可能会嵌套小功能点。进行功能点提取时需要对大功能点再分解，以得到完整的功能点。

② 关注异常功能点。大部分开发人员比较重视正常功能点，往往忽略对异常功能点的梳理。

③ 关注功能点的边界情况。相对于正常情况，在边界情况下更容易出现功能问题，需要对功能边界做梳理。

功能覆盖率的功能点可以基于接口信号、变量或类，验证人员应当根据具体的功能点选择合适的数据来源（包括但不限于模块接口信号、内部信号、寄存器配置类和监视器采样类等）进行功能覆盖率建模。

为了确保验证的完备性，建议在验证过程中采用功能覆盖率和代码覆盖率相结合的方式。当功能覆盖率高、代码覆盖率低时，说明验证计划不充分，需要增加功能点；当代码覆盖率高、功能覆盖率低时，说明设计没有实现指定的功能。

需要指出的是，验证只能证明错误存在，无法证明错误不存在。验证永远无法保证芯片设计没有 Bug（如代码错误、设计缺陷、性能问题等），在芯片应用中，如果不能通过软件或硬件来规避某些致命 Bug，就意味着该芯片项目失败，导致人力和资金的大量损失。当然，一个芯片项目的成功与否并不单单取决于验证是否完备，验证仅仅是众多因素之一。

7.1.4　硬件验证语言

硬件验证语言（Hardware Verification Language，HVL）是一种用 HDL（Hardware Description Language，硬件描述语言）编写，用于电路验证的编程语言，能够辅助验证人员进行复杂的硬件验证。其通常具有类似 C++或 Java 等高级语言的特点，同时具有 HDL 的位运算功能。此外，其还能够生成带约束的随机激励，并提供功能覆盖率。

SystemVerilog、OpenVera 和 SystemC 是常用的硬件验证语言。其中，SystemVerilog 将 HDL 与硬件验证语言合并为单一标准。

（1）SystemVerilog。

SystemVerilog 是一种由 Verilog 发展而来的硬件描述和硬件验证统一语言，集成了面向对象编程、动态线程和线程间通信等特性，很好地弥补了传统 Verilog 在芯片验证领域的缺陷，改善了代码可重用性，同时使验证人员可以在比 RTL 更高的抽象级别，将事务而非单个信号作为监测对象，大大提高了验证平台的搭建效率。

（2）OpenVera。

OpenVera 是一种硬件验证语言，也是构成 SystemVerilog 的一个基础部分，由 Synopsys 公司研发和运营，主要用于创建硬件系统的验证平台。

（3）SystemC。

SystemC 是一种基于 C++语言的，用于系统设计的计算机语言。

C 和 C++等程序设计语言擅长描述串行执行的程序，软件工程师将其用于软件仿真；VHDL 和 Verilog 等 HDL 擅长描述并行运行的硬件，硬件工程师将其用于硬件仿真。随着电子系统的不断发展，系统结构和组件越来越复杂且繁多，系统工程师希望在前期就对整个系统性能有很好的了解和掌握，以便更好地划分软件和硬件，减少不必要的失误所带来的损失和风险。SystemC 能够满足软/硬件协同仿真的需求。

7.1.5　验证方法学

验证需要回答两个问题：设计是否符合设计者的意图，验证是否充分和完备且能达到验证收敛。

随机验证、覆盖率驱动验证和断言验证是解决上述两个问题的三种验证方法学。在随机验证中，随机激励是提高效率最主要的原动力；覆盖率驱动验证主要关注如何制定一个可衡量的标准和验证计划，以此作为指导更快地达到验证收敛；断言验证关注断言如何被一致地用于整个设计流程和不同工具，以协助系统工程师更快地定位错误。不同验证方法学之间存在交义，如断言可以作为覆盖点，成为覆盖驱动验证的一部分。

（1）随机验证。

随机验证采用随机方法自动生成测试向量，为待测设计（DUT）提供随机激励，以最大限度地扩大可覆盖的功能空间，验证人员通过查看比较结果、比对仿真波形来判定测试用例是否通过。

使用随机激励可能经常遍历某些设计空间，但需要很长时间才能覆盖所有范围，甚至可能永远不会访问某些空间，需要通过衡量已经验证过的内容来决定何时停止仿真。

（2）覆盖率驱动验证。

覆盖率驱动验证将覆盖率作为评价仿真完整性的标准，以指导是否进一步产生测试向量，只有达到预期的覆盖率时，才会停止仿真。

（3）断言验证。

断言是对设计属性（期望行为）的声明或者描述。属性可以从设计规范和功能描述中推知，并转化为断言（属性描述）。

断言验证结合了形式验证中的断言技术和基于动态仿真的验证方法。使用断言验证时，首先在代码中插入断言；然后代码完成，进行仿真以检查断言，并修改仿真时发现的问题；最后根据约束限定，穷举搜索设计的状态空间，证明或证伪断言，查找设计错误。

7.2 验证策略

验证策略包括验证层次、验证手段、验证方法。

7.2.1 验证层次

在芯片定义阶段，芯片系统被划分为多个子系统，每个子系统又可进一步划分为不同的功能特定且复杂度合适的模块。层次化的验证方法就是将验证步骤分层进行，其目的是在保证验证质量的前提下，提升验证效率。

SoC 验证可划分为模块级验证（Block Level Verification）、子系统级验证（Sub-System Level Verification）、芯片级验证（Chip Level Verification）。

（1）模块级验证。

模块级验证是指对 SoC 系统中某个模块或 IP 核进行单独的验证，其目标是实现足够高的功能覆盖率，使得当将模块集成到整个芯片中时不会带来任何模块本身的功能错误，否则子系统级验证或芯片级验证将变得非常困难。

模块级验证的重点在于自身功能，需要验证模块的 I/O 接口，复位同步化和复位值，寄存器访问，中断产生、查询、清除，工作模式，有限状态机跳转，FIFO 操作，计数器操作，存储器操作，以及其他功能和性能。模块级验证需要明确模型、设计架构和基本函数开发，且比对机制的颗粒度要足够小。

模块级验证能够覆盖的特性绝对不能提升到上一级去覆盖，理论上功能覆盖率应达到100%，代码覆盖率应达到 95%以上，并通过验证清单。

对于验证环境来说，除可以提供正确激励的输入之外，还必须提供错误激励的输入，只有构造精确和完备的激励，才能保证待测设计得到充分和完备的验证。

（2）子系统级验证。

很多单一模块可实现某些特定功能，也有一些模块只实现某个功能的一部分，需要集成到子系统中才能实现完整的功能，如多核处理器子系统、多媒体子系统、安全子系统等。

子系统验证重点关注模块的级连，同一业务的多个模块是否耦合，同一业务同一路径的各模块是否耦合，模块间的反压关系是否正确，上游模块输出的不均匀缺口、异常是否对下游造成影响，下游模块陷入异常后能否恢复，环回点的验证，告警传递，同一业务通道间的来回切换，不同业务间的切换，反复逻辑复位，反复寄存器复位，寄存器读写、粘连验证。模块级验证过的功能可以在子系统级再次进行验证。

（3）芯片级验证。

当单个模块或子系统被验证完毕之后，就可以将其集成到芯片级进行验证。芯片级可能包含其他已被验证过的模块，所以芯片级验证侧重于芯片层次上各模块或子系统的协同工作，包括各个模块及子系统的互连性、芯片接口、芯片管理功能、应用场景、低功耗设计和安全性验证等性能验证。需要特别关注设计中的风险区，如共享资源的访问冲突、独立验证的子系统之间的交互引起的复杂性、多核系统的高速缓存一致性、中断连接和优先级机制、仲裁优先级相关问题和访问死锁、软/硬件协同、异常处理、多个复位和时钟域、多电源域、跨时钟域。芯片级验证通过模拟芯片运行的真实应用环境来测试系统运行的状况是否与设计规格中的要求相符。

① 系统集成验证。

系统集成验证是针对系统互连、模块集成，以及系统添加的时钟复位正确性的验证。在系统互连验证中，一般先将系统中的功能设备替换为相应的总线模型（Bus Model），然后通过该模型产生激励以验证系统的互连通路。

② 基本功能验证。

在系统集成验证通过后，进行各个模块的基本功能验证。基本功能验证一般采用软/硬件协同验证的方式，覆盖模块在系统中较为单一的应用环境下的行为，以及系统中相关的时钟复位逻辑。根据 SoC 集成模块的功能特点，基本功能验证一般需要覆盖以下内容：时钟复位的验证、寄存器配置通路的验证、数据总线接口的验证（部分设备的此接口和配置接口共用）、中断功能的验证、DMA 请求的验证、工作接口或工作协议的验证、模块不同应用配置的验证，以及由模块自身特性决定的功能验证。

此外，还有一些由于芯片自身特点而需要覆盖的验证内容，如不同启动方式的验证、引脚复用方案的验证、系统控制寄存器的验证、PLL 配置验证等。

③ 应用场景验证和压力验证。

应用场景验证和压力验证是针对系统的应用方式，以及系统中一些关键设备的性能和稳健性进行的针对性验证。

应用场景验证主要根据项目的典型应用场景构造出需要配合使用或同时工作的多个设备协同工作的场景，以验证模块间的配合和协同工作等。

压力验证用于评估系统在负载条件下的性能表现。对于大多数 SoC 系统来说，它们都包含内存子系统和 DMA 控制器，需要进行相应的压力验证。内存子系统的压力验证包括 DDR 带宽验证，确认多个设备访问 DDR 内存颗粒时访问延迟的变化，DDR 内存控制器多个访问端口的仲裁策略及对端口访问效率的影响；DMA 控制器的压力验证包括确认存在多个外设请求时 DMA 控制器的效率是否能满足外设需求，DMA 控制器是否能够正确地仲裁和应答请求等。

④ DFT 验证和 IP 测试验证。

DFT 验证需要根据复用方案，检查 DFT 模式下的集成连接。DFT 扫描逻辑由 DFT 工程师实现和进行功能验证，RTL 验证则需要保证集成正确。

IP 测试验证根据各个相关设备（PHY、MEM、DAC）的 IP 测试设计，进行相应用例的构造及验证。首先需要验证 IP 测试方案的实现，然后与 ATE 工程师沟通验证所需提供的 IP 测试项，通过仿真提供波形文件供 ATE 工程师提前审阅（Review）和提出修改需求。

⑤ 低功耗验证。

低功耗验证分为以下三个层次。

低功耗实现的验证：重点验证各个电源分区的时钟复位控制、隔离值和开关电流程等是否符合设计方案。除验证硬件逻辑设计，还要验证 UPF/CPF 的描述是否与设计方案一致，所有电源模式的切换与设计是否一致。

低功耗功能验证：结合电源分区内的模块功能，针对模块的关电和上电等过程，验证电源状态的变化对模块功能的影响及断电的隔离值对系统的影响等。

低功耗场景的验证：主要针对不同项目的需求和设计，验证整个低功耗设计的应用流程。

（4）验证层次的选择。

较低的验证层次更有利于控制激励场景的产生，更能全面覆盖功能点，应该选择合适且级别最低的验证层次来完成某项功能的验证。在低层次验证阶段已经充分验证通过的功能，不需要在高层次验证阶段重复验证，反之，低层次验证无法完全覆盖的功能点，则需要在高层次进行验证。低层次验证环境中的参考模型、数据比对、监视器等应该适当地考虑在高层次验证环境和用例中复用。在任何验证层次下，都应该投入更多的精力和优先级去充分验证新模块或新功能。不同验证层次的验证侧重和仿真性能如表 7.1 所示。

表 7.1   不同验证层次的验证侧重和仿真性能

验证层次	验证侧重	仿真性能
模块级验证	内部功能	快
子系统级验证	多模块级交互和共同影响	中
芯片级验证	多模块级或子系统级交互和共同影响	慢

7.2.2 验证手段

功能验证将确认一个设计是否能够如预期般工作，通常使用输入激励输出检测方法，但是可能出现遗漏错误，包括从来没有被激发过的错误、被激发的错误没有被传递出来、多个潜在的错误掩盖了其他错误。

根据验证对象的可见程度，验证手段可分为三种：黑盒验证、白盒验证和灰盒验证。其中，白盒是指验证对象的内部细节完全可见；黑盒是指验证对象的内部细节不可见，甚至接口都不完全可见；灰盒是指验证对象的内部细节部分可见。通常自行开发的代码是完全可见的，在模块级验证时采用白盒验证，重点关注其设计细节。进行子系统级验证和芯片级验证时，对该模块采用灰盒验证，关注重点是其外部接口，仅在必要情况下（如调试时）才关注其内部细节。

（1）黑盒验证。

黑盒验证是指被测设计的内部细节不可见，只能通过边界信号来验证设计功能。在验证环境中，激励生成器（Stimulator）产生激励并输入给被测设计和参考模型，在某个抽象层次（如事务级、指令级、时钟周期级等）利用监视器、检查器查看并比较被测设计和参考模型的输出，如图 7.8 所示。

黑盒验证的关键在于能否根据输入预测输出，所以参考模型必须正确对应被测设计的功能。在黑盒验证中，设计与验证相对比较独立，被测设计的内部结构变化对验证环境的影响很小，如当设计更新或者添加了新特性之后，原有的测试列表仍然比较稳定，只需为新的测试场景添加用例即可。但是由于对设计细节缺乏认识，很难验证与被测设计相关的特性，对提高设计内部功能点的功能覆盖率没有太多帮助，当验证失败以后，无法进一步定位缺陷所在的位置，想要发现深度缺陷尤为困难。

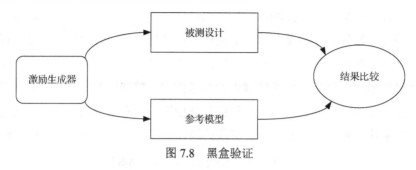

图 7.8　黑盒验证

对于从外部购买的 IP 来说，如果其代码加密，内部则不可见，此时只能采用黑盒验证的方法。

（2）白盒验证。

白盒验证需要验证人员充分理解被测设计的内部结构，可以观察其内部信号，预测 FIFO、流水线、有限状态机等微架构行为，并通过在被测设计内部或者外部植入监视器和断言来保证被测设计的正确性，如图 7.9 所示。

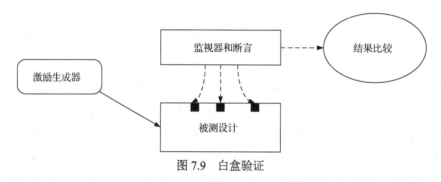

图 7.9　白盒验证

在白盒验证中，由于验证人员对设计微架构有足够的了解，可以验证被测设计是否严格遵循功能描述文档，一旦验证失败可以快速定位缺陷。在白盒验证中，参考模型非常简略，甚至不需要。但是由于验证环境与设计微结构紧密联系在一起，仅仅是设计内部信号名的修改，也会导致验证环境的同步修改，维护成本比较高。因此，应该只在开发新代码或代码稳定之前进行白盒验证。

（3）灰盒验证。

灰盒验证介于白盒验证和黑盒验证之间。监视器和断言具有较好的透明度来着重检查设计的一些重要内部逻辑，参考模型主要专注输入与输出数据的比较。灰盒验证综合利用监视器、断言、参考模型来完善验证，在发现缺陷后，降低了调试、定位缺陷的难度，如图 7.10 所示。此法在实际验证中使用最为广泛。

子系统级验证使用灰盒验证，当子系统的多个模块级联时，重点关注接口的翻转是否正确，整个子系统的输入、输出是否正确，不再关注其内部变化。对于芯片中的成熟 IP，当进行子系统级验证和芯片级验证时，接口连线才是验证重点，此时灰盒验证更适用。

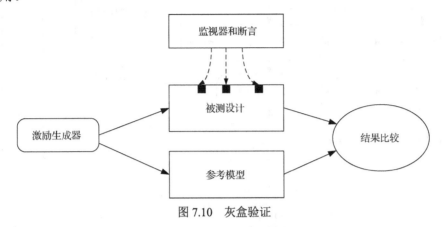

图 7.10 灰盒验证

验证手段的比较如表 7.2 所示。

表 7.2 验证手段的比较

验证环境构建任务	黑盒验证	白盒验证	灰盒验证
建立参考模型	高	无	中
监视器和断言	低	高	低
调试、定位缺陷	高	低	低
设计内部验证	高	低	低
验证环境复用性	低	高	低

7.2.3 验证方法

常用的验证方法有自上而下的验证、由底向上的验证、基于平台的验证、基于接口的验证和基于事务的验证。

（1）自上而下的验证。

自上而下的验证是指按照系统层次结构进行从架构级设计到晶体管级设计的验证，每级都完全验证通过后才进入下一级验证，如图 7.11 所示。

（2）由底向上的验证。

由底向上的验证是指从系统层次结构的最底层模块开始进行集成和验证。每层完成内部集成和验证后才上升到更高层次，如图 7.12 所示。

（3）基于平台的验证。

既有的通用平台可以由处理器、内存和标准外设等构成，新的硬件设计添加到平台后，组成一个新的特定应用的验证平台，如图 7.13 所示。

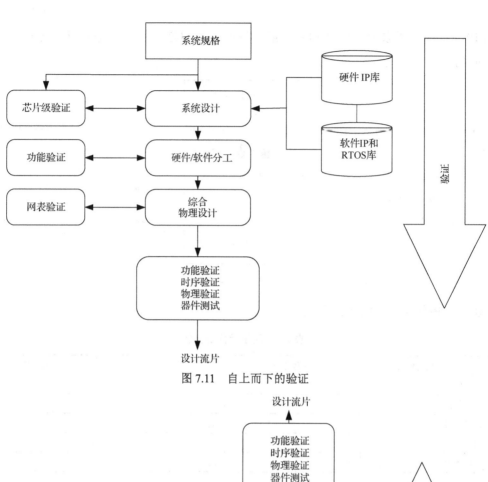

图 7.11 自上而下的验证

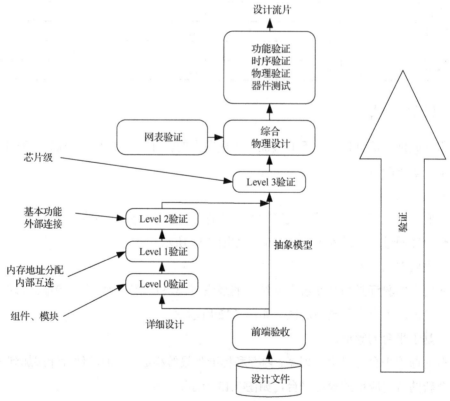

图 7.12 由底向上的验证

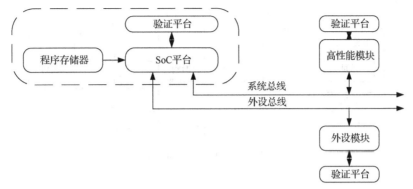

图 7.13 基于平台的验证

（4）基于接口的验证。

基于接口的验证是指基于被测设计接口进行验证，如图 7.14 所示。常见的接口类型如下。

① 时钟与复位接口（Clock & Reset Interface）。

② 标准总线接口（Standard Bus Interface）：公开的行业标准总线协议，包括 AMBA 总线系列协议、SRAM、MIPI 系列协议等。

③ 非标准总线接口（Non-Standard Bus Interface）：内部定义的接口或者根据模块功能需求定义的接口。

④ 测试接口（Test Interface）：可测性测试使用的接口。

⑤ 低功耗接口（Low Power Interface）：与低功耗设计有关的接口。

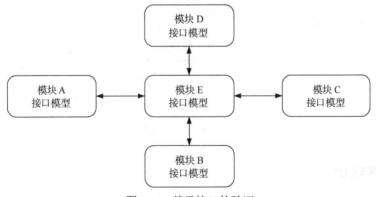

图 7.14 基于接口的验证

（5）基于事务的验证。

在仿真中，如果以低层次的信号位或者信号总线创建验证场景，通常效率很低。在基于事务的验证中，数据和数据流在较高的抽象层次定义（如帧、包），验证场景在较高的抽象层次描述（如写存储器、执行指令），事务处理器将抽象层次的数据和活动转换成低层次的操作和信号，事务处理器可以是总线驱动器、接口驱动器或者从一个层次到另一个层次的数据协议转换器。基于事务的验证如图 7.15 所示。

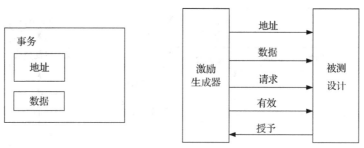

图 7.15　基于事务的验证

7.3　功能验证

　　功能验证注重芯片系统的功能正确性，是验证中最复杂、工作量最大、最灵活的部分。目前主要使用仿真验证、静态检查和硬件辅助加速验证，如图 7.16 所示。

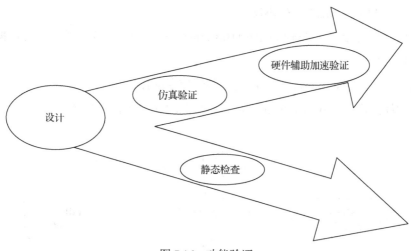

图 7.16　功能验证

7.3.1　仿真验证

　　仿真验证是指通过软件运行设计来发现错误，其完整性取决于使用的测试向量，可能出现有些模块被反复测试，而有些模块没有被测试的情况。

　　传统的仿真验证方法大致可分为自测检验和协同仿真两类。自测检验是指将带有自测性质的测试向量作为激励信号输入设计方案，根据程序的运行结果来检验系统行为。协同仿真是指将用户产生的各种测试向量作为激励信号，同时输入设计方案和参考模型，并比较两者响应，以此来验证设计方案的正确性。其中，参考模型是独立于设计方案的可执行模型，被称为黄金模型（Golden Model），其通常比设计方案更抽象。协同仿真如图 7.17 所示。

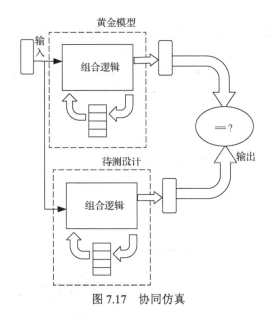

图 7.17 协同仿真

仿真验证通过开发测试用例来发现缺陷,测试用例通常分为直接用例和随机用例两种。其中,直接用例由验证人员完全按指定意图开发;随机用例则在验证人员指定的范围内随机产生,如图 7.18 所示。

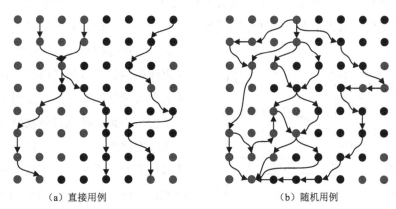

（a）直接用例　　　　　　　　　　　（b）随机用例

图 7.18 直接用例与随机用例

（1）定向测试。

定向测试针对待测设计的功能编写测试用例,需要产生大量的测试向量以尽可能地覆盖各种组合。定向测试适用于根据已知的应用场景设计测试用例。

对于含有处理器的待测设计,可以利用 C 语言来编写测试用例,且考虑硅后测试复用。在图 7.19 中,测试用例经过编译和二次映射生成二进制的镜像文件并存入硬件存储器,经过上电复位释放后,待测设计从硬件存储器中读取文件,由处理器译码为指令和数据,进行运算或者寄存器访问,可以通过内置的 C 代码对最终的数据进行正确性检查,也可以通过外置的参考模型或者其他检查器进行信号一致性检查,还可以直接将第三方提供的可执行文件或者预先映射的二进制文件存入存储器，从而跳过 C 代码编译。

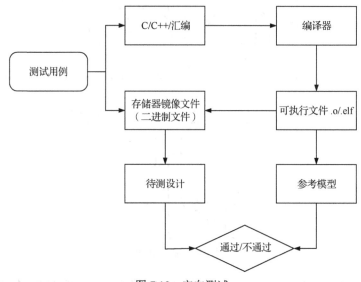

图 7.19　定向测试

（2）约束随机测试。

随机测试是指为待测设计随机生成大量测试向量，以最大限度地扩大可覆盖的功能空间。由于在完全随机状态下，往往会出现超出设想的情形，而实际验证环境中却存在很多对随机约束起控制和反馈作用的因素，因此，约束随机测试可以加速验证，在较短时间内达到令人满意的覆盖率，如图 7.20 所示。

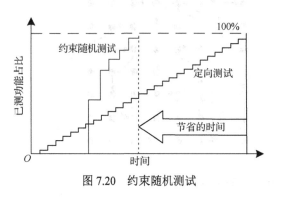

图 7.20　约束随机测试

使用约束，特别是带权值（在整个测试中出现的比例）的约束可以产生具有某些特殊属性值的一类或几类测试向量，加入记分板（Scoreboard）技术和自检测（Self-Check）技术后，更易发现设计中的错误。

随机用例的开发效率相对较高，一次用例开发能够覆盖更为广阔的用例空间，直接用例则仅仅覆盖了工程师定义的特定空间。但是当随机用例所使用的随机变量空间过大时，其收敛将花费大量时间；或者由于随机用例自身的内在约束，其仅仅能够覆盖随机变量空间的一部分。因此需要调整随机变量的约束以得到合适的随机变量空间。对于某些特定的场景，随机用例难以达到，可以采用直接用例进行补充。

（3）基于覆盖率驱动的随机验证。

基于覆盖率驱动的随机验证可以量化验证进度，保证验证的完备性，一般在验证计划中会指定具体的目标覆盖率，达到该目标覆盖率即意味着验证已达到要求。不过，达到目标覆盖率并不意味着验证通过，如人为定义的功能场景可能存在遗漏。在图 7.21 中，覆盖率收集器通过监视器收集覆盖率，将新增的覆盖率累加到已有的覆盖率数据库，其增长情况作为随机约束的评估准则，为下一次随机约束给出反馈，并进一步收窄随机约束域，以定向产生一些向量来覆盖那些未知的功能点。

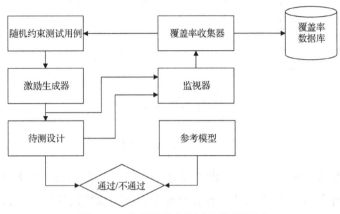

图 7.21　基于覆盖率驱动的随机验证

（4）基于 TLM 的随机验证。

抽象层次的 TLM（Transaction Level Model，事务级模型）侧重功能描述，而非时序，一般用于构建硬件行为。TLM 可用于产品定义早期的设计建模，其关注点并非某个模块的某一项功能，而是某个子系统或者整个系统的联合工作模式。基于 TLM，验证人员可以更便捷地描述一些测试场景，以贴近真实用例。

TLM 可以通过工具转换为 RTL 代码或门级网表，也可以集成到设计和验证环境中，先行完成某些验证任务，后续再被替换为 RTL 代码。在图 7.22 中，TLM 测试用例由于抽象级较高，需要利用 TLM2RTL 激励生成器完成进一步转换，将高抽象级的 TLM 命令转换为低抽象级的硬件端口时序，产生读/写操作、复位操作、中断操作和其他操作。

（5）断言验证。

仿真验证中的验证方式除了定向测试和约束随机测试外，还有断言验证。断言可以针对设计在给定输入下的期望行为（逻辑或时序）进行精确描述，如使用简单的语言结构来建立精确的时序表达式以代表 HDL 或者硬件验证语言中的事件、序列（Sequence）和事务（Transaction）等，在更高的抽象级别描述设计行为。一旦设计的实际行为不符合断言描述，则会给出检查报告。由于断言的位置更贴近不同功能点的源码位置，一旦相应检查的功能点发生错误，就可以更快、更清晰地定位出错误源。从运用场景来看，典型的断言场景可以包括集成连接、总线协议、仲裁机制、（存储单元）数据一致性、有限状态机（内部状态跳转）、数据进出（FIFO 设计）、接口设计（总线接口、请求响应协议）、输入限定、自定义断言等。

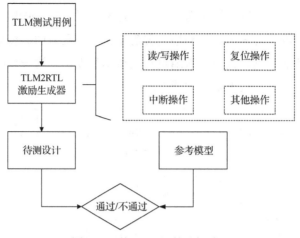

图 7.22　基于 TLM 的随机验证

断言也具有覆盖率的功能，通过断言覆盖率可以建立量化数据来衡量验证进度。传统的覆盖分析需要专门编写大量代码，断言的覆盖分析可以直接使用在协议检查或者事件描述中用到的时序表达式，因此其编码更加灵活和简洁。

断言验证可以是静态的形式验证（Formal Verification），也可以是动态仿真，还可以是两者的结合。断言可以插入设计或者验证平台，同时被验证人员和设计人员使用，并且在不同层次上复用，从而具有更长的生命周期和验证延展。断言验证已得到广泛应用，成为先进的验证方法学核心，尤其适用于对逻辑因果行为的验证。

图 7.23 所示为一个典型的断言场景。

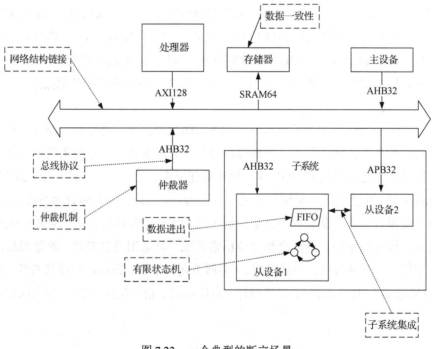

图 7.23　一个典型的断言场景

7.3.2 静态检查

静态检查不需要仿真和波形激励，通过工具辅助来发现设计中存在的问题。

利用静态检查可以在设计早期发现一些功能以外的设计问题，这不仅有助于设计编码的完善，还有助于覆盖率收敛和后端实现。目前，静态检查的主要方法有语法检查、语义检查、跨时钟域检查和形式验证。

（1）语法检查。

语法检查是指利用编译器检查明显的语法错误，如拼写、声明、例化、连接、定义等常见的语法错误。

不同的仿真工具对同一语言标准的解释和理解也可能存在偏差或者具有不同的严格程度。

（2）语义检查。

语义检查不需要验证环境，不需要写断言，由设计人员和验证人员利用专用工具（如Spyglass 等）对常见的设计错误、影响覆盖率收敛的问题、可能产生未知态 "X" 及受其影响的设计进行检查，以发现设计中的明显问题，具体内容如下。

① 验证收敛性检查：无法达到的逻辑部分、无法跳转到的有限状态机状态、无法完成的有限状态机跳转逻辑。

② 寄存器效用检查：寄存器被固定赋值、寄存器未初始化、X 值的传播。

③ 功能问题检查：有限状态机检查、总线检查、case 语句检查、数学逻辑检查。

（3）跨时钟域检查。

常规的验证方法（如动态仿真和静态时序分析）难以识别出跨时钟域电路是否进行了合适的同步处理，而静态的跨时钟域检查可以在早期的 RTL 阶段就用于验证跨时钟域设计的正确性。

目前，支持跨时钟域检查的商业工具有 Spyglass 等。图 7.24 所示为跨时钟域检查的几个类型。图 7.24（a）所示为跨时钟域信号宽度问题，通常是由于信号从快时钟域跨越到慢时钟域，但在慢时钟域还没被采样到时就已经发生变化。图 7.24（b）所示为数据跨时钟域的保持时间问题，在使用同步器但功能不正确的情况下，会出现此类违规信号。图 7.24（c）所示为聚合问题，发生在多个关联信号（可能来自同一时钟域或不同时钟域）从一个时钟域跨越到另一时钟域时，因各个信号彼此分开同步，导致同步过的信号之间可能丧失关联性。图 7.24（d）所示为复位同步释放问题。

（4）形式验证。

在仿真验证中，通过生成各种测试向量来访问待测设计中的状态，理论上所有可能仿真的设计状态构成可及状态空间（Reachable State Space），由于逻辑仿真存在一定的概率性，所以不可能穷尽所有可能去遍历可及状态空间的所有状态。形式验证采用严密的逻辑和数学方式穷尽所有可能去穷举所有的状态空间，彻底证明或者否定硬件属性，理论上可以对设计进行覆盖率为 100% 的快速验证。但是，随着设计复杂性的增加，形式验证需要对比的待测设计的可及状态空间呈爆炸式增长，因此形式验证更多应用在模块级，在系统级受到极大限制。比较常用的形式验证有等价性检查和模型检查。

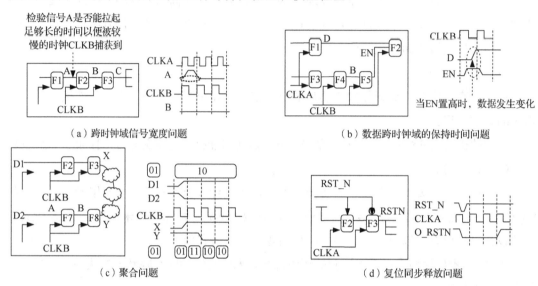

（a）跨时钟域信号宽度问题　　　　　　　　　　（b）数据跨时钟域的保持时间问题

（c）聚合问题　　　　　　　　　　　　　　　　（d）复位同步释放问题

图 7.24　跨时钟域检查的几个类型

① 等价性检查。

等价性检查用于检查不同抽象级的电路是否一致，如 RTL 到 RTL、RTL 到网表、网表到网表。对于芯片设计 RTL 阶段，等价性检查就是验证两个设计在功能上是否相同。常用的方法有组合等价性检查（Combinational Equivalence Checking，CEC）和顺序等价性检查（Sequential Equivalence Checking，SEC）。

组合等价性检查称为狭义的形式验证。等价性检查工具用于比较两个设计中的参考点（触发器和 I/O 接口），根据设置的参考点进行验证。所以，等价性检查工具将整个等价性检查拆分为一系列两个参考点之间的组合逻辑的等价性检查，可以高效完成整个工作。组合等价性检查如图 7.25 所示。

图 7.26 列出了设计流程中的一系列组合等价性检查，包括 RTL 与 DFT 插入前网表，验证综合所生成的网表是否正确实现了 RTL 代码所描述的功能；DFT 插入前网表与 DFT 插入后网表，确保 DFT 插入没有改变电路的正常功能；后端实现的多个步骤，如布局、时钟树综合、布线和 ECO 的前后操作都需保持电路的功能不变。

对于 RTL 到 RTL 的等价性检查，还可以使用顺序等价性检查。顺序等价性检查使用特定算法来对设计的状态空间进行表述，将两个时序逻辑设计的比较演变成了模型检查（Model Checking），所以顺序等价性检查通常会使用更高抽象级的参考模型，此思想与验证 RTL 代码功能的参考模型存在一些共通之处，如图 7.27 所示。

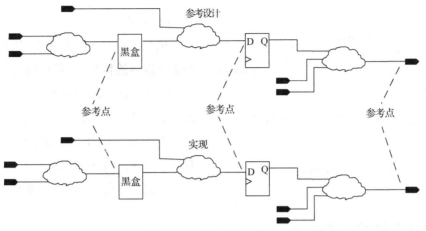

图 7.25　组合等价性检查

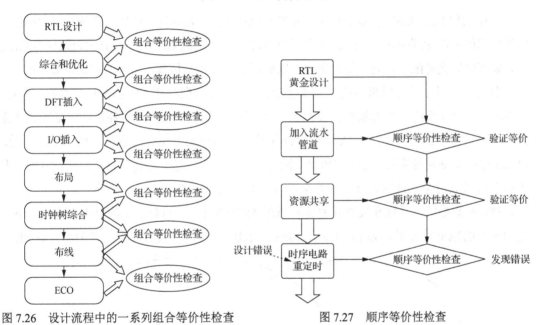

图 7.26　设计流程中的一系列组合等价性检查　　图 7.27　顺序等价性检查

JasperGold 工具是一种不依赖仿真的纯形式验证工具，可以超越接口的范畴，根据高层次的规范需求及低层次的声明进行详尽的模块级 RTL 至 RTL 的顺序等价性检查。其核心技术是基于一种可突破容量限制的"预识别引擎"，即借助"状态–空间隧道"技术，引导形式验证引擎只分析与验证每项需求有关的设计。该工具的实现可以看作模型检查的一个特例，不过此时的模型并不是断言，而是另一个设计或者一个周期精确的模型。

有时，芯片的设计会在最后一刻进行修改，以包含一些功能、时序、电源、其他修复，或者包含一些额外的逻辑，如扫描逻辑、电源控制电路等。此类修改需要进行验证，标准验证程序会耗费大量时间，而利用工具进行顺序等价性检查，将修改后的设计与 RTL 黄金设计进行比较，并验证它们在功能上是否相同，可以大幅缩短芯片的开发周期。

② 模型检查。

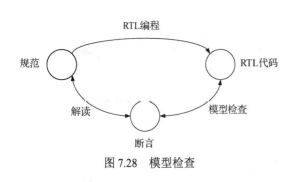

图 7.28　模型检查

模型检查用于检查 RTL 代码是否满足规范中规定的特性。一般使用特性规范语言（Properties Specification Languages），如基于断言的验证语言，来规定相关特性。此方法可以在不进行仿真的前提下检查设计中所有可能出现的情况是否满足规定的特性，而不会遗漏任何的边界情况，如图 7.28 所示。

7.3.3　硬件辅助加速验证

对中大型 SoC 来说，仿真速度会严重制约验证进度，尤其是一些硅前系统级用例和硅后测试问题的 RTL 仿真都耗时过长，不利于软件测试。硬件辅助加速验证待硬件设计初步稳定后，将其映射到可配置的硬件加速平台，以更高的时钟频率仿真，将大大加快仿真速度。

目前，业界主要使用两种硬件来加速验证：FPGA 原型验证系统和硬件仿真器。其中，FPGA 原型验证系统主要为软件开发提供平台；硬件仿真器用于软/硬件协同验证和整个系统的测试。图 7.29 所示为 FPGA 原型验证和硬件加速验证之间的关系。从系统特性上看，FPGA 原型验证系统支持在多片 FPGA、性能较高的情况下运行系统软件；硬件仿真器的超大容量可以放进全芯片的设计，进行全芯片的系统功能、性能、功耗验证。从应用场景上看，FPGA 原型验证系统和硬件仿真器在软/硬件协同设计方面有一定的交集，如 Synopsys 公司最新的原型验证平台 ZeBu 都采用 FPGA 架构，并且未来 ZeBu 可以和 HAPS 联调。

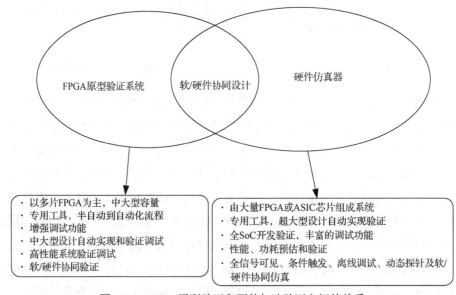

图 7.29　FPGA 原型验证和硬件加速验证之间的关系

1. FPGA 原型验证

FPGA 原型验证是将待测设计的 RTL 代码移植到 FPGA 上进行实物验证。此方法的最大优势是速度快，其运行频率可达几兆赫兹至 100MHz，比 EDA 验证快了好几个数量级，即使与硬件仿真器相比，性能上也有显著优势。当然，如果实际芯片的设计频率更高，则需要降频才能在 FPGA 上运行。FPGA 可以连接各种真实器件，如 DDR 内存条和 Flash 卡，通过 PCI-e 和 USB 接口与测试计算机连接等，尤其适用于通信及视频接口测试。

FPGA 原型验证系统的主要应用是在芯片设计过程中搭建软/硬件一体的系统验证环境，如图 7.30 所示。一方面，此验证环境可以进行 RTL 代码的调试检错，验证功能的正确性和完整性，由于 FPGA 内部可以生成真实电路，并且可以对接真实的硬件子卡，相较仿真使用的软件模型有一定差别，因此可以发现更多隐蔽的错误。此外，FPGA 相对于软件仿真及硬件仿真器而言，速度更快，比较适合一些耗时较多的场景用例，故在芯片设计规模越来越大的情况下，将多片 FPGA 互连能够快速实现高性能的全系统验证原型，并满足该场景下的调试需求。

另一方面，此验证环境可在芯片流片回来前为软件团队提供调试驱动软件的平台，以进行软/硬件协同验证，在芯片的基本功能验证通过后就开始驱动开发和启动操作系统，一直到芯片流片前后都可以进行驱动和应用的开发。在芯片回片后，应用程序可以直接基于 FPGA 版本的驱动进行简单适配，并应用到 SoC 上。在实际工作中，FPGA 原型验证系统适用于中大型设计和复杂算法的自动化验证、连接真实外围硬件的高性能系统验证或调试、软/硬件协同调试等，是 SoC 设计中一个重要且有效的验证工具。

但是，FPGA 原型验证系统的开发和调试周期较长，往往只能在芯片开发的中后期才能投入使用，并且需要根据 FPGA 原型验证系统的一些特性，对 RTL 代码进行适应性修改。FPGA 原型验证系统很难进行芯片中时钟复位电路的验证，涉及的模拟电路也无法在 FPGA 原型验证系统中进行验证，需要借助相关硬件子卡。此外，FPGA 原型验证系统的调试手段有限，波形抓取不易，运行过程中难以快速定位出现的问题。

图 7.30　FPGA 原型验证系统

随着芯片变得越来越大，越来越复杂，单片 FPGA 已不能满足原型验证要求，多片 FPGA 原型验证应运而生。RTL 逻辑的分割（Partition）、多片 FPGA 之间的互连拓扑结构、I/O 接口分配、高速接口都给 FPGA 原型验证带来了巨大挑战。

对于大型设计，往往需要多片 FPGA 互连才能验证整个设计，为此需要对设计加以分割。但分割会导致 I/O 接口的需求激增，当 I/O 接口数量受限时，必须采用 TDM（Time Division Multiplexing，时分多路复用），即将 FPGA 内部的多个并行信号转换为高速串行信号，通过 FPGA 的 I/O 接口传输到另一片 FPGA，然后进行解复用，将高速串行信号转换为并行信号，实现信号从一片 FPGA 到另一片 FPGA 的传输。但是，多路复用器和解复用器会引入额外的延时，导致跨 FPGA 路径成为关键路径，进一步降低了 FPGA 的可运行频率。为了与 SoC 性能接近，我们希望 FPGA 能运行在尽可能高的频率上，而大型 SoC 内部的处理器、GPU、Codec 等计算和编/解码模块的逻辑复杂，致使时序优化过程占据 FPGA 原型验证过程 30%～40% 的时间。外部子板与 FPGA 之间的高速同步接口一直是 FPGA 原型验证的痛点和难点，FPGA 很难控制并行接口之间的路径偏斜，使用降频可以减少数据采样失败的概率，但是有些控制器与物理层接口模块（PHY）之间的接口仍需满足标准规范，如视频显示有规定的时序，1080P 需要标准的 148.5MHz 主频，因此只能设法修改代码，甚至降低测试要求，以满足通路验证为准。此外，FPGA 的内部信号无法直接观测，通常需要借助 FPGA 的 Debug 工具在生成 Bit 文件前选取要观察的信号。当 Bit 文件加载运行时，必须通过配套的 Debug 工具观察指定的信号波形，所以调试效率较低。

目前，市面上常见的 FPGA 原型验证系统可以分为两大类：一类是芯片设计公司自己制作的 FPGA 板；另一类是商用 FPGA 原型验证系统，如 Synopsys 公司的 HAPS 系列、Cadence 公司的 Protium 系列、上海思尔芯（S2C）的 GPGA 平台等。

（1）Synopsys HAPS 系列。

HAPS 是 Synopsys 公司推出的 FPGA 原型验证系统，该系统自 2003 年第一代 HAPS-10 起，至今已经发展到 HAPS-100。HAPS 是一个集成解决方案，包含了硬件部分和软件部分，目前广泛应用的 HAPS-80 发布于 2014 年，最大规模的硬件平台 HAPS-80 S104 内含 4 片 Xilinx VU440 FPGA，支持多用户模式和多台级联（最高可达 64 台）模式，以满足不同设计的需求。集成软件除了提供编译、综合等功能，最大的亮点是支持多片 FPGA 和多台 HAPS 的自动分割（Auto Partition），同时拥有强大的调试能力，如 DTD（深度跟踪调试）和 GSV（全局信号可见）功能。2021 年，Synopsys 公司发布了最新一代 FPGA 原型验证平台——HAPS-100，该平台集成了 Xilinx 公司最新的 UltraScale+FPGA VU19P，相较于上一代，性能提升了 1 倍，是目前最先进的 FPGA 原型验证系统。

（2）Cadence Protium 系列。

Cadence 公司在 FPGA 原型验证系统方面的起步比较晚，2017 年尝试推出了第一代 FPGA 原型验证系统 Protium S1，于 2019 年发布了改进的第二代 Protium X1。Protium X1 硬件采用 Blade/Rack 结构，一个 Blade/Rack 包含了 6 片 Xilinx VU440 FPGA，集成软件除了支持编译、综合功能，还支持跨 FPGA 的自动分割，同时支持 DCC（Data Capture Card）

调试等。2021 年，Cadence 公司发布了 Protium X2，其为用户带来了 2 倍容量提升和 1.5 倍性能提升，可以在更短的时间内使大规模芯片验证完成更多次迭代。

2. 硬件加速验证

硬件仿真器是基于 FPGA 或处理器的定制产品，与软件仿真器相结合，提升了仿真速度，解决了 FPGA 资源有限问题，如图 7.31 所示。与商用 FGPA 原型验证系统相比，其在综合布线效率、内部可编程单元的利用率、片上存储共享和扩大 I/O 通信带宽等方面更具优势，让软/硬件协同仿真成为可能。硬件仿真器的定位和设计指向大容量和全系统的芯片加速仿真和调试。

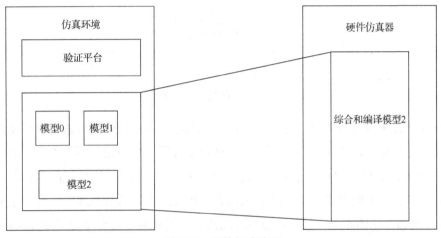

图 7.31　硬件加速验证

硬件仿真器的结构特殊，仿真速度高，待测设计加载其中，程序等运行在连接的软件仿真器一侧，软、硬件仿真器之间需要频繁沟通。由于硬件仿真器的运行速度比软件仿真器快得多，所以大量时间都耗费在两者通信上，真正运行在硬件仿真器上的时间占比就成为硬件仿真器加速倍数的重要指标。相较于软件模拟验证，硬件加速验证具有更快的验证速度和相对真实的外设验证平台；相较于 FPGA 原型验证，用户无须花费大量的时间去考虑如何设计、如何分割、如何布局布线等问题，从而大大增强了易用性，具有更短的开发周期和更丰富的调试手段（可观测性）。对于规模较大且功能复杂的芯片来说，硬件加速验证可以大幅度提升其软/硬件协同验证的效率，加快发现硬件错误后修改及迭代开发的速度。但是硬件仿真器的价格是 FPGA 原型验证系统的数倍甚至数十倍，并且不太适合与真实接口进行联调仿真。

验证平台可以由软件仿真器或硬件仿真器实现，也可以由两者协同实现。基于验证平台的实现方式，硬件仿真器可以分为四种主要应用模式：在线仿真模式、基于事务的加速（Test Bench eXpress，TBX）模式、联合仿真（Co-Simulation）模式、独立运行（Stand-Alone Emulation）模式。其中，在线仿真模式是指使用物理测试环境，通过速度适配器来驱动硬件仿真器中的待测设计；基于事务的加速模式是指使用虚拟测试环境中的软件仿真器，通过验证 IP 来驱动硬件仿真器中的待测设计；联合仿真模式是指使用虚拟测试环境中的软件仿真器，通过编程语言接口（PLI）来驱动硬件仿真器中的验证平台（时序部分）；独立运行模式是指使用硬件仿真器中的验证平台或执行内置软件代码来驱动硬件仿真器中的待测设计。

（1）在线仿真模式。

在线仿真模式是一种最传统、理论上运行速度最快的模式。在此模式下，待测设计映射到硬件仿真器内部，验证平台是由真实硬件组成的目标系统（物理测试环境），如图 7.32 所示。

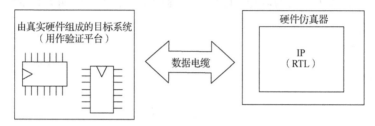

图 7.32　在线仿真模式

必须在验证平台与待测设计之间插入速度适配器，以实现外围高速硬件和硬件仿真器在工作频率上的桥接，如图 7.33 所示。由于硬件仿真器本身的运行频率不高，因此与外部设备，如 PCI-e、SATA、USB 等连接时需要使用速度匹配设备。速度适配器会通过牺牲部分功能和准确性来换取性能，如 PCI-e 或以太网等高速协议将会减速，以应对速度适配器中 FIFO 存储器容量的不足。另外，速度适配器的周期精确行为也将与实际协议有所不同。在线仿真模式的加速倍数为 5～15 倍。

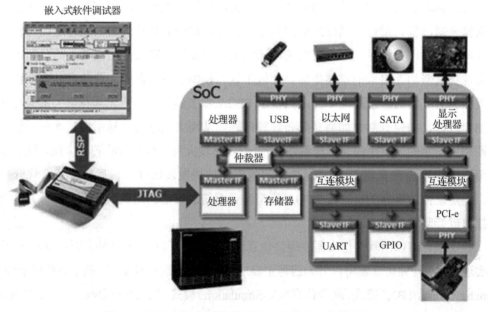

图 7.33　速度适配器连接外围高速硬件和硬件仿真器

在在线仿真模式下，验证平台能够以硬件仿真器的最大速度运行，比传统的软件仿真器提升了 5～6 个数量级。但在线仿真模式难以再现设计错误，影响问题的定位。此外，其使用不便，需要现场插拔，可能无法实现远程访问在线仿真模式的配置。

（2）基于事务的加速模式。

为了弥补在线仿真模式的不足，可将物理测试环境变为虚拟测试环境，即验证平台由工作站中的软件仿真器实现，通过事务接口连接硬件仿真器与待测设计，如图 7.34 所示。

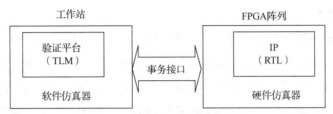

图 7.34　基于事务的加速模式

此模式被认为是软件仿真器的硬件化，使用高阶语言（SystemVerilog、SystemC 或 C++）编写高抽象级程序，由软件仿真器完成从高级命令到位级信号的转换，并通过事务接口与硬件仿真器中的待测设计进行通信。虽然其运行速度没有在线仿真模式快，但在软件上的功能和方法支持非常丰富。基于事务的软/硬件联合仿真被称为联合建模（Co-Modeling）模式。

基于事务的加速模式会产生大量测试周期，导致软件仿真器的运行受阻。经分析发现，验证平台所消耗的执行时间超过 50%，甚至可能高达 95%（其余时间由待测设计消耗）。基于事务的加速模式的加速倍数在几十倍至几百倍之间。

（3）联合仿真模式。

验证平台分为时序和非时序两部分，分别运行在两种仿真器上。其中，非时序部分在工作站的软件仿真器中运行，时序部分可用综合语言改写后，与设计一起加载到硬件仿真器中运行，如图 7.35 所示。

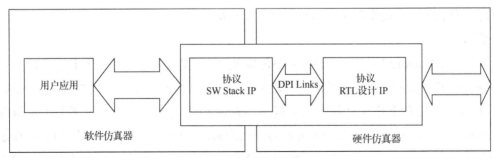

图 7.35　联合仿真模式

在此模式下，以相对较少的改动量移植软件仿真器上的运行用例，使可综合部分放在硬件侧，其他部分驻留在软件侧，从而可以在硬件仿真器上运行难以或无法在软件仿真器上运行的任务，如功能验证、不带时序网表仿真、DFT 等。验证激励可以由软件验证环境从主机输入，也可以由真实接口输入。

在联合仿真模式下，加速倍数主要受限于验证平台的运行速度及验证平台与硬件加速平台之间的通信速度。在构建联合加速平台环境时，应尽可能地构建可综合的验证平台，以便将其移植到硬件加速平台上，减少对主机的依赖；如果某些验证平台组件无法被移植，就需要设法加快主机与硬件加速平台之间的通信速度或减少通信次数，如采用 TLM 通信方式，通过提高每次通信的信息量来减少彼此之间的同步次数。

（4）独立运行模式。

所有待测设计和验证平台都被映射到硬件仿真器中，其中验证平台为可综合的验证平台或载入存储器的测试图形（Test Pattern）等，如将一个完整的 ARM 处理器核综合进去，待运行的 C 程序代码通过编译形成一个 hex 文件加载到硬件仿真器对应的存储器中。独立运行模式又称可综合验证平台（Synthesized TestBench，STB）模式，如图 7.36 所示。

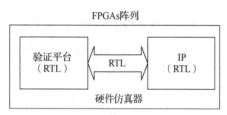

图 7.36　独立运行模式

硬件仿真器因其独有的、超大规模的硬件结构保证了 RTL 设计的完整性。目前，业界 3 家主流公司分别提供 3 种硬件仿真器：Palladium（Cadence 公司）、ZeBu（Synopsys 公司）和 Veloce（Mentor 公司）。从硬件实现上看，硬件仿真器分为基于 FPGA 和基于处理器两种架构。基于处理器的硬件仿真器（如 Cadence 公司的 Palladium 系列）通常会将集成了数以万计的高速处理器核的芯片焊接在一块巨大的单板上，配以控制、冷却等模块构成一个完整系统，其优点在于编译时间短、调试能力强、规模远大于 FPGA 几个数量级；缺点在于功耗高、价格昂贵、需要特别冷却系统、运营成本高、稳定性比较难控制、性能通常比基于 FPGA 的硬件仿真器低。基于 FPGA 的硬件仿真器（如 Synopsys 公司的 ZeBu 系列）可以理解为由很多片 FPGA、大量单板及电源和控制模块等互相连接起来形成的，其优点在于仿真性能高，使用商用 FPGA 可以降低开发成本。

① PZ1。

PZ1（Palladium Z1）是由 Cadence 公司推出的基于处理器阵列的，用于加速 RTL 仿真的可重用软硬件系统，最多能同时处理 2304 个并行作业，相较于上一代 Palladium XP II 平台，其调试深度和上传速度都有大幅提升。在硬件环境上，PZ1 的主要逻辑资源以域（Domain）为基本单元，每个域拥有 400 万个门逻辑，8 个域组成 1 个逻辑板（Logic Board，也称为 Logic Drawer），6 个逻辑板组成 1 个逻辑簇（Logic Cluster），3 个逻辑簇组成 1 个机架（Rack），如图 7.37 所示。软件环境为 Cadence 公司的 VXE（Verification Xccelerator Emulator），该软件集成了仿真、仿真加速及单一环境仿真功能，可以实现快速编译、高级调试、功耗分析、仿真加速和混合硬件仿真，大大缩短了整个产品的开发周期，从最初的架构分析到模块、芯片和系统集成，再到软件开发与系统验证等都可以通过该平台来进行设计和验证。

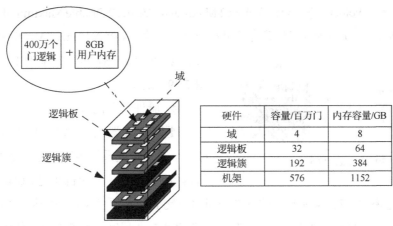

硬件	容量/百万门	内存容量/GB
域	4	8
逻辑板	32	64
逻辑簇	192	384
机架	576	1152

图 7.37　PZ1

② ZeBu。

ZeBu 是 Synopsys 公司推出的基于通用 FPGA 阵列的硬件仿真器，内部采用 Xilinx 公司生产的 Virtex 系列 FPGA，其内部结构如图 7.38 所示。其内部最小单位是一个 FPGA 模块，也称为一个 Slot，一台机器的容量由其 Slot 的数量来决定。ZeBu 通过 PCI-e 接口与计算机通信，支持多个用户分 Slot 同时访问；通过 ICE（In-Circuit Emulation，电路内仿真）和 Smart Z-ICE 两种方式连接待测设计，ICE 可以提供类似 FPGA 引脚的物理接口，Smart Z-ICE 则提供标准的 JTAG 接口，可以方便地用于软件调试。

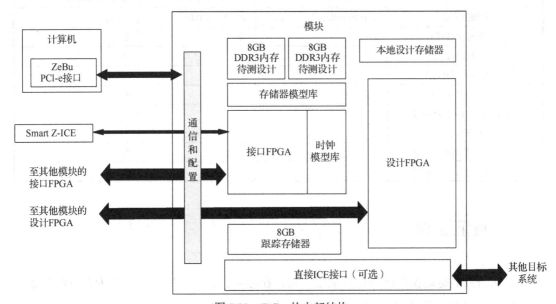

图 7.38　ZeBu 的内部结构

③ Veloce。

Veloce 是 Mentor 公司推出的基于定制 FPGA 阵列的硬件仿真器。Veloce2 系列分为 Veloce2 Quattro、Veloce2 Quartet、Veloce2 Maximus、Veloce2 Double Maximus 4 种，容量依次递增。以 Veloce2 Quattro 为例，其内部最小单元为 1 个 AVB（Advanced Verification Board），共包含 16 个 AVB，仿真频率为 1.5～2MHz，如图 7.39 所示。

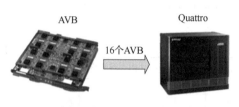

图 7.39　Veloce 2 Quattro

④ 验证平台比较。

硬件仿真器与传统的 RTL 验证平台和 FPGA 原型验证系统相比，具有设计容量大、存储器资源丰富、信号全部可见、调试功能完善等特点，仿真速率比 RTL 验证平台快几个数量级，比 FPGA 原型验证系统更稳定、更便于调试。随着芯片设计规模及大型 SoC 系统软/硬件联调复杂程度的不断提高，使用硬件仿真器进行验证已经成为芯片行业的趋势。以 PZ1 为例，表 7.3 所示为 PZ1 与传统验证平台的比较。若涉及模拟 IP，则只能使用仿真模型，而不能利用类似硬件子卡在 FPGA 原型验证系统上联调的方式在 PZ1 上进行实测验证。同时，由于硬件仿真器的速率较低，实时的通信或视频接口无法实现测试，因此仍需采用 FPGA 原型验证系统进行互补测试。

表 7.3　PZ1 与传统验证平台的比较

验证平台	RTL 验证平台	FPGA 原型验证系统	PZ1
仿真速率	10kHz	100MHz	1～4MHz
编译时间	600MGB/小时	1～2 万门/小时	1.5 亿门/小时
存储器资源	小于 Palladium 的内存资源	VU19P 58.4Mb	1152GB
信号是否全部可见	是	否	是
时钟是否可暂停	是	否	是
是否与真实环境对接	否	是	否
设计是否需要划分	否	是	否
是否支持硬件仿真与软件仿真的无缝切换	否	否	是
是否支持真实的电路延迟	否	是	否
是否支持波形的无限制追踪	是	否	是

7.4　验证流程

验证的目的是确保设计与预定期望一致，在芯片设计的不同阶段可分为系统级验证、RTL 验证、门级验证和物理验证，通常所说的验证是指 RTL 验证，如图 7.40 所示。

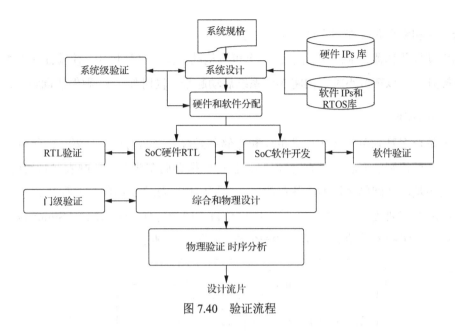

图 7.40 验证流程

1. 系统级验证

在芯片系统和架构设计中,需要定义系统功能,软/硬件划分,模块划分,处理器、存储器和互连模块等的选用等。在早期架构探索和优化阶段,要求快速搭建精确的架构概念模型,验证系统性能和功耗设计目标的可实现性,帮助架构和算法设计师快速确定全面均衡的架构,消除芯片设计的后期更改风险,提前发现问题并提高开发效率。系统级验证主要确认芯片的体系结构是否能够满足芯片的功能/性能要求。

电子系统级(Electronic System-Level,ESL)设计依据工具和平台进行事务级建模、仿真、软/硬件协同验证、性能分析和优化等。在早期的设计和验证中,如果事务级模型足够准确,甚至可以替代验证人员的参考模型,为硬件设计提供参考依据,同时加速验证。

虚拟原型设计使软件工程师在硬件设计完成之前就开始研发,从而在硅片出品后很快就可全面启动系统。随着芯片与应用领域的紧密结合,基于虚拟原型的软件开发会成为常态。

2. RTL 验证

详细的设计规范是编写代码的依据,也是验证工作的依据。当在验证中发现待测设计的响应与验证平台的期望不符时,需要根据设计规范判断是待测设计出现错误还是验证平台出现错误,因此完整和详细的设计规范是验证工作的重要起点,也是设计正确与否的黄金标准,一切违反和不符合设计规范要求的都需要重新修改设计和编码。设计和验证是反复迭代的过程,直到验证结果显示完全符合设计规范要求为止。

RTL 验证用于检验编码设计的正确性,判断设计是否精确地满足了设计规范中的所有要求。其难点在于如何产生所有可能的输入,并确定输出正确与否,因此要求验证人员不断深入理解设计规范并将其转化为有效的测试用例,尽可能提早发现设计缺陷并修正,确保所验模块和整个芯片能够实现预期功能。

利用硬件仿真器将 RTL 设计放入一个可重构的虚拟硬件环境中，使验证速度得到成千上万倍提升，可以在数小时之内将操作系统启动起来，同时便于软/硬件协同设计。

3. 门级验证

网表是众多基础单元（如标准单元和存储单元等）之间的连接列表。门级网表可以指逻辑综合之后得到的网表（没有时钟树），也可以指布局布线之后的网表（带有时钟树）。需要指出的是，基础单元行为由各自的仿真模型体现，独立于门级网表存在。

门级网表需要进行形式验证、静态时序分析、门级仿真（Gate Level Simulation，GLS）等，以保证门级网表的功能一致和时序收敛，如图 7.41 所示。

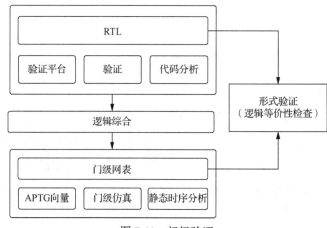

图 7.41　门级验证

（1）形式验证。

形式验证是指对门级网表进行快速分析，以确保其与 RTL 设计在功能上等价，即在优化过程中未改变功能，包括 RTL 级与门级的形式验证，以及门级与门级的形式验证。由于在仿真之前就可能发现大部分缺陷并进行修复，因此提高了仿真速度和效率，减少了花费的总成本、时间和精力。

（2）静态时序分析。

静态时序分析是一种不通过动态仿真而能检查电路是否满足时序约束的分析方法。通过对每条时序路径的延时分析，计算出设计的各项时序性能指标（如最高时钟频率、建立时间和保持时间等），从中发现时序违例。静态时序分析仅聚焦于时序性能的分析，并不涉及设计的逻辑功能，必须在时序签核前完成。

（3）门级仿真。

功能仿真可以分为 RTL 仿真和门级仿真，两者侧重的目标不同。其中，RTL 仿真即前端仿真，可以检测出功能逻辑上的缺陷，门级仿真即后端仿真，可以检测出实际门级电路中由延时问题导致采样失败而产生的功能缺陷。就效率而言，RTL 仿真显著高于门级仿真，通常门级仿真的时间比较长，特别是随着 SoC 的规模越来越大，运行完某些用例或许需要几天甚至更长时间，因此验证人员不能将 RTL 仿真的功能缺陷检测任务下移到门级仿真阶段。同时，门级仿真也不能被忽略，原因如下：一是在门级仿真过程中，可能会测试出实际电路中存在的时序问题；二是一些在网表阶段插入的逻辑电路，如 DFT 测试电路、低功耗电路、时钟树等，必须由门级仿真覆盖；三是使用后端布局布线之后输出的网表和延时信息文件（SDF）再次进行仿真，可以发现综合约束可能存在的缺陷。

门级仿真分为两种：一种是不带时序反标的门级仿真，即布局布线之前的零延时仿真，又称前仿，此时只有门级网表参与仿真，门级之间仍为零延时；另一种是带时序反标的门级仿真，即布局布线之后的仿真，又称后仿，此时将门级网表反向标注上 SDF 文件中包含的门单元之间的路径延时，进行有真正延时的电路仿真。

4．物理验证

物理验证是芯片签核前必须完成的工作，包括 DRC、LVS 和 ERC。

DRC 是指工具基于代工厂提供的规则文件（Rule File）来检查当前设计的 GDS 是否符合工艺生产需求，如基础层（Base Layer）检查、金属布线之间的间距（Spacing）检查、过孔（Via）之间的间距检查和金属密度（Metal Density）检查等。

LVS 是指检查自动布局布线后的物理版图（Layout）是否与逻辑版图（Schematic）相一致。

ERC 是指检查版图的电性能，如衬底是否正确连接电源或地、有无栅极悬空等。

7.5　验证计划和平台

验证计划是验证人员根据设计规范制定的描述验证过程的文档，其目标是在可控的时间范围内完成高质量的验证。验证平台的功能是生成激励、施加激励、获取响应并检查正确性，其主要构件有激励发生器、监测器和比较器。

7.5.1　验证计划

验证开始时，需要制订一个全面的验证计划，并对其进行评估，然后作为规范来遵守。由于 SoC 是由多个模块组成的复杂系统级芯片，所以验证计划中不仅要有整个系统的验证计划，还要有系统中每个模块的验证计划。详细的验证计划包含：①项目动向和更新内容，验证功能点、验证工具、验证策略；②工作量评估，开发验证测试台组件、测试用例、冒烟和回归、覆盖率分析、调试和质量活动完成所需的工作和时间；③验证完备性，量化回

归测试通过率和覆盖率；④验证资源和进度，人力安排、进度安排和风险评估等。图 7.42
所示为验证流程的工作阶段划分。

验证需求提取　　验证计划制订　　验证平台搭建　　用例开发和　　　回归测试
　　　　　　　　　　　　　　　　　　　　　　　　执行

图 7.42　验证流程的工作阶段划分

（1）验证需求提取。

在项目决定立项，并获取到项目的研制规范后，开展验证需求的提取工作。验证需求
提取需重点关注与系统相关的功能和性能定义，对于模块的细节需求，可以分解为只需在
模块级覆盖和需在系统级覆盖两类，对于设计规范中不够详细的需求，需要获取更多的信
息来进行细化。另外，还有部分验证需求是由特定的系统方案引入的（如地址空间的划分、
中断信号的分配等），在设计规范中不会体现，需要在验证需求提取时特别关注。

（2）验证计划制订。

验证计划关注做什么验证及如何验证，从而保证验证的充分性和完备性。

根据设计类型和需要验证的内容，采用不同的验证层次、手段、方法和技术。根据验
证需求的复杂程度、项目的研发周期等，制订项目的人力、培训、服务器资源、进度划分
等计划。

① 验证功能。

验证计划应列出要验证的所有功能特性及与这些功能特性相关的设计配置。并非所有
功能或配置都需要单独验证，大多数情况下可以组合起来进行验证，此时约束随机测试的
验证策略是一个很好的选择。

基本的功能验证包括时钟、复位、寄存器访问、数据通路访问、中断，以及基本功能
特性等验证，大多数可以在模块级完成。交互功能验证包括多个模块或子系统之间的交互
特性验证，需要在更高层次的子系统级或芯片级完成。优先级较低的功能验证可以安排在
项目后期完成，因为即使没有达到要求，也不会造成致命影响，所以风险较低。

② 验证层次。

验证计划需要明确不同功能点的验证层次。若有可能，尽量在较低的层次中验证更多
的功能点，芯片级层次应侧重系统集成、引脚复用、复杂场景、低功耗设计验证。

③ 验证方法。

验证计划需针对动态仿真、形式验证或硬件辅助加速验证的不同特点，为各种功能点
选择合适的验证方法。根据验证对象的可见程度来选择黑盒验证、白盒验证或灰盒验证；

按照激励生成方式和检查方式，选择定向测试或约束随机测试。

④ 验证工具。

选择一系列与验证有关的工具和 IP，包括仿真工具、形式验证工具、验证 IP、断言 IP、调试器、硬件仿真器、高层次验证语言等。

⑤ 需要的资源及项目进度。

对于项目引入的验证人员不熟悉的技术等，要提前制订好培训计划，以便验证人员能够更好地展开验证。平衡好需求复杂度、进度和人力之间的关系，若进度要求紧，则需要投入更多的人力；若项目规模过大，则需要更多的服务器资源，应提前申报，以免影响进度。进度的划分是和开发进度紧密相连的，不能单纯地制定，需要关注开发进度中是否预留足验证需要的时间。不充分的验证引起的迭代将会花费更多的时间。

⑥ 验证完成输出件及标准。

收集和分析各种覆盖率，确定评估验证完备性的指标。

（3）验证平台搭建。

在验证人员全面进入项目之前，需要准备好验证平台，以支持验证激励的编写。验证平台的快速搭建涉及软件编译、硬件仿真所需的脚本，软/硬件代码组织管理，软件代码的加载，地址空间映射等。

（4）用例开发和执行。

在搭建验证平台完成后，需要考虑如何产生适当的激励和检查测试结果。用例开发就是指围绕芯片功能开发相关的场景激励。在验证初期，应该只发送一些基本的测试数据，约束范围尽可能窄；在验证中期，由于设计已基本稳定，因此可扩大约束范围，以便更有效地完成验证；在验证后期，需要采用定向用例覆盖一些边界场景。

① 冒烟测试：确保寄存器读/写可行，并打通基本数据通路。

② 用例执行：以覆盖功能测试点为目的，逐步开发用例和调试。当所有功能点覆盖完毕后，开始进行功能覆盖率的代码开发。进行代码覆盖率和功能覆盖率分析，增加用例。覆盖率曲线如图 7.43 所示。

（5）回归测试。

一旦成功运行全部用例，验证就进入了回归测试和覆盖率收敛阶段，以保证验证完备性。

将通过的待测设计用例合并成一个测试集，形成回归测试表。后续周期性地批处理运行回归测试表，并自动检查验证是成功还是失败。将新通过的用例继续加入测试集，若设计修改影响既有用例的通过，则需要进行分析和筛选。为此需要确保可以复现激励场景，尤其是约束随机测试需要保存随机种子。回归测试对验证平台的优化（运算资源和运算效率）要求较高。

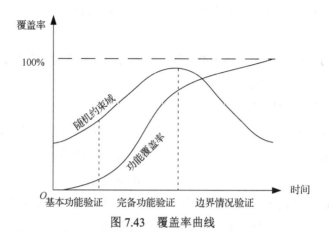

图 7.43　覆盖率曲线

回归测试也分层次进行，低层次回归后可以迁移到高层次，如果发现漏洞，则修复后需要回到更低层级重新开始。

覆盖率是验证收敛的重要标准，用于量化激励生成质量和功能点验证，可以分为代码覆盖率、功能覆盖率和断言覆盖率。

各种验证都需要采用覆盖率来确保具有足够的激励，以遍历设计可能的状态。除合法激励外，还要考虑给出错误的激励，以测试设计的稳定性和纠错能力。

芯片流片后一段时间，验证团队依然要继续回归，以便找出深层错误，因为流片出来后，某些错误仍可以被修复。另外，此时发现错误对后续的回片测试也有帮助，可以在 HDL 中先行修复以验证正确性，这样回片测试时将能更加轻松地确定问题所在。

7.5.2　验证平台

验证平台的功能是生成激励，对待测设计施加激励并获取响应，检查响应的正确性。验证平台需要实现随机测试、功能测试、合规性测试、边界测试、真实代码（应用软件）测试和回归测试。其主要构件有激励发生器、监测器和比较器，如图 7.44 所示。不同验证环境中的验证组件可能存在一定的复用性，因此开发可复用的验证组件非常重要。

验证平台应具备以下特点。

① 可控性和可观察性：在需要时驱动和访问所关注的设计部分。

② 可读性和重用性：在设计迭代时重用验证平台，在验证平台内重用各种组件。

③ 自动化：激励和监测能够自主和自动运行。

④ 可扩展性：在验证过程中能根据需要扩展其他组件或功能，以满足特定的功能验证要求。

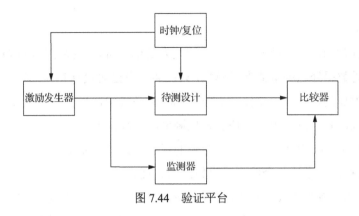

图 7.44　验证平台

（1）激励发生器。

激励发生器是验证平台的重要构件，其基本功能是激励生成和驱动，也被称为驱动器（Driver）、总线功能模型（Bus Function Model，BFM）、行为模型（Behavioral Model）或者发生器（Generators）。

激励发生器模拟待测设计的相邻设计，关注其接口协议而非内部功能，通过接口将激励发送给待测设计。构建激励发生器时，必须完整和正确理解接口协议。如果接口协议较简单或接口是内部设计之间规定的非标准接口，那么应该查阅相邻设计的硬件描述文档，充分理解接口的时序。如果是没有接口时序的设计，则需要与待测设计和相邻设计双方的设计者沟通，从中理解接口协议，消除各方对接口协议理解和实现的分歧。但是，对于接口的理解应该来自系统设计规范，不应该完全遵循设计者的假定，也不应该去参考设计的接口实现代码。如果激励发生器无法完全实现接口协议，那么其生成的场景是不完备的，会直接导致接口覆盖率的验证不完整。

激励发生器不应该违反接口协议，但在接口协议允许的范围内，可以构造比真实硬件行为更丰富的激励，以便模拟出更多、更复杂、在更高系统级别无法生成的场景（如一些复杂的边界场景），从而使模块级验证更加充分。另外，对于随机触发到的设计缺陷，应立即修改设计。

如果是商业成熟的接口协议，建议使用第三方的商用接口 IP，以节省二次开发的成本和调校激励发生器的精力，不建议使用一个不成熟的激励发生器。

（2）监测器。

监测器用于观察待测设计的边界信号或内部信号，并且将其打包整理后传送给其他验证平台组件，如比较器。

①　观察待测设计的边界信号：对于系统信号（如时钟），可以监测其频率变化；对于总线信号，可以监测输入总线的传输类型及输出总线是否符合协议要求。

②　观察待测设计的内部信号：监测器往往需要观察待测设计内部信号，用于指导激励发生器的激励发送，完成覆盖率收集和内部功能的检查。

（3）比较器。

在硬件设计初期，由于待测设计的功能较为简单，可以直接进行测试和线下比较，甚至验证人员缺乏数据处理脚本或参考模型，只能通过自己对设计功能的理解进行人工比较。随着设计功能愈加复杂，需要将比较器添加到验证环境中，以分析待测设计的边界激励，理解数据的输入，并且按照硬件的功能来预测输出的数据内容。

比较器承担了模拟设计行为和功能检查的任务，其功能如下。

① 数据缓存：缓存从各个监测器收集到的数据。

② 数据汇集：将待测设计输入接口侧的数据汇集给内置的参考模型。

③ 检查及报告：通过数据比较的方法，检查实际收集到的待测设计输出接口的数据是否与参考模型产生的期望数据一致。对于设计内部的关键功能模块，也有相对应的比较器进行独立的功能检查。在检查过程中，可以将检查成功的信息统一纳入检查报告文件中，以便仿真后的追溯。如果检查失败，也可以暂停仿真及报告错误信息，以便验证人员调试。

在实际项目中，各种比较器的实现方式迥异，大致可分为以下 3 种。

① 线上检查（On-Line Check）：在仿真的过程中动态比对数据，并且给出比较结果。

② 线下检查（Off-Line Check）：在仿真结束之后，对仿真过程中收集到的数据进行比对，给出比较结果。

③ 断言检查（Assertion Check）：通过仿真或者形式验证的方式，利用断言检查设计的功能点。

根据设计类型提供相应的测试激励，选择相应的验证方法和工具。在模块级或者 IP 级验证中，更多使用动态仿真和形式验证，尽量将缺陷率曲线更快、更多地收敛在这一层次。在芯片级验证中，倾向于使用动态仿真来测试模块之间的集成关系和系统任务。对于耗时长的测试用例，如固件启动测试、性能测试、大规模数据存储测试等，可在系统测试阶段使用硬件仿真器来加速获得结果。在实际的验证工作中，需要通过多种语言、方法、脚本、工具来最终达成验证目标。

表 7.4 所示为不同设计类型的测试激励和结果比对内容。

表 7.4 不同设计类型的测试激励和结果比对内容

设计类型	测试激励	结果比对内容
处理器	预先存入的指令和数据	每个指令执行完毕后，寄存器的值是否符合预期
存储控制器	数据的读/写操作，应尽可能覆盖所有可访问范围	数据的存储和读取是否正确
片上互连模块	所有可能的访问路径	是否可以通过所有可能的访问路径，是否无法访问所有被禁路径
外设模块	数据包的传输	数据从输入到输出是否得到正确的转换打包，数据是否丢失
系统模块	时钟测试、复位测试、逻辑开关测试、顶层连接性测试	时钟、复位信号是否正确，寄存器是否能正确配置控制信号，顶层连线是否正确

7.6 性能验证

性能验证关注芯片的性能指标，如运算能力和数据传输速率等。在设计的早期阶段获取有关数据不仅可以提前验证硬件性能是否满足要求，还可以修改硬件设计，完善其性能。通过性能验证发现和理解芯片系统中的真正瓶颈，可以帮助芯片架构师做出架构优化决策和权衡。同时，采用一致的测试用例进行硅前验证和硅后测试可以得出可对比的性能数据，但是受限于仿真速度，硅前验证尤其是芯片级仿真，可能需要采用硬件仿真器和虚拟原型等手段和技术。

（1）性能指标。

芯片的性能体现在各种性能指标上，常见的有带宽和延迟。性能指标确定后，需要建立对应的计算模型和测量方法，并在验证前建立验收标准。

① 带宽。

带宽是指单位时间窗口内可以传输的数据量，例如，内存带宽是指单位时间内可以并行读取或写入内存的数据量。一款芯片的最大内存带宽往往是有限且确定的，一般来说，这个最大内存带宽只是个理论最大值，实际程序使用的内存带宽只能达到其 60%。如果超出这个百分比，内存的访问延迟会急剧上升。

并发（Concurrency）是指在某一个时间段，多个模块或子系统会并行工作，并且共享网络和内存资源。吞吐量（Throughput）是指一条完整数据通路在单位时间窗口内可以传输的实际数据量。

吞吐量与带宽的含义不同。例如，对于工作在 100MHz 时钟频率下的 32 位数据宽度的 DRAM 来说，其带宽是 400MB/s，但受 DRAM 工作特性（如刷新、行激活和预充电）和其他各种因素的影响，DRAM 的数据传输速率达不到 400MB/s。吞吐量用于表征实际每秒能提供的数据量，如上述带宽的 DRAM 可能只能达到 200MB/s 的吞吐量。

② 延迟。

延迟是指任务执行所花费的时间，如处理器访问寄存器和存储器的读/写回路延迟。延迟可进一步细分为最大延迟和平均延迟。

（2）验证环境。

只有当验证环境贴近用户的实际使用情形时，获取的数据才具有真实意义。然而在硅前验证阶段，真实再现实际应用场景比较困难，可通过与固件/软件开发团队合作，设计出一些典型的系统应用场景，并通过仿真来观察系统的性能。

芯片中的主要模块应使用参数化的性能模型来表示，包括处理器模型、内存模型和总线模型等，其中的参数应能体现出模块对待测芯片性能的影响。模块模型通过互连可以构建系统级性能验证平台，用于衡量模块、子系统和整个系统的性能及影响因素。

可以在芯片目标模块或者总线上挂上监测器，以在线监测芯片的整体通信状况，计算网络的实时吞吐量及单个挂接模块或子系统的数据传输速率，但在线监测可能会大大降低仿真速度，还需要后续软件处理。可以使用线下分析（Off-Line Analysis）方法，将监测到的数据先通过仿真记录下来，再通过线下的脚本分析，绘制出性能变化曲线。

（3）性能测试类型。

性能测试的类型很多，常见的有负载测试（Load Testing）、压力测试（Stress Testing）、尖峰冲击测试（Spike Testing）和配置测试（Configuration Testing）等。

需要明确性能验证的重点和主要目标，找出影响整个系统或者某些功能特性的瓶颈模块或子系统，以确认系统的性能符合产品要求。

（4）性能测试用例。

针对不同种类和程度的性能约束指标，需要设计相应的测试用例类型。在验证阶段，需要先与系统工程师、固件开发人员一起确定重要的测试场景，从每种用例类型中挑选出最具约束力和最具代表性的一个，然后制订验证计划和测试用例。

将一些较为耗时的 RTL 仿真用例迁移到硬件加速平台，利用硬件仿真器来完成性能验证。此外，测试用例需要提供高密度的数据传输，以保证有足够的数据量用来测试数据传输的饱和峰值。

（5）性能分析。

基于性能模型，针对所关注的系统性能指标，建立相应的评估技术和方法。收集性能检测数据，利用已有工具或开发必要软件分析测试数据，提交性能报告。如果通过验证获得的性能参数与计划指标之间存在出入，则需要进行分析并反馈给芯片架构师和硬件工程师进行修改，然后再次测试，直到性能符合预期，达到验收标准方可结束。

7.7　能效验证

硬件的性能随着先进技术和方法的应用而不断提升，其能耗也随之提高，导致出现能效缺口，即传输和运算速率的大幅提升，造成功耗显著提升。

通常降低功耗也将降低能耗，但这并不绝对，例如有些任务在高速、高功率情况下可以很快完成，在低速、低功率情况下则耗费更长时间，导致能耗更高。如果忽略静态功耗，假定一个任务需要固定的时钟周期完成，那么无论时钟快慢，其所消耗的能量一样多。然而，当考虑静态功耗时，反倒是在时钟更快、动态功耗更高的情况下，完成任务更高效。

功能活动对功耗的影响最大，功能集成时需要对各种复杂工作模式的功耗情况进行综合分析，任何一种工作模式下的低电源效率都会对产品的竞争力或上市时间造成重大影响。

尽早掌握动态应用的功耗特性可以避免在产品开发后期产生意料之外的高成本。

低功耗设计中包含多种工作模式，每种工作模式对应一个或多个电源状态。全面的低功耗验证不仅需要对所有电源状态进行验证，还需要验证不同工作模式下的电源状态转换。硅前设计阶段的能效验证主要分为以下两个部分。

① 低功耗设计验证：包括基于电源意图的低功耗仿真和低功耗形式验证。

② 功耗预测与优化：利用功耗分析工具，结合仿真数据进行功耗预测，并给出分析结果。

7.7.1　低功耗仿真

低功耗仿真验证的是在正常功能行为之上叠加低功耗行为后的系统功能。

一个 SoC 可以被划分成多个电源域，使用一种或多种低功耗设计技术，如电源门控和动态电压调节等。通过改变电源意图并观察相应的低功耗仿真行为，可以探索不同的低功耗设计方法。

1．低功耗仿真的主要内容

低功耗仿真主要有电源管理仿真、电源域验证（包括上电/断电顺序仿真和跨电源域仿真）、低功耗技术验证。

（1）电源管理仿真。

电源管理仿真用于验证芯片不同工作模式的转换、不同电源域的切换、电源控制单元中有限状态机的遍历等，确认每个有效的电源状态都来自其他有效电源状态的转换，即覆盖所有可能的"开"和"关"电源域的有效组合。

除此之外，电源管理仿真还用于验证不同条件下的唤醒机制，如引脚唤醒、RTC 唤醒、IP 唤醒等，验证处理器执行指令请求而断电的机制。

芯片一般通过 I^2C 接口或 SPI 对电源管理单元进行控制，因此需要验证相关调节和通信的正确性。

（2）电源域验证。

① 上电/断电顺序仿真。

上电/断电顺序仿真用于验证整个芯片的上电/断电顺序，主要内容包括验证已断电的模块保持数据的逻辑和存储器在重新通电后恢复正常运行的行为；验证电源、时钟、复位信号的相互关系，确保它们按照精确的顺序被施加和移除；验证断电控制信号是否来自常开（AON）电源域或同一电源域。

② 跨电源域仿真。

跨电源域仿真用于验证断电的模块是否会对通电工作中的模块的操作产生负面影响，检查上电/断电前后隔离单元的操作。

在低功耗仿真中，需要跟踪在测试中关闭的模块的两个"环"："内环"在隔离单元内部；"外环"在隔离单元外部。当模块通过测试进入"关闭"状态时，应该看到"内环"内部所有节点都变为"X"（未定义）。如果隔离正确完成，则"外环"之外的所有节点都应保持定义。

具体的操作使用两种方法：一种是施加或取消一个或多个电源开关控制信号的测试；另一种是不施加或取消一个或多个电源开关控制信号的测试。

特别要注意测试电源开关控制信号的切换，即先关闭模块电源，然后重新打开电源并尝试访问。另外，还要测试模块始终断电的情形，观察其隔离单元能否正常工作，"X"是否传播出模块，并对仿真产生负面影响。

（3）低功耗技术验证。

以图 7.45 所示的 DVFS 验证为例，验证以下两种情形。

① 降频降压操作：先降低频率，等待频率稳定后再降低电压，电压稳定后即调节完成。如果电压不稳定，则继续等待。

② 升压升频操作：先升高电压，判断电压是否稳定，若不稳定，则继续等待；若稳定，则开始调节频率，频率稳定后即调节完成。

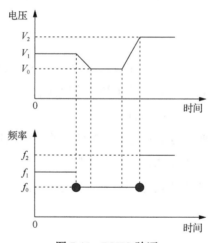

图 7.45　DVFS 验证

图 7.46 所示为一种基于 UPF 的芯片低功耗启动验证流程。

步骤 1：UPF 模拟芯片初始掉电状态。

步骤 2：验证平台模拟上电复位。

步骤 3：读取启动模式及启动地址，读取处理器指令，按照芯片低功耗场景进行用例配置，使处理器执行等待中断唤醒（Wait For Interrupt，WFI）或等待事件唤醒（Wait For Event，WFE）指令而进入睡眠状态。

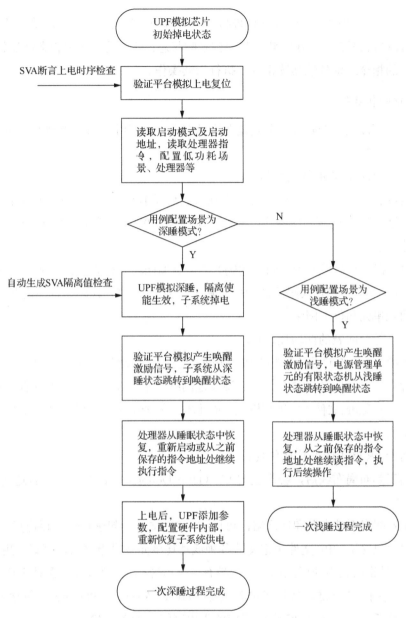

图 7.46　一种基于 UPF 的芯片低功耗启动验证流程

步骤 4：如果用例配置场景为深睡模式，则进行步骤 5；如果用例配置场景为浅睡模式，则进行步骤 6。

步骤 5：在深睡模式下，子系统进入沉睡状态。验证平台模拟产生唤醒激励信号，电源管理单元的有限状态机接收到唤醒激励信号后，会使子系统从深睡状态跳转到唤醒状态。此时，处理器从睡眠状态恢复到正常状态，重新启动或从之前保存的指令地址处继续执行指令。验证平台中添加了断言，用于检查电源管理单元的有限状态机的输出控制信号时序及芯片模拟部分提供给子系统的供电时序。

步骤 6：在浅睡模式下，验证平台模拟产生唤醒激励信号，电源管理单元的有限状态机接收到唤醒激励信号后，从浅睡状态跳转到唤醒状态；处理器从睡眠状态恢复到正常状态，从之前保存的指令地址处继续读指令，执行后续操作。

2. 低功耗仿真的流程

低功耗仿真涉及三个阶段，分别是逻辑综合前、逻辑综合后及物理实现后。UPF 文件作为黄金文件，贯穿于整个流程。

（1）基于 RTL 代码的低功耗仿真。

在逻辑综合之前，RTL 代码中还没有插入低功耗单元（隔离单元、电平转换器、保持寄存器、电源开关）、电源和地网络。仿真工具根据 UPF 文件插入虚拟单元和接地网络，实现电源敏感功能。

仿真时，在正常功能行为（RTL 代码）之上叠加低功耗行为（UPF 文件），以验证系统功能的正确性。基于 RTL 代码的低功耗仿真不需要更改 RTL 代码，也不需要在 RTL 代码中插入低功耗单元和供电网络。

（2）基于综合网表的低功耗仿真。

在逻辑综合后，会产生 UPF'（UPF Prime）文件，综合网表中插入了隔离单元、电平转换器、保持寄存器，但是电源开关，电源及地网络仍不存在。此时，低功耗仿真需要门级网表、UPF'文件及.db 文件（二进制格式，描述单元每个引脚与电源的直接依赖关系，由.lib 文件转化得到）。

（3）基于 PR 网表的低功耗仿真。

在后端工具布局布线后，会产生 UPF"（UPF Double-Prime）文件、普通的 PR 网表和 PG 网表。

普通 PR 网表不带电源和地网络，可以与 UPF"文件一起进行低功耗仿真。PG 网表是电源敏感的，包含了 UPF 文件中定义的各种低功耗单元及供电网络，可直接用于仿真。

PG 网表是指网表中的标准单元显性带有多个电源和地引脚，断电条件下通过三态门驱动 X 态，上电则正常导通，实现了电源敏感（Power-Aware）。PG 网表中包含了 UPF 文件中定义的各种低功耗单元及 PG 引脚组成的供电网络，如图 7.47 所示。

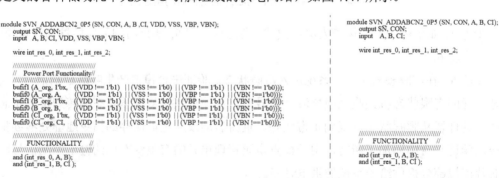

图 7.47　PG 网表

7.7.2 低功耗形式验证

比之电源常开的设计,低功耗设计的验证和签核更具挑战性,其形式验证包括 UPF 质量检查、结构和规则检查、逻辑等效性检查（Logical Equivalence Check,LEC）,如图 7.48 所示。

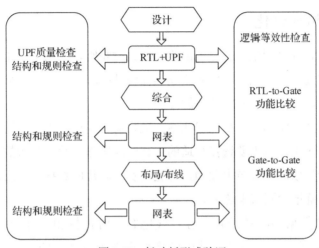

图 7.48 低功耗形式验证

（1）UPF 质量检查。

对电源意图文件的语法和语义进行检查,有助于在实施之前验证电源意图的一致性（Power Intent Consistency）,避免不正确的低功耗设计实现。

（2）结构和规则检查。

① 架构检查。

在 RTL 设计阶段,针对各种功耗模式检查设计中的关键信号和连线,有助于发现与连接有关的错误及导致的功能问题。

② 结构、电源和接地检查。

在整个设计流程中,验证隔离单元、电源开关、电平转换器、保持寄存器、常开单元插入和连接的正确性。

③ 功能检查。

检查隔离单元和电源开关功能的正确性。

（3）逻辑等效性检查。

电源意图规范所指定的低功耗单元并不出现在 RTL 代码中,但在后续的综合和物理实现时将添加到网表中,所以逻辑等效性检查工具必须能够证明综合引擎和物理实现引擎已经正确插入了相关的低功耗单元,并且网表在逻辑上与 RTL 代码等效,并且符合电源意图规范。

低功耗形式验证应该在整个流程中运行。在综合和测试逻辑插入后,检查是否缺少隔离单元或电平转换器，检查状态保持和隔离控制信号是否由保持通电的域正确驱动，并测试电源控制功能；在布局布线之后，检查门电源引脚是否连接到适当的电源轨，始终开启的电源是否适当供电，是否存在从断电域返回逻辑的"sneak"路径。

类似地，低功耗形式验证也涉及三个阶段，即逻辑综合前、逻辑综合后和物理实现后。

7.7.3 功耗预测与优化

流片以后运行软件来测量功耗更为准确，但为时稍晚，既增加了试错成本，又延长了产品能效优化迭代周期。所以，我们希望在硅前设计阶段，甚至是规划阶段就估测出芯片功耗，分析其构成，以便选择降低功耗的方法。

对于低功耗设计，将功耗分析与优化纳入项目流程需要考虑如何选取合适的测试场景来模拟典型的芯片应用，也需要选择合适的仿真时间段作为数据分析的来源。在不同的芯片项目中，通过功耗估测进行节电预测，再通过实际芯片的数据给出反馈来进一步修正估测数据，从而更准确地预测节电趋势。

待测设计中的数据和时钟翻转、互连线电容、时钟树和器件选择等产生的物理效应都影响着芯片功耗。这些信息的精确度将严重影响对功耗的分析。常用的功耗分析方法有以下两种。

① 无向量（Vector-Free）分析法：通过指令来定义节点的翻转率，进而分析功耗。

② 基于向量（Vector-Based）分析法：设计适当的测试用例，通过 RTL/门级仿真生成 SAIF（Switching Activity Interchange Format）文件或 VCD 文件，据此估算功耗。只有当测试用例符合实际应用时，功耗估算值才比较准确。

图 7.49 所示为门级功耗分析的流程。

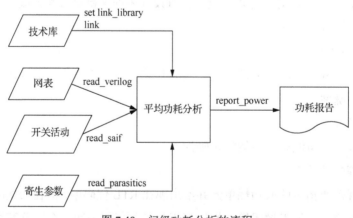

图 7.49　门级功耗分析的流程

目前，很多工具可以用于硅前功耗估算和分析，主要有 PowerArtist（ANSYS 公司）、SpyGlass Power（Synopsys 公司）、PrimeTime PX（Synopsys 公司）、Redhawk（ANSYS 公

司），它们有着不同的适应场景和性能。

不同工具的比较如表 7.5 所示。

表 7.5 不同工具的比较

	RTL 功耗分析	门级功耗分析	
工具	PowerArtist、SpyGlass Power	PrimeTime PX	Redhawk
目的	设计参考	准确的功耗估计	静态和动态功耗分析
可分析的仿真时间	毫秒级	微秒级	纳秒级
适用性	易用，适用于硅前验证早期	复杂，适用于门级仿真	复杂，适用于门级仿真
应用场合	功耗评估和优化	布局布线	PA/PI 分析

小结

- 验证是在流片之前根据给定的设计规范，测试（或验证）设计以确保设计正确性的过程。SoC 验证可分为功能验证、性能验证和能效验证。
- HDL 仿真器主要有三种实现算法（机制）：基于时间的仿真、基于周期的仿真和基于事件的仿真。
- 覆盖率用于评估验证效果，常用的有代码覆盖率和功能覆盖率。
- 硬件验证语言是一种用 HDL 编写、用于电子电路设计验证的编程语言。SystemVerilog、OpenVera 和 SystemC 是常用的硬件验证语言。
- 随机验证、覆盖率驱动验证和断言验证是三种重要的验证方法学。
- 验证层次可分为模块级验证、子系统级验证和芯片级验证。验证手段可分为三种：黑盒验证、白盒验证和灰盒验证。常用的验证方法有自上而下的验证、由底向上的验证、基于平台的验证、基于接口的验证、基于事务的验证。验证贯穿芯片的不同设计阶段，可以分为系统级验证、RTL 验证、门级验证和物理验证，通常所说的验证是指 RTL 验证。
- 功能验证是验证中最复杂、工作量最大、最灵活的部分，目前主要使用仿真验证、静态检查和硬件辅助加速验证技术；性能验证用于衡量系统在特定工作负载下的响应能力和稳定性；硅前设计阶段的能效验证主要包括低功能设计验证和功耗预测与优化。
- 验证计划是验证人员根据设计规范制定的描述验证过程的文档，验证平台是整个验证系统的总称，包含激励发生器、监测器和比较器等。

第 **8** 章

DFT

晶圆（Wafer）的制造过程有数百个步骤，每个步骤都有可能产生问题，因此晶圆中高达百万颗甚至亿颗的晶体管不一定每颗都是好的。没通过测试的硅片会被丢弃，不会被封装成芯片。当然，封装过程也可能再次出问题，还需要再次测试。测试就是检查芯片加工制造过程中所产生的缺陷和故障。随着芯片制造工艺的提升和芯片规模的增大，硅后测试阶段的成本不断增加，因此有必要在硅前设计阶段就考虑测试，以满足大规模芯片量产的测试要求。

DFT 已成为芯片设计的重要环节，其基本思想是在芯片设计中结构性地插入硬件逻辑，增强电路内部节点的可控性和可观察性，从而缩短测试时间，提高故障覆盖率（Fault Coverage，FC）。

芯片制造中的材料缺陷和工艺偏差可能使得芯片中的电路出现短路、开路等问题，导致电路功能或者性能方面存在故障，最常见的是固定型故障（Stuck-At Fault，SAF）；针对先进工艺和高速逻辑，还必须考虑全速（At-Speed）故障。扫描测试技术广泛用于对这些故障的测试。

MBIST 技术是用来测试嵌入式存储器的标准技术，自动实现通用存储器测试算法，达到高测试质量、低测试成本的目的。

JTAG 边界扫描测试用于芯片调试和电气特性测试。

本章依次介绍了 DFT 基本概念、测试的基本概念、扫描测试技术、MBIST 技术和边界扫描测试技术。

8.1 DFT 的基本概念

DFT 是指在芯片设计过程中引入测试逻辑，增加电路中信号的可控性和可观察性，通过比较电路的实际输出值与期望值来确定内部电路是否正常工作，从而快速筛选芯片。

① 可控性。

可控意指可以从电路的主输入端（Primary Input，PI）控制其内部引线的逻辑状态。如果可以通过电路的主输入端控制一条链路的状态，便称该链路可控，否则称该链路不可控。在图 8.1 中，二输入与门有两个输入 A 和 B，如果 A 直接接地，B 是电路 EC 的输出信号，则此时无论主输入端 PI 的值是什么，与门的输出 C 始终为 0，不可能为 1，因此 C 称为不可控的。

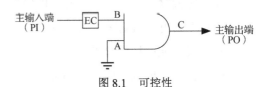

图 8.1　可控性

② 可观察性。

可观察意指可以从电路的主输出端（Primary Output，PO）或其他特殊的测试点观察电路内部引线的逻辑状态。在图 8.1 中，内部引线 A 的值可以通过某种方式传播到主输出端，但由于 A 的值为 0，导致 C 的值始终为 0，因此在 C 点就不能判断 B 点的逻辑值究竟是什么。若 C 是电路唯一的主输出端，则内部引线 B 是不可观察的。

8.1.1　测试方法和流程

（1）测试方法。

① 特定 DFT。

早期的 DFT 技术大多采用特定 DFT，其基于芯片设计实践中积累的经验或规则集合，主要思想是将大规模电路划分为较小的子电路，通过引入测试点，增加内部的控制点和观察点。

在测试时，由初级输入端直接控制并由初级输出端直接观察。如果测试点用作子电路的初级输入，则可以提高子电路的可控性；如果测试点用作子电路的初级输出，则可以提高子电路的可观察性。在某些情况下，一个测试点可以同时用作输入和输出。

使用特定 DFT 可以提高设计的整体可测性，测试向量易于生成，不受设计规则约束，也不会增大面积。但每个测试点附加的可控输入端和可观察输出端需要额外的附加连线实现，受芯片引脚数的限制，引入的测试点数量非常有限，还常常需要通过内部引脚复用来实现。此外，测试结构不能重复利用，无法保证较高的可测性。

如图 8.2 所示，在 ROM 前增加一个观察点可以观察进入 ROM 的数据是否有误。

通常电路由若干功能模块通过总线互连，可以利用此总线测试各个模块，提高其可测性。

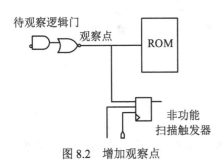

图 8.2　增加观察点

② 结构性 DFT。

结构性 DFT 提供了一种系统化和自动化的方法，其使用 EDA 工具来改善设计的可测性，通用性较强，可以达到很高的测试覆盖率（Test Coverage，TC）。常用方法有扫描设计技术、BIST（Built-In Self Test，内建自测试）技术和边界扫描技术。

DFT 可用于芯片上数字逻辑单元的测试，包括寄存器、片上存储器和其他数字逻辑单元，需要协调时钟、复位、电源等以确保测试功能的实现，同时不影响芯片正常的工作模式。芯片主要组件的测试技术如下。

- 标准单元：扫描技术。

- 存储器与模拟模块：BIST 技术。

- IP：BIST 技术、扫描技术。

- 封装与 I/O 单元：边界扫描技术。

（2）DFT 流程。

DFT 主要存在两种流程：在 RTL 设计阶段插入 DFT 和在网表中插入 DFT，如图 8.3 所示。

在在 RTL 设计阶段插入 DFT 的流程中，将 DFT 插入 RTL 代码，与原有的 RTL 设计一起进行综合，生成网表，并继续后面的设计流程。此流程的优点是综合时可以同时考虑附加 DFT 逻辑的影响，缺点是如果出现新的 DFT 需求，则需要重新进行综合，不利于整个设计周期的压缩。需要注意的是，并不是所有 DFT 都可以集成到 RTL 代码之中。

在在网表中插入 DFT 的流程中，RTL 设计完成后直接进行综合，生成网表后再插入 DFT。后续任何与 DFT 有关的修改，可以在网表上直接进行，不需要重新综合，这样可以压缩设计周期，但综合时并未考虑后续 DFT 插入所造成的影响。

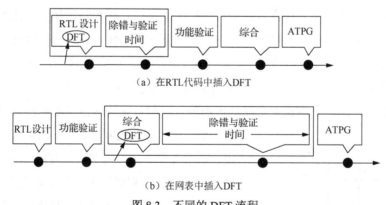

图 8.3　不同的 DFT 流程

8.1.2　DFT 规则

扫描测试技术是最常见的 DFT 技术，通过扫描链来增加内部各个节点的可控性和可观察性。其需要制定许多 DFT 规则，规范电路的时钟、复位及影响扫描链移位的结构，以达到足够的故障覆盖率和可接受的器件缺陷率。如果实际电路不符合 DFT 规则的要求，则需要进行修改。

（1）时钟可控性。

DFT 工具需要完全控制电路内部所有的时钟和使能端。在功能和测试模式下，经常使用不同时钟，其中测试时钟必须从芯片端口直接输入，如图 8.4 所示。无法控制的器件和单元将会被排除出扫描链，导致故障覆盖率降低。

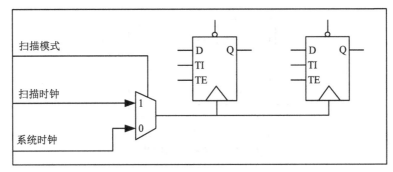

图 8.4　端口可控的测试时钟

对于门控时钟，在进行移位操作时需要保持使能有效，可以利用扫描使能信号（SE）或测试模式信号（TM）实现时钟的直接控制，如图 8.5 所示。

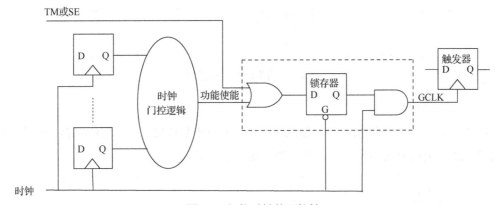

图 8.5　门控时钟的可控性

门控时钟的可控性通常选用专用的集成门控时钟单元（见图 8.6）来实现。其中，TE 端口与测试模式信号（TM）或扫描使能信号（SE）相连，E 端口与功能使能信号相连。

内生时钟由时钟分频器产生，需要在时钟路径中添加多路选择器，在测试模式下实现旁路。内生时钟的可控性如图 8.7 所示。

功能设计中可能使用不同时钟边沿触发的触发器，应该避免它们同时出现在同一条扫描链中，以防数据误传。使用不同时钟的触发器可以归入不同的扫描链，也可以在扫描测试时使用同一时钟。

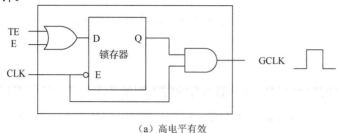

（a）高电平有效

（b）低电平有效

图 8.6　集成时钟门控单元

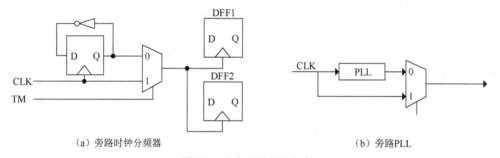

（a）旁路时钟分频器　　　　　　　　　　（b）旁路PLL

图 8.7　内生时钟的可控性

（2）复位可控性。

DFT 工具需要完全控制电路内部的状态。使用异步复位时，如果复位端存在组合逻辑，那么必须通过测试模式信号实现复位可控，如图 8.8 所示。

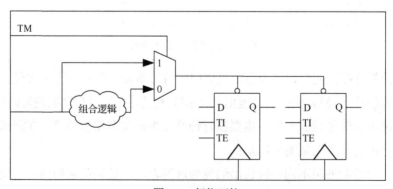

图 8.8　复位可控

（3）常见的 DFT 规则要求。

① 避免产生组合电路的反馈。

组合电路的回路会产生无法同步控制的内部状态，如由反相器组成的反馈回路（Feedback Loops），当反相器的个数为奇数时，其输出将形成振荡（Oscillation）；当反相器的个数为偶数时，将形成时序行为（Sequential Behavior）。在进行测试时，需要破坏该反馈回路，可以依靠工具自动操作，但人工分析和操作更佳，如图 8.9 所示。

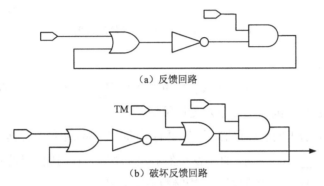

（a）反馈回路

（b）破坏反馈回路

图 8.9　避免产生组合电路的反馈

② 避免时钟进入数据路径。

加入测试点可以避免时钟进入数据路径，如图 8.10 所示。

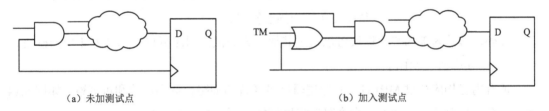

（a）未加测试点　　　　　　　　　　　　（b）加入测试点

图 8.10　避免时钟进入数据路径

③ 避免数据进入时钟路径。

加入测试点也可以避免数据进入时钟路径，如图 8.11 所示。

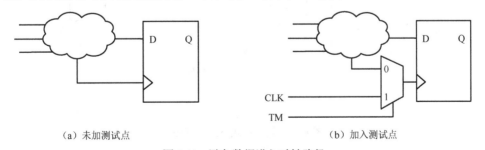

（a）未加测试点　　　　　　　　　　　　（b）加入测试点

图 8.11　避免数据进入时钟路径

④ 避免使用带使能端的触发器。

鉴于时序分析和收敛，以及后仿的复杂性，应尽量避免使用带使能端的触发器，可以使用不带使能端的触发器来实现相同功能，如图 8.12 所示。

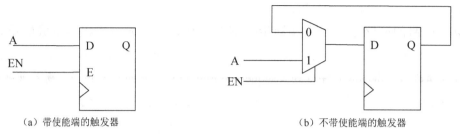

（a）带使能端的触发器　　　　　　　　　　　　（b）不带使能端的触发器

图 8.12　避免使用带使能端的触发器

⑤ 锁存器透明化。

锁存器是时序元件之一，DFT 工具会将其处理成黑盒，使得带有锁存器的通路变得不可测，从而影响覆盖率，因此应尽量避免使用锁存器。

可以采取旁路方法来处理锁存器，不过更通用的处理办法是使锁存器透明化，如图 8.13

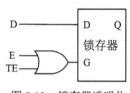

图 8.13　锁存器透明化

所示。此方法虽然解决了故障传播问题，但是使能端的故障仍不可测试，会影响故障覆盖率。

⑥ 允许存在非扫描触发器或整个非扫描模块。

当可扫描模块内使用了内部生成时钟或未遵守复位可控性规则时，会产生非扫描触发器。原则上，仅关键时序路径上允许存在非扫描触发器。

此外，芯片内部的某些模块可以通过其他方式测试，因此可将它们列为非扫描模块。

⑦ 内存应通过 MBIST。

所有内存均应通过 MBIST，其他逻辑则可通过扫描路径达到可控和可观察。如图 8.14 所示，在扫描模式下，增加一个多路选择器结构使所有内存都被旁路。

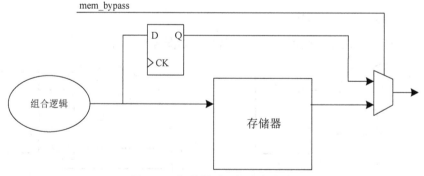

图 8.14　扫描模式下的内存旁路

⑧ 三态总线的控制。

芯片上存在三态总线将导致总线竞争，即同一时间在总线上驱动不同的值。在扫描测试时，避免总线竞争的途径是控制三态缓冲器的使能，使三态总线处于禁用（Disable）状态，如图 8.15 所示。

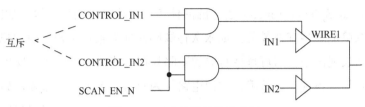

图 8.15　三态总线使能的控制

⑨ 双向端口的控制。

在测试时，要控制双向端口的方向。可以通过工具或手工添加指令，在移位操作时将其设为输入或输出端口，如图 8.16 所示。

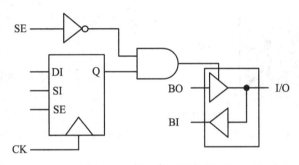

图 8.16　双向端口的控制

8.2　测试的基本概念

缺陷是指在芯片制造过程中，因加工条件不正常和工艺设计有误等造成的开路、短路等物理异常；故障是指由缺陷引起的电路异常，如电路逻辑固定为 1 或 0；误差是指由故障导致的系统功能偏差和错误；漏洞是指由设计问题造成的功能错误，也就是常说的 Bug。

芯片测试的主要目的是利用测试机台执行被要求的测试工作，保证所测量的参数值符合设计规范。

测试程序通常可分成几种不同类型的测试，包括直流测试（DC Test）、功能测试（Function Test）和交流测试（AC Test）。

8.2.1　故障模型

电路中可能存在各种制造缺陷（又称物理缺陷），对电路功能的影响非常复杂，分析难度很大。

CMOS 工艺中常见的制造缺陷包括对地和电源的短路、由尘粒引起的连线开路，以及由金属穿通（Metal Spike-Through）引起的晶体管源极或漏极的短路等，如图 8.17 所示。

　　各种制造缺陷的表现存在差异，如永久性缺陷在任何条件下都会表现出来，偶然缺陷只在特定条件下表现出来，与可靠性有关的缺陷只在一些极端条件下表现出来。

　　制造缺陷将导致各种电路故障，致使电路行为异常，逻辑出现故障，如图 8.18 所示。

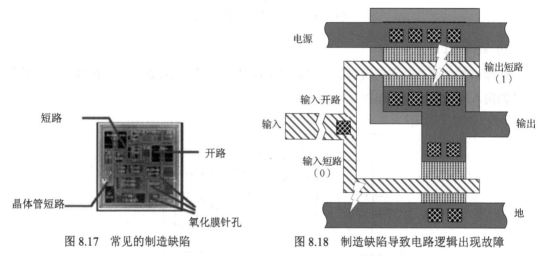

图 8.17　常见的制造缺陷　　　　　图 8.18　制造缺陷导致电路逻辑出现故障

　　某些制造缺陷不会改变芯片的逻辑功能，但会导致时序违例。在图 8.19（a）中，A 端 0 到 1（上升沿）的转换变慢，但 1 到 0（下降沿）的转换变快；在图 8.19（b）中，0 到 1（上升沿）和 1 到 0（下降沿）的转换在 A 端都变慢。

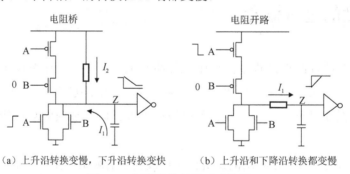

（a）上升沿转换变慢，下降沿转换变快　　　（b）上升沿和下降沿转换都变慢

图 8.19　制造缺陷导致时序违例

　　表 8.1 所示为部分制造缺陷和对应的故障表现形式。

表 8.1　部分制造缺陷和对应的故障表现形式

制造缺陷	故障表现形式
线与线之间短路	逻辑故障
电源与电源之间短路	总的逻辑出错
逻辑电路开路	固定型故障

续表

制造缺陷	故障表现形式
线开路	延迟或逻辑故障
MOS 管源极和漏极开路	延迟或逻辑故障
MOS 管源极和漏极短路	延迟或逻辑故障
栅极氧化短路	延迟或逻辑故障
PN 结漏电	延迟或逻辑故障

将不同的制造缺陷抽象表示为各种故障，呈现相同效果的故障归并成类，便形成了故障模型。同一故障模型可以描述多种制造缺陷的行为，从而简化了制造缺陷分析。常用的故障模型如下。

① 固定型故障模型。

② 延迟故障（Delay Fault）模型。

③ 桥接故障（Bridging Fault）模型。

④ 开路故障（Stuck-Open Fault）模型。

⑤ 晶体管固定开/短路故障（Stuck Open/Stuck Short Fault）模型。

⑥ 基于电流的故障（Current-Based Fault）模型。

1. 固定型故障模型

固定型故障反映了电路中某个节点上信号的不可控性，即当电路正常工作时，该节点的电平始终固定在某一个值，若固定在高电平，则称为固定 1 故障（Stuck-At-1，SA1）；若固定在低电平，则称为固定 0 故障（Stuck-At-0，SA0）。在图 8.20 中，SA1 模拟了输入端口 A 固定在逻辑"1"的故障，SA0 模拟了输入端口 B 固定在逻辑"0"的故障。

以图 8.21（a）为例，其在无 SA1 和有 SA1 情况下的逻辑真值表分别如图 8.21（b）、图 8.21（c）所示。

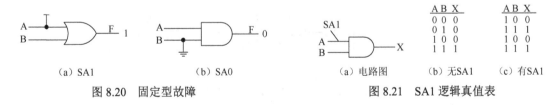

（a）SA1	（b）SA0	（a）电路图	（b）无SA1	（c）有SA1

图 8.20　固定型故障　　　　　　　　图 8.21　SA1 逻辑真值表

（1）固定型故障模型分类。

固定型故障模型可以进一步分为固定型单故障模型和固定型多故障模型两种。

固定型单故障模型是指在任意给定时间，电路中只有一条导线存在固定型故障，这是业界使用最广泛的故障模型。对于具有 n 条导线的电路来说，单个固定型故障的总数为 $2n$。

固定型多故障模型是指在任意给定时间，电路中可能存在任意数量的固定型故障。对于具有 n 条导线的电路来说，多个固定型故障的总数为 $3^n - 1$。

对图 8.22 所示的固定型多故障模型来说，其共有 $3^{11}-1=177146$ 个固定型故障。

（2）固定型故障测试。

基于固定型故障模型的测试主要分两步：第一步是打开通路，在输入端口加上适当的激励信号，使得故障点的信号可以无阻碍地到达输出端口；第二步是激活故障，并传送故障至输出端口。

在图 8.23 中，假定 E 点有一个 SA0。想要判断 E 点是否存在该故障，必须使 E 点电平为 1，并将 E 点为 1 的电路操作传送到 Z。

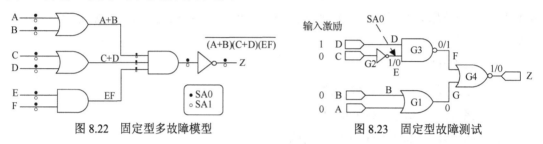

图 8.22 固定型多故障模型　　　　图 8.23 固定型故障测试

敏化通路：为了使 E 点故障被传送，必须使 D 点为 1，这样 F=0；要使 F=0 传送到 Z，则必须使 G=0；要使 G=0，则需要使 A=0，B=0，于是 A=0，B=0，D=1 就是敏化通路的条件。

故障激活并传送：为激活故障，C 需设置为 0，因此若 E 点无 SA0，则 Z 为 1；若 E 点有 SA0，则 Z 为 0。

由此可得，E 点 SA0 的测试向量为 ABCD=0001。

2. 延迟故障模型

在一些高速芯片应用中，延迟故障特别重要，很多因素（如电阻变大和串扰等）都可能增加延迟，如图 8.24 所示。

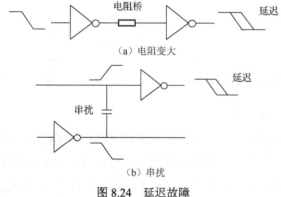

（a）电阻变大

（b）串扰

图 8.24 延迟故障

延迟会影响时序，延迟超过一个时钟周期将影响电路功能。此外，在某个工作条件下，延迟会导致错误，但条件改变后又可以恢复正常。

（1）传输延迟故障模型。

传输延迟模拟时序路径上所有门电路和导线的延迟累积，传输延迟故障模型关注指定路径上的延迟所导致的故障。

在图 8.25 中，假定电路的工作频率为 100MHz，A 到 Y 的正常传输延迟为 8.0ns，当存在传输延迟故障时，A 到 X 和 Y 的延迟分别为

$$A 到 X 的延迟=3.0+2.6+2.7=8.3ns<10ns$$

$$A 到 Y 的延迟=3.0+2.6+2.7+2.9=11.2ns>10ns$$

所以，A 到 Y 的路径出现了时序违例。

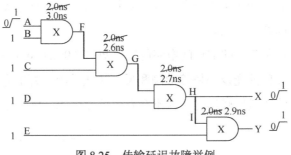

图 8.25　传输延迟故障举例

（2）跳变延迟故障模型。

如果时序路径的某个节点上存在较大的延迟缺陷，则将导致任何通过该节点的信号转换都变慢，即延迟增加。跳变延迟故障是指电路中某一节点的电平变化太缓慢，导致电路工作不正常。经过一段时间的传输后，跳变延迟故障表现为固定型故障，其中慢上升模型（Slow-To-Rise，STR）对应于 SA0；慢下降模型（Slow-To-Fall，STF）对应于 SA1。图 8.26 所示为跳变延迟故障。

在图 8.27 中，假定电路的工作频率为 100MHz，由于出现跳变延迟故障，A 到 X 和 Y 的延迟分别为

$$A 到 X 的延迟=2.0+2.0+4.1+2.0=10.1ns>10ns$$

$$A 到 Y 的延迟=2.0+2.0+4.1+2.0+2.0=12.1ns>10ns$$

由此可见，两条路径都出现了时序违例。

基于跳变延迟故障模型的测试称为跳变测试。跳变测试需要两个向量：初始向量（Initialization Vector）和跳变向量（Transition Vector）。其中，初始向量用于建立故障传送的通路（敏化通路），并设置故障点的初始值；跳变向量用于设置故障点期望的跳变值。对图 8.23 所示的电路来说，初始向量为 ABCD=0011，跳变向量为 ABCD=0001。

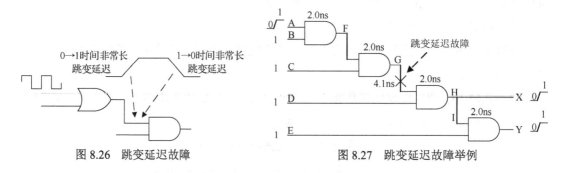

图 8.26　跳变延迟故障　　　　　　图 8.27　跳变延迟故障举例

3．桥接故障模型

桥接缺陷是由电路中两个或多个节点之间短接造成的。这些短接的节点可能位于晶体管内部，也可能位于晶体管之间。

桥接缺陷导致桥接故障，即节点间电路的短路故障（Stuck Short Fault），包括逻辑电路之间的桥接故障、节点间的无反馈桥接故障和反馈桥接故障。好的布线可以有效减少桥接故障，如当两根信号线布线比较远时，就不会发生桥接故障。桥接故障如图 8.28 所示。

（a）无桥接故障　　　　　　　　　　　（b）有桥接故障

图 8.28　桥接故障

4．开路故障模型

开路缺陷是由制造不当造成的，物理缺陷中大约 40%属于开路缺陷，包括导线断开、导线变细、阻性开路和渐变开路等。开路可能发生在门电路内部的信号线和两个门电路之间的导线中。

开路故障是否可检测取决于开路缺陷的面积和位置。开路缺陷不一定都可以用固定型故障模型检测到，也可以使用漏电流（IDD）测试方法。

5．晶体管固定开/短路故障模型

以上讨论的是 RTL 或门级的常用故障模型。桥接故障和开路故障可能发生在门电路内部，一个逻辑门电路可能由多个晶体管搭建而成，所以晶体管级的故障模型包含两种故障模型：固定开路故障模型和固定短路故障模型，如图 8.29 所示。

- 固定开路故障模型：单个晶体管永久处于开路状态，导致输出浮动。
- 固定短路故障模型：无论栅极电压如何，单个晶体管都永久短路，可能导致逻辑电平不明确，其取决于上拉网络和下拉网络的相对阻抗。当输入为低电平时，P 型晶体管和 N 型晶体管都导通，导致静态电流（IDDQ）增加，称为 IDDQ 故障，使用漏电流测试方法可以发现问题。

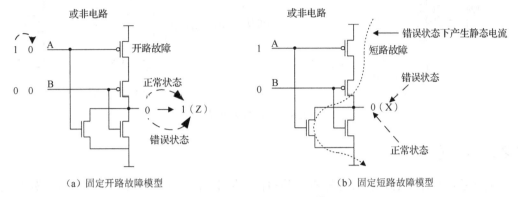

图 8.29　晶体管级的故障模型

6．基于电流的故障模型

基于电流的故障模型是指电路中的缺陷可能会导致过大的漏电流，尽管并不导致逻辑错误，但可能会出现可靠性方面的问题，最常用的是伪固定型故障模型。

在 CMOS 逻辑中，非翻转状态的门电路只消耗静态电流或者二极管反向电流，因此静态时芯片的漏电流非常小，完全静止的 CMOS 电路在正常工作时，其静态电流接近零；桥接故障、短路故障和开路故障都将导致静态电流上升一个数量级以上，如图 8.30 所示。

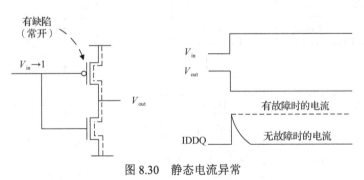

图 8.30　静态电流异常

伪固定型故障模型建立在固定型故障模型的基础上。在单纯的固定型故障模型中，仅观察逻辑 1 或 0 的电压值，在伪固定型故障模型中，需先将故障效应加到指定点，然后观察电源对整个芯片的输出电流。

IDDQ 测试分为两步：第一步是测试设备施加测试向量使 CMOS 电路稳定；第二步是测量静态电流，如图 8.31 所示。

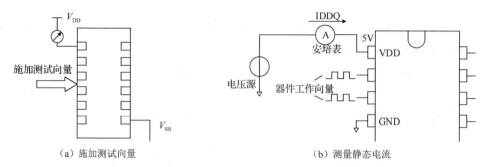

（a）施加测试向量 　　　　　　　　　　　　（b）测量静态电流

图 8.31　IDDQ 测试

8.2.2　测试

测试是通过测量芯片的实际输出，并与预期输出相比较来确定或评估内部电路的功能和性能的过程。从最初形成满足特定功能需求的芯片设计，经过晶圆制造、封装环节，到最终形成合格产品前，需要不断检测产品是否符合各种规范。

1．测试分类

测试按生产流程可以分为晶圆接受测试（Wafer Acceptance Test，WAT）、晶圆测试（Circuit Probing）、最终测试（Final Test）和系统级测试（System Level Test）。

芯片设计和制造过程中的测试如图 8.32 所示。

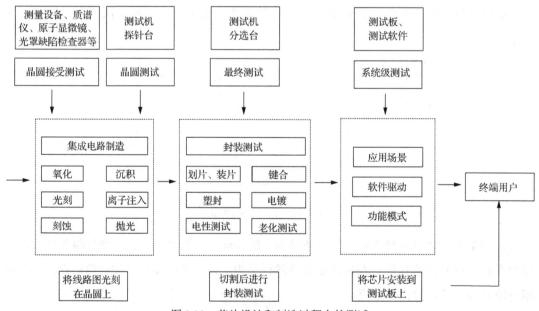

图 8.32　芯片设计和制造过程中的测试

① 晶圆接受测试。

单晶硅棒经标准制程制作的晶圆，在芯片之间的划片道上会有预设的测试结构图，在首层金属刻蚀完成后，对测试结构图进行晶圆可靠性参数测试来检测晶圆制作工艺是否合格，对不合格的芯片进行墨点标记，得到芯片和微电子测试结构的统计量。业界也称晶圆接受测试为工艺控制检测（Process Control Monitor，PCM）。

② 晶圆测试。

晶圆测试常称为晶圆检测，是指晶圆制作完成后，对制作工艺合格的晶圆进行测试，以判定芯片是否符合设计的质量要求。测试向量需要实现高故障覆盖率，但并不需要覆盖所有的功能和数据类型。晶圆测试的对象是未划片的整个晶圆，属于在前端工序中对半成品的测试，目的是监控前道工艺的良率，并降低后道工艺的封装成本。基于测试成本考量，晶圆测试的时间较短，只做通过或不通过的判断。晶圆测试又称前道测试、CP 测试、Wafer Probing 或 Die Sort。不合格的晶圆将被直接丢弃，不进行封装，以节约成本。

③ 最终测试。

完成晶圆测试后，合格产品会进入切片和封装步骤。在裸片封装之后，需要再次测试，以避免有缺陷的芯片进入系统。最终测试又称为封装测试（Package Test）或成品测试。在电路的特性要求方面，最终测试通常执行比晶圆测试更为严格的标准。例如，芯片会在多组温度条件下进行多次测试，以确保对温度敏感的特征参数。商业用途（民品）芯片通常会经过 0℃、25℃和 75℃条件下的测试，军事用途（军品）芯片则需要经过−55℃、25℃和 125℃条件下的测试。

④ 系统级测试。

系统级测试是指在仿真的应用场景中对待测芯片进行测试，又称为功能测试，主要目的是提高芯片出厂的良率。一般的测试方法是将封装好的芯片安装到测试板上，启动专用系统级测试软件或者常规的系统软件等，记录测试结果，因此无须像传统自动测试机台（ATE）那样创建测试向量，可以像在真实环境中一样运行和使用待测芯片，从而发现之前无法发现的故障。

⑤ 芯片电学测试。

芯片电学测试可分为电学参数测试和功能测试，如图 8.33 所示。

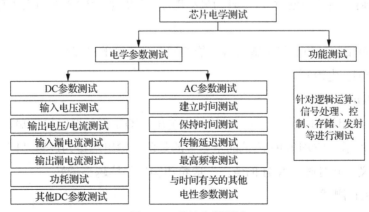

图 8.33　芯片电学测试

电学参数测试的目的是确定芯片引脚是否符合各种上升和下降时间、建立和保持时间、高低电压阈值和高低电流规范,包括DC(Direct Current)参数测试与AC(Alternating Current)参数测试。

功能测试的目的是确定芯片内部数字电路和模拟电路的行为是否符合期望。

测试成本与测试时间成正比,测试时间包括低速的电学参数测试和高速的功能测试所用的时间。其中,电学参数测试所用的时间与引脚的数量成正比,功能测试所用的时间依赖于向量数量和时钟频率。功能测试的测试成本主要来自向量测试。

2. DC 参数测试

各种 DC 参数都会在芯片的数据手册里标明,DC 参数测试的主要目的是确保芯片的 DC 参数值符合规范。DC 参数测试的具体内容包括输入电压(VIH/VIL)、输出电压/电流(VOH/IOH、VOL/IOL)、输入漏电流(IIH/IIL)、输出漏电流(IOZH/IOZL)等,如图 8.34 所示。

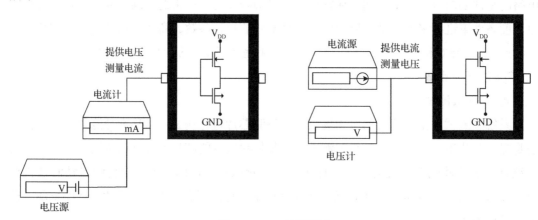

图 8.34　DC 参数测试

(1)输入电压测试。

VIH 表示输入端口为逻辑"1"时的最小电压,VIL 表示输入端口为逻辑"0"时的最大电压。

输入电压测试的目的是保证输入端口能够判断出正确的逻辑值。

(2)输出电压/电流测试。

① VOH/IOH 测试。

VOH 表示输出端口为逻辑"1"时的最小电压,IOH 表示此时输出端口的最大驱动电流,如图 8.35 所示。VOH/IOH 测试的主要目的是确保输出端口为逻辑"1"时,其输出阻抗符合规格定义,同时确认 IOH 的值。一般希望输出阻抗越小越好。

② VOL/IOL 测试。

VOL 表示输出端口为逻辑"0"时的最大电压,IOL 表示此时输出端口的最大驱动电流，如图 8.36 所示。VOL/IOL 测试的主要目的是确保输出端口为逻辑"0"时，其输出阻抗符合规格定义，同时确认 IOL 的值。一般希望此阻抗越小越好。

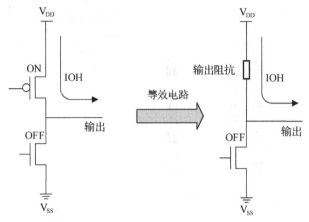

图 8.35　VOH/IOH 测试

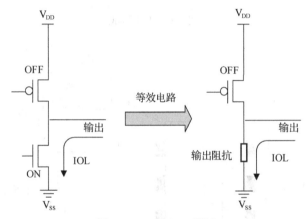

图 8.36　VOL/IOL 测试

（3）输入漏电流测试。

芯片内部的晶体管或多或少都存在一定的漏电流，需要通过测试保证漏电流处于正常的允许范围内。

当芯片的某个输入端口被设定为输入高电平（VIH）时，此端口到芯片地之间的漏电流称为 IIH（Input Leakage in High，IIH），如图 8.37 所示。

当芯片的某个输入端口被设定为输入低电平（VIL）时，芯片电源到此端口之间的漏电流称为 IIL（Input Leakage in Low，IIL），如图 8.38 所示。

在正常操作下，输入端口会被驱动为逻辑 1 或逻辑 0，此时不希望在输入引脚上产生电流。从等效电阻的观点来看，电源与输入引脚之间如同有一个等效电阻，输入引脚与地之间也有一个等效电阻，如果这两个等效电阻趋于无穷大，便不会产生漏电流。

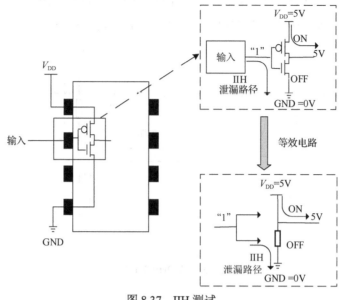

图 8.37　IIH 测试

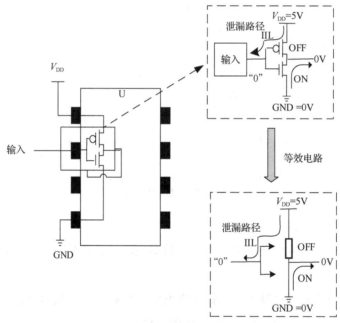

图 8.38　IIL 测试

（4）输出漏电流测试。

在 OFF（Tri-State）状况下，双向端口输出是高阻态。此时，如果输出端口上有电压，那么输出端口与芯片地之间会有漏电流（IOZH）；如果输出端口接地，那么芯片电源与输出端口之间也会有漏电流（IOZL），如图 8.39 所示。这些漏电流必须保持在规范规定的范围内，以确保芯片的正常工作。正常情况下，漏电流应该趋近于零。

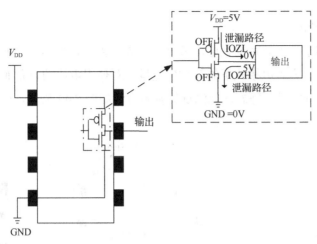

图 8.39　输出漏电流测试

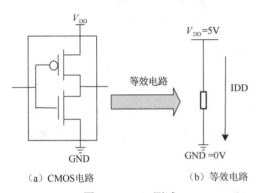

（a）CMOS电路　　　（b）等效电路

图 8.40　IDD 测试

（5）功耗测试。

IDD 是指 CMOS 电路的耗电流量，也就是 PMOS 管的漏极（D 极）到 NMOS 管的漏极（D 极）的电流量，如图 8.40 所示。

一般会在三种情况下测量 IDD：Gross IDD 测试、静态功耗测试和动态功耗测试。

① Gross IDD 测试。

这是电源端口的短路测试（Power Pin Short Test），通常在 Open/Short 测试后马上进行。如果制造过程中存在问题，导致电源与地之间短路，会测试到非常大的电流，同时会损坏测试机。通常 Gross IDD 测试会在晶圆测试或最终测试中进行。Gross IDD 测试的基本方法如图 8.41 所示。

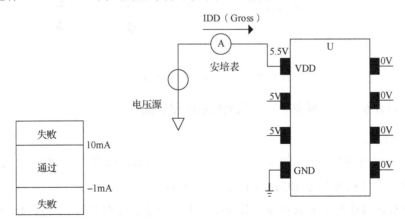

图 8.41　Gross IDD 测试的基本方法

② 静态功耗测试。

测试静态工作条件下芯片的耗电流量时，一般希望测量到芯片的最小耗电量，如果芯片存在省电模式，即为省电模式下的最小耗电量。对使用电池的设备而言，以此参数的测量是相当重要的一项测试。静态功耗测试的基本方法如图 8.42 所示，通过施加前置向量将芯片设置为低功耗状态。

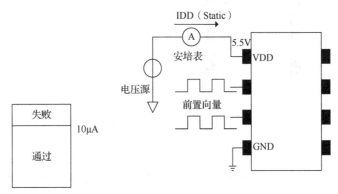

图 8.42　静态功耗测试的基本方法

③ 动态功耗测试。

测试动态工作条件下芯片的耗电流量类似于测试某种工作情况下的功耗，需要满足产品规范中的限定值。对于功耗要求严格的应用方案，此项指标非常重要。动态功耗测试的基本方法如图 8.43 所示。

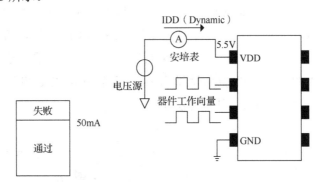

图 8.43　动态功耗测试的基本方法

☺ 下面介绍两个重要概念：输入阻抗和输出驱动能力。

① 输入阻抗。

设计 CMOS 电路时，输入端口会有三种结构：不加阻抗回路、拉高电平阻抗回路（Pull-Ups）、拉低电平阻抗回路（Pull-Downs），如图 8.44 所示。

不加阻抗回路结构下的漏电流应该很小，甚至为零，换句话说，输入阻抗极高。拉高电平阻抗回路是指在输入引脚与电源（V_{DD}）之间设计一个阻抗回路，其阻抗一般比较小，希望输入引脚平时维持在高电平。拉低电平阻抗回路是指在输入引脚与地（V_{SS}）之间设计一个阻抗回路，其阻抗一般也比较小，希望输入引脚平时维持在低电平。特别需要注意的是，具有拉高电平阻抗回路和拉低电平阻抗回路的输入引脚的漏电流比较大。测试时，需要特别注意规格中的说明，不要与一般的漏电流条件相混。

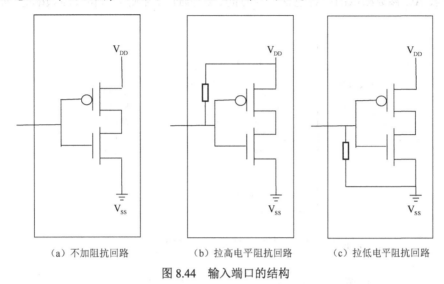

（a）不加阻抗回路　　　　　　（b）拉高电平阻抗回路　　　　　　（c）拉低电平阻抗回路

图 8.44　输入端口的结构

② 输出驱动能力。

输出驱动能力也称为扇出能力。任何数字电路输出都会连接后级的负载电路，如果负载过大，则电路可能无法驱动。当输出为高电平时，下一级的输入高电平电流总和必须小于输出高电平电流，即 $IOH \geqslant \sum IIH$；当输出为低电平时，下一级的输入低电平电流总和必须小于输出低电平电流，即 $IOL \geqslant \sum IIL$，如图 8.45 所示。

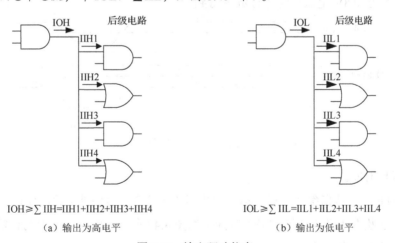

$IOH \geqslant \sum IIH = IIH1 + IIH2 + IIH3 + IIH4$　　　　　$IOL \geqslant \sum IIL = IIL1 + IIL2 + IIL3 + IIL4$

（a）输出为高电平　　　　　　　　　　　　　　（b）输出为低电平

图 8.45　输出驱动能力

如果 CMOS 输入引脚没有拉高电平阻抗回路或拉低电平阻抗回路设计，则其输入阻抗非常大，输入漏电流趋于零，因此 CMOS 电路的输出驱动能力无限大，可以连接无限个后级电路。

3. AC 参数测试

AC 参数测试是基于时间的测量。对输出端口而言，需要测试多长时间才能实现其电压转变。一般 AC 参数测试的内容包括建立时间、保持时间、传输延迟和最高频率等，如图 8.46 所示。

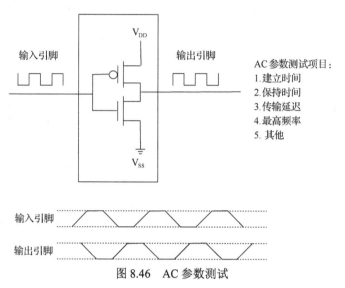

图 8.46　AC 参数测试

（1）建立时间。

建立时间（t_{su}）是指在参考信号达到一定电压点（参考信号使能）前，数据准备好以保证能被正确识别所需的最小时间。如图 8.47 所示，输入数据对写使能信号的建立时间通过写使能信号到达 0.8V 电压点时进行测量得到。

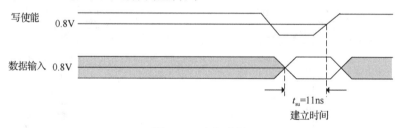

图 8.47　建立时间

（2）保持时间。

保持时间（t_h）是指参考信号到达一定电压点（参考信号使能）后，为了保证读取无误，数据保持当前状态所必需持续的最小时间。如图 8.48 所示，输入数据对写使能信号的保持时间通过写使能信号到达 0.8V 电压点时进行测量得到。

（3）传输延迟。

传输延迟（t_{AA}）是指一个信号的传输与另一个相关信号的传输之间的时间间隔，测量时以特定电压点（如 0.8V）为参考坐标。多数传输延迟测试测量的都是输入信号变化到相应输出信号反应之间的时间间隔，图 8.49 所示的传输延迟是地址起效的时间点到最慢的数据输出引脚达到 0.8V 有效电压点这段时间内的传输延迟。有时也会测量两个输出信号之间的传输延迟，即搜寻这两个信号的相对位置。传输延迟测试也被称为"临界路径测量"。

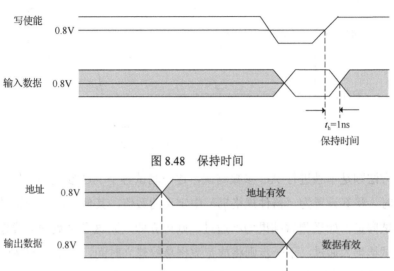

图 8.48　保持时间

图 8.49　传输延迟

（4）最高频率。

最高频率（f_{MAX}）的测试也被称为全速测试，即在最高频率下，测试器件的相关参数是否仍然符合《器件规格书》的要求。进行全速测试时，最短的建立和保持时间、最窄的脉冲宽度、最大的传输延迟都需要在最高的测试频率下验证。由于所有最差的时序条件同时施加于器件，这可能引起附加测试噪声，导致器件失效，所以此测试相当难以实施，在实施前需要仔细阅读《器件规格书》，以确保时序的正确性。

同样，当进行测试需要移动或调整某个控制沿（如时钟的上升沿）时，需确保与其有关的所有时序沿依然保持有效。图 8.50 所示为最高频率测试的时序。

（5）AC 参数测试的方法。

AC 参数测试的目的是保证器件满足时序规格，需要按照《器件规格书》设定的时序参数和信号格式，通过运行一段功能测试向量来实现 AC 参数的测试。

AC 参数测试的方法有两种。

一种方法是在进行某个或多个功能测试时，将所有的 AC 参数设置为最差情形，和功能测试一并进行。此方法可以快速保证器件满足设计规范，但是在不通过结果出现时无法直观地显示错误的来源或原因。

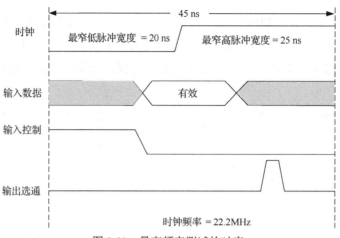

图 8.50　最高频率测试的时序

另一种方法则是单独进行 AC 参数测试，逐一测试各个 AC 参数。例如，测试数据总线建立时间时，将其设置为《器件规格书》中定义的数值，其他 AC 参数则放宽，运行相应的功能测试向量。如果测试结果为不通过，则可立即判断这是由数据总线建立时间导致的。如果测试结果为通过，下一步则将放宽数据总线建立时间，测试另一 AC 参数，持续进行到所有 AC 参数都被验证完毕。此方法可以为良率分析提供更多信息，但是增加了测试时间。

4．测试质量评价

（1）良率。

半导体制造中的良率（Yield）泛指良品生产率，即良品数占总产量的比例，其是检验代工厂和封测厂实力的标准之一，当然，设计企业也需要思考如何提高产品良率。

良率可细分为晶圆（或硅片）良率、晶粒良率和封测良率，总良率则是这三种良率的总乘积，因此，每一道制程的良率都至关重要。良率越高，意味着同一片晶圆上产出通过测试的好芯片数量越多，效能自然也会越好。良率低并不意味着产品损坏或存在故障，因为真有问题的产品在测试过程中已被淘汰，但其效能势必会较差。三种良率的计算公式分别如下。

$$晶圆良率 = \frac{好晶圆数量}{进入工艺流程的所有晶圆数量} \times 100\%$$

$$晶粒良率 = \frac{好晶粒数量}{晶圆上所有晶粒数量} \times 100\%$$

$$封测良率 = \frac{封测后合格的晶粒数量}{好晶粒数量} \times 100\%$$

（2）故障覆盖率和测试覆盖率。

故障覆盖率是指能测试到的故障数占理论上的所有故障数的比例，计算公式为

$$故障覆盖率 = \frac{已测试到的故障数 + 可能测试到的故障数 \times 可能测试到的故障的占比}{理论上的所有故障数} \times 100\%$$

故障覆盖率的分母为理论上的所有故障数，包括不可测试的故障。实际应用中使用更多的是测试覆盖率。

测试覆盖率表征的是芯片在测试过程中能被测试向量测试到的故障数与理论上所有可测试到的故障数之比，可用于衡量被测芯片的测试质量和测试向量的质量。测试覆盖率越高，测试结果的失误就越小。测试覆盖率的计算公式为

$$测试覆盖率 = \frac{已测试到的故障数 + 可能测试到的故障数 \times 可能测试到的故障的占比}{理论上所有可测试到的故障数} \times 100\%$$

（3）缺陷率。

对于确定的工艺，缺陷率（Defect Level，DL）是确定的，可以按下式计算。

$$DL = 1 - Y^{(1-TC)}$$

式中，Y 为良率；TC 为测试覆盖率。缺陷率通常以 DPPM（Defective Parts Per Million）为单位表示。缺陷率与良率、测试覆盖率的关系如图 8.51 所示。当良率为 90% 时，测试覆盖率与缺陷率的关系如图 8.51 中红色区域所示；当良率为 50% 时，测试覆盖率与缺陷率的关系如图 8.51 中黄色区域所示。

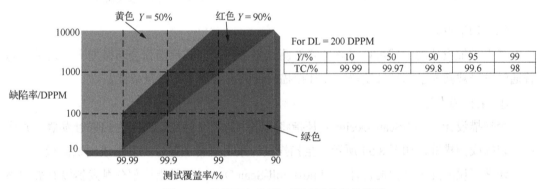

For DL = 200 DPPM

Y/%	10	50	90	95	99
TC/%	99.99	99.97	99.8	99.6	98

图 8.51　缺陷率与良率、测试覆盖率的关系

8.3　扫描测试技术

（1）扫描触发器。

在扫描设计中，电路中的普通触发器被替换为具有扫描能力的扫描触发器。常用的扫描触发器是多路扫描触发器（Multiplexed Flip-Flop），即在普通触发器的输入端口加上一个多路选择器，如图 8.52 所示。

扫描触发器可以用作功能模式下的触发器，也可以用作扫描模式（Scan Mode）下的移位寄存器。功能模式常称为工作模式或普通模式（Normal Mode），而在扫描模式下，扫描

触发器工作在捕获（Capture）和移位（Shift）两种模式下，如图 8.53 所示。扫描触发器在功能模式下的时序路径与捕获模式下的时序路径基本相同。

- 捕获模式：当扫描使能信号 SE=0 时，扫描触发器工作在功能模式或捕获模式，在时钟上升沿，数据端（DI）的输入被采样到输出端。
- 移位模式：当扫描使能信号 SE=1 时，扫描触发器工作在移位模式，扫描输入端（SI）的数据被采样到输出端。

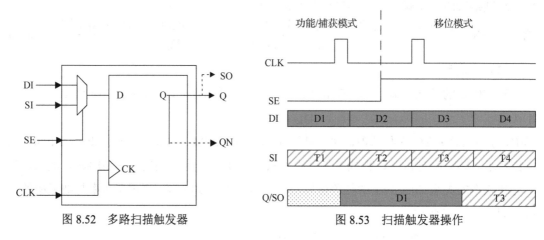

图 8.52　多路扫描触发器　　　　　　　图 8.53　扫描触发器操作

（2）扫描设计。

基于扫描设计的测试可以显著地降低测试复杂性，但芯片面积会略微增大，这是因为普通触发器被换成了扫描触发器，并且扫描设计大大增加了布线复杂性。

① 全扫描设计。

全扫描设计（Full-Scan Design）是指将电路中的所有触发器替换为扫描触发器，并连在一起构成扫描链，如图 8.54 所示。全扫描设计采用组合 ATPG 工具生成测试向量。

通常所说的几乎全扫描设计（Almost Full-Scan Design）是指少部分触发器没有被扫描触发器替换，也没有被测试向量覆盖到，如会影响芯片性能、位于关键路径上的存储单元，会影响芯片功能的时钟和复位单元，被认为微不足道而不值得额外扫描插入的电路等。

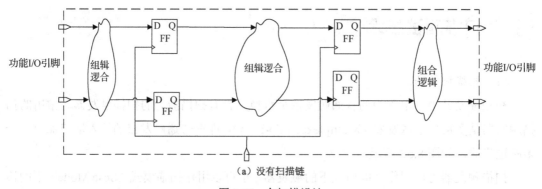

（a）没有扫描链

图 8.54　全扫描设计

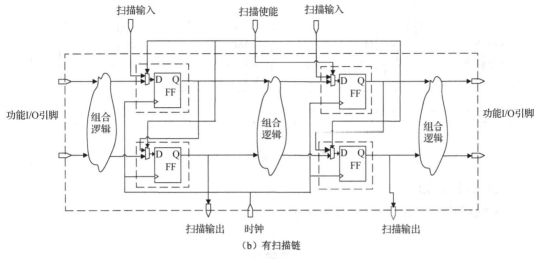

（b）有扫描链

图 8.54 全扫描设计（续）

② 部分扫描设计。

部分扫描设计（Partial-Scan Design）是指将电路中的部分触发器替换为扫描触发器，并连在一起构成扫描链。使用时序 ATPG 工具生成测试向量的运行时间要比使用组合 ATPG 工具生成测试向量的运行时间长数倍，且对内存的要求大得多。

8.3.1 固定型故障测试

固定型故障测试是对制造过程中产生的固定型故障的测试，也称为静态测试（Static Test）或直流测试（DC Test）。利用扫描链可以实现固定型故障测试。

（1）扫描链。

扫描设计将电路中的触发器替换成扫描触发器，并将它们连接起来形成链，包括两个步骤：第一步是扫描替换（Scan Replacement），如图 8.55（a）所示；第二步是扫描连接（Scan Stitching），如图 8.55（b）所示。

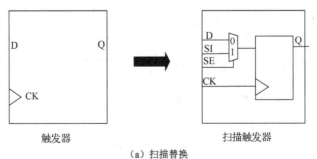

（a）扫描替换

图 8.55 扫描链

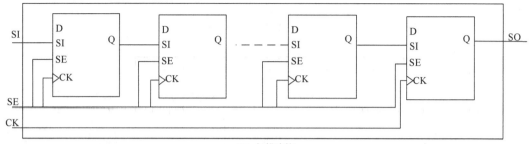

（b）扫描连接

图 8.55　扫描链（续）

（2）扫描链的操作。

扫描链的操作分为五步，如图 8.56 所示。

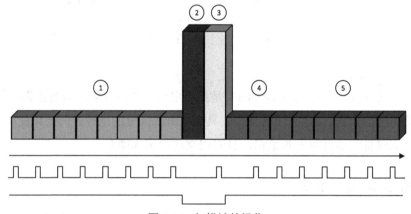

图 8.56　扫描链的操作

第一步是扫描移入（Shift In）。通过扫描移位操作将设计中扫描触发器的输出置为期望值。此时扫描使能信号置为高电平，电路工作在扫描移动测试状态，此过程称为扫描链加载，所需的时钟周期数便为扫描链长度，如图 8.57 所示。

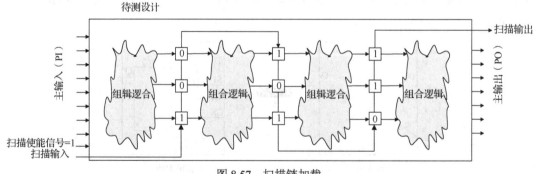

图 8.57　扫描链加载

第二步是激励和测量（Force PI，Measure PO）。先在输入端口施加激励，再测量输出端口的响应，此时扫描使能信号置为低电平，时钟保持不活动状态，如图 8.58 所示。

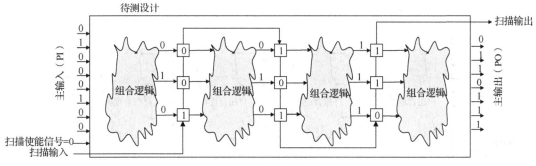

图 8.58　激励和测量

第三步是抓取（Capture）响应。此时扫描使能信号仍置为低电平，但施加一个时钟脉冲，如图 8.59 所示。

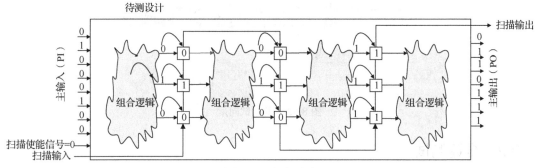

图 8.59　抓取响应

第四步是测量扫描链输出。选通扫描链输出端口，抓取第一个扫描出的数据位，此时扫描使能信号置为高电平，但时钟保持不活动状态，如图 8.60 所示。

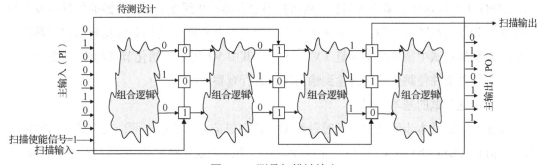

图 8.60　测量扫描链输出

第五步是扫描移出（Shift Out），即移出抓取的电路组合逻辑部分的响应，此时扫描使能信号继续置为高电平，电路工作在扫描移动测试状态，此过程称为扫描链卸载，如图 8.61 所示。

如果需要施加多个测试向量，那么在前一个测试响应移出的同时就可以移入当前电路的测试激励，如图 8.62 所示。传统上，扫描时钟的频率一般为 10～40MHz。

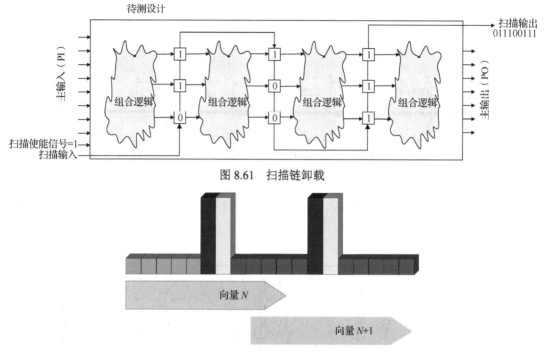

图 8.61 扫描链卸载

图 8.62 多测试向量

8.3.2 全速测试

全速测试是针对制造工艺中的跳变故障（Transition Fault）进行的测试，也称为动态测试（Dynamic Test）或交流测试（AC Test）。最常用的全速扫描向量（Scan Pattern）是跳变向量（Transition Pattern）。电路中每个门端（Gate Terminal）都可能存在上升和下降跳变故障，ATPG 工具以这些故障点为目标，利用扫描触发器产生跳变，并用下游的扫描触发器捕获结果。为了检测跳变故障，需要在节点上进行跳变并将跳变传输到可观察的输出端口。因此，在全速测试中需要两个向量（V1、V2），其中 V1 用于初始化节点的值，V2 用于在节点上进行跳变并使跳变能被传输到输出端口进行观察。

（1）全速测试的基本步骤。

全速测试的基本步骤是先以低时钟频率加载扫描链，然后插入两个工作频率的时钟。第一个时钟（Launch Clock）产生一个跳变，从一个扫描触发器启动一个传播，第二个时钟（Capture Clock）在被测路径的末端捕获扫描触发器值，如图 8.63 所示。

如果电路工作正常，则跳变将被及时传播到路径的末端，并捕获到正确的扫描触发器值。如果有一个延迟造成慢速传播，则从触发到捕获之间的跳变将减缓，并捕获到错误的扫描触发器值，从而检测到缺陷。

有两种基于扫描的全速测试方法：捕获启动（Launch-on-Capture）和移动启动（Launch-on-Shift）。

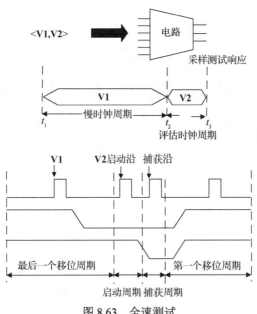

图 8.63　全速测试

在捕获启动方法中，第一个向量被扫描进来，第二个向量由第一个向量的功能函数生成，捕获启动方法也称为 Broadside Transition 测试法，跳变启动（Launch）发生在扫描链的捕获模式下。

在移动启动方法中，第一个向量被扫描进来，第二个向量是第一个向量的移位。移动启动方法也称为 Skewed-Load Transition 测试法，跳变启动发生在扫描链的移位模式下。

① 捕获启动。

在捕获启动方法中，最常见的全速跳变向量是 Broadside 向量。使用此向量时，先加载扫描链，然后置扫描使能信号为低电平，即将电路置为捕获模式，接下来生成两个脉冲以启动和捕获跳变。有时该向量要额外增加一个时钟周期，以确保扫描使能信号完全稳定。由于在捕获模式下启动跳变，因此很可能沿着实际功能路径传播跳变，如图 8.64 所示。

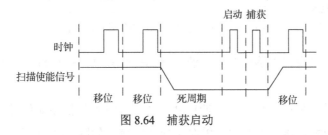

图 8.64　捕获启动

测试过程的第一步是将电路设置为扫描模式，使用慢扫描时钟将第一个测试向量移入扫描链，并在主输入端设置预定值，该值由测试算法和结构决定，如图 8.65 所示。

第二步是将电路设置为捕获模式，如果扫描使能信号不能全速运行或系统时钟频率非常高，则插入空余时钟周期，以确保扫描使能信号完全稳定，如图 8.66 所示。

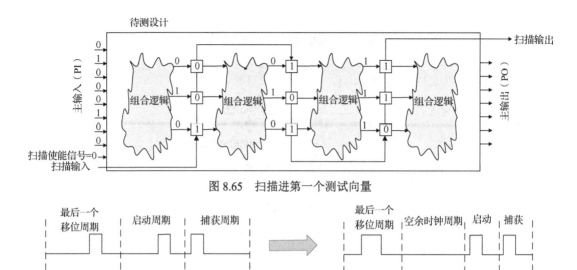

图 8.65 扫描进第一个测试向量

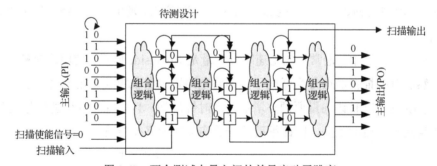

图 8.66 插入空余时钟周期

第三步是在捕获模式下，施加两个系统时钟，两个系统时钟之间的周期等于功能时钟周期，因此可以捕获到功能时钟频率下的延迟。通过第一个系统时钟，扫描触发器捕获扫描进去的第一个测试向量；通过第二个系统时钟，捕获由第一个测试向量导出的第二个测试向量；两个测试向量之间的差异启动了跳变。在图 8.67 中，扫描触发器输出跳变为 100101011→010010111。

图 8.67 两个测试向量之间的差异启动了跳变

第四步是将电路设置为移位模式，使用慢扫描时钟移出扫描链中的值。

② 移位启动。

在加载扫描链的最后一个移位周期启动跳变，同时置扫描使能信号为低电平，即快速将电路置为捕获模式，接下来利用功能时钟捕获跳变，如图 8.68 所示。

测试过程的第一步是将电路设置为移位模式，使用慢扫描时钟将第一个测试向量移入扫描链，并在主输入端设置预定值，如图 8.69 所示。

第二步是从扫描输入端新移入一个比特位，形成第二个测试向量，即 010010101。两个测试向量之间的差异启动了跳变。与此同时，快速改变扫描使能信号，将电路置为捕获模式。

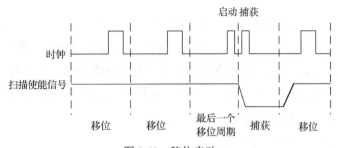

图 8.68　移位启动

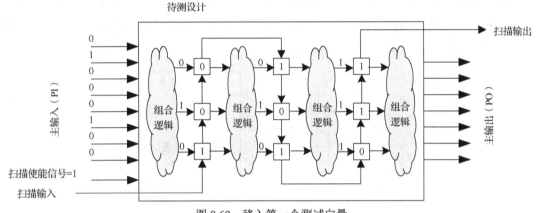

图 8.69　移入第一个测试向量

第三步是在捕获模式下，施加一次系统时钟，捕获组合逻辑的输出。

第四步是将电路重新设置为移位模式，使用慢扫描时钟移出扫描链中的值，如图 8.70 所示。

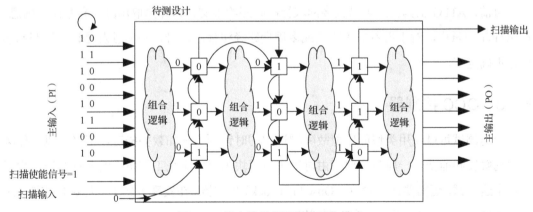

图 8.70　将电路重新设置为移位模式

（2）应用限制。

因为电路在启动跳变期间处于捕获模式，捕获启动方法需要利用 ATPG 工具计算出通过组合逻辑的跳变值。相比之下，移位启动方法利用 ATPG 工具计算的过程比较简单且测试覆盖率较高，但是其应用受到两方面的限制：一方面，跳变发生时，电路从移位模式切换为捕获模式，由于扫描使能信号要连接到所有时序元件上，因此其被当作全局时钟处理，必须保持在系统时钟频率上，需要为其增加一级流水线来降低时序收敛的困难程度，如图 8.71 所示；另一方面，有些测试路径并非功能模式下的路径，因此测试向量产生了一些正常工作期间并不存在的跳变，测试非功能性逻辑可能会错误地报告虚假故障并导致良率降低。因此，实际应用中仍以捕获启动方法为主。

（3）考虑虚假路径和多周期路径。

在设计过程中，很多路径都被确定为虚假路径或多周期路径，并在标准时序约束（SDC）文件中列出。其中，虚假路径可能在正常工作时不会出现或者不能满足系统时钟的频率要求，多周期路径则需要一个以上的时钟周期。

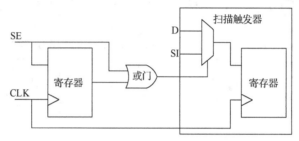

图 8.71　为扫描使能信号增加流水线

在全速测试期间，虚假路径和多周期路径可能出现在测试路径中，如果因此导致全速测试失败，则可能错误地废弃那些功能正常的器件，从而导致良率损失，为此工程师们需要通过仿真、程序测试来确认虚假路径和多周期路径不会影响电路的正常功能。

目前，ATPG 工具已经可以直接读取标准时序约束文件，并提取出时序异常路径信息。在 ATPG 向量中，对于沿着虚假路径或多周期路径传播的信号，扫描触发器认为捕获到的值是不确定值。

8.3.3　OCC 控制器

全速测试可以使用类似固定型故障测试中的时钟频率来加载扫描链，但必须以工作频率启动触发和捕获。一般芯片内部由时钟生成模块来提供系统工作所需的各种时钟，为了支持全速测试，还需要加入 OCC（On-Chip Clock）控制器。在实现方式上，大多采用在 RTL 设计中集成 OCC 控制器的方式，也可以利用工具插入。

OCC 控制器需要支持工作模式、固定型故障测试模式和全速测试模式。其在工作模式下输出工作时钟，在固定型故障测试模式下输出测试时钟，在全速测试模式下受扫描使能信号控制输出测试时钟和启动、捕获两个工作时钟。图 8.72 所示为常用的 OCC 控制器原理图。

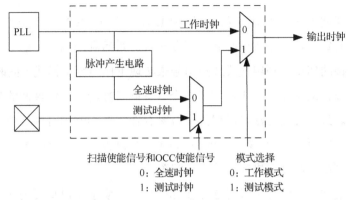

图 8.72　常用的 OCC 控制器原理图

OCC 控制器的内部模块结构示意图如图 8.73 所示，主要由同步电路、延时电路、脉冲产生电路和时钟选择电路构成。

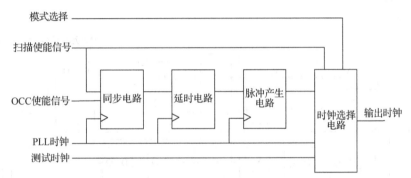

图 8.73　OCC 控制器的内部模块结构示意图

其中，同步电路对扫描使能信号和 OCC 使能信号进行同步处理以避免出现亚稳态；延时电路进一步对同步后的扫描使能信号进行延时，确保扫描使能信号稳定到达所有扫描触发器，此电路可根据需要来决定是否添加；脉冲产生电路用于选通全速测试所需的工作时钟；时钟选择电路用于不同测试时钟的切换。OCC 控制器实现如图 8.74 所示。

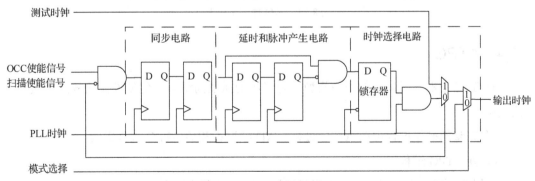

图 8.74　OCC 控制器实现

图 8.74 中，前 2 个触发器实现扫描使能信号和 OCC 使能信号的同步，后 2 个触发器

和与门产生 2 个周期长度的控制信号，用作 PLL 时钟的门控以生成 2 个工作时钟，第一个工作时钟为启动时钟，第二个工作时钟为捕获时钟。最后利用扫描使能信号来实现全速测试中不同阶段时钟的切换，利用模式选择信号来实现工作与测试模式下的时钟切换。

在多时钟域设计的全速测试中，如果多个时钟同时翻转，时钟域间的相互作用可能导致捕获值不确定。最可行的办法是确保同一时刻存在相互影响的时钟域中只有一个输出功能时钟，可通过 OCC 使能信号来打开或关闭 OCC 控制器，该使能信号来自扫描链中的触发器，可在全速测试前通过扫描链对其进行配置。

全速测试中最常见的情况是只有 2 个工作时钟，事实上可以扩展为任意个工作时钟，通过在脉冲产生电路中增加脉冲选择信号可以控制全速测试中工作时钟的个数，大大增加电路的通用性，如图 8.75 所示。该选择信号可以由扫描链上的一组触发器输出，在全速测试前预先设定。

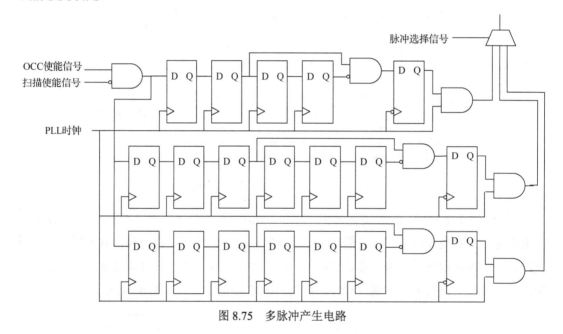

图 8.75　多脉冲产生电路

8.3.4　ATPG

ATPG 是指根据所采用的故障模型确定最小的激励向量集，促使设计的故障覆盖率达到期望值。

一个完整的操作过程由前 ATPG 过程、ATPG 过程和后 ATPG 过程组成。

（1）前 ATPG 过程。

① 创造 ATPG 库：创造 ATPG 工具能够识别的标准单元库。

② 设计描述格式化：将设计描述的格式转换为 ATPG 工具能够识别的格式。

③ 建立 ATPG 约束：为了使 ATPG 过程顺利进行，必须对测试控制信号和相关信号建立适当约束。

（2）ATPG 过程。

① 随机性向量生成。

首先随机给出一些测试激励，通过故障仿真获得相应的期望响应，组成测试向量；然后通过故障仿真分析获知已被现有测试向量覆盖的故障，并将其从故障列表中删除。这是一个由测试向量到故障的过程。

② 决定性向量生成。

当随机增加测试向量对提高故障覆盖率的贡献很小时，下一步是增加决定性向量。先从故障列表中挑选一个故障，再根据敏化通路技术，确定相应的测试向量。这是一个由故障到测试向量的过程。

（3）后 ATPG 过程。

① 测试向量压缩。

由上述的 ATPG 过程生成的测试向量还可进行合并，以进一步减少测试图形的数量。静态压缩（Static Compression）可以移除一些冗余向量（Redundant Pattern），动态压缩（Dynamic Compression）则可以利用同一个测试向量测试多个故障目标（Fault Target），从而压缩测试向量的数量。先进的 ATPG 工具还使用多时钟压缩（Multi-Clock Compression）、算法增强（Algorithm Enhancements）、优化模式顺序（Optimized Pattern Orders）等来压缩测试向量。

② 测试向量格式化。

ATPG 工具生成的测试向量格式需要转换为测试设备能识别的格式。

③ 测试向量验证。

ATPG 工具生成的测试向量不考虑延时，后续需要将布局布线后生成的时序文件反标到门级网表中，以进行后仿。

较大的芯片先进行模块级 ATPG 并验证，达到一定的故障覆盖率以后提交给芯片顶层，然后进行芯片级 ATPG 并验证，直至达到所期望的故障覆盖率为止，如图 8.76 所示。

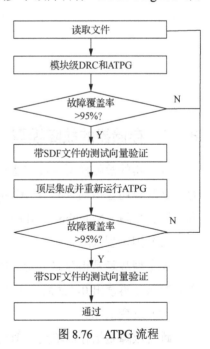

图 8.76　ATPG 流程

8.4　MBIST 技术

BIST 技术是指在芯片设计中加入一些额外的自测试电路，其测试向量由内部生成，而非外部输入。测试时只需要从外部施加必要的控制信号，通过运行内置的自测试硬件和软件检查被测电路故障。BIST 技术可以简化测试步骤，避免使用昂贵的测试仪器和设备，但会增加芯片设计的复杂性，如图 8.77 所示。

BIST 技术是一种结构性 DFT 技术，可以测试多种类型的电路，包括随机逻辑器件和规整的电路结构，如数据通道和存储器等。BIST 技术通常可分为逻辑内建自测试（Logic BIST，LBIST）技术和 MBIST 技术，最常用的是 MBIST 技术。

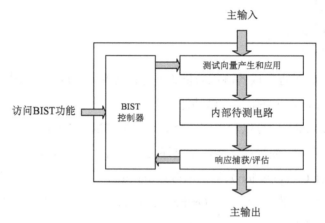

图 8.77　BIST 技术

8.4.1　存储器的故障模型

存储器的故障模型与数字逻辑的故障模型有着显著不同，除固定型故障和跳变故障外，存储器故障还包括耦合故障（Coupling Fault）、数据保留故障（Data Retention Fault）、临近向量敏感故障（Neighborhood Pattern Sensitive Fault）等。

（1）固定型故障。

固定型故障是指存储单元的值固定在 0 或 1，无法改变。固定型故障可以通过对待测单元写入 0 再读出 0，然后写入 1 再读出 1 来进行检测。

（2）跳变故障。

跳变故障是指存储单元的值无法从 0 跳变到 1 或者从 1 跳变到 0。跳变故障可以通过写入 1 到 0 的跳变再读出 0，然后写入 0 到 1 的跳变再读出 1 来进行检测。

（3）耦合故障。

耦合故障是指对 RAM 的一个存储单元进行写操作时，此存储单元发生的跳变会影响到另一个存储单元的内容。耦合故障包含以下几种。

① 反相耦合故障：耦合单元的状态变化与存储单元相反。

② 等幂耦合故障：当某个存储单元的值发生跳变时，耦合单元的值变为特定值（0 或者 1）。

③ 状态耦合故障：存储单元的某个特定状态使耦合单元跳变为某一状态（0 或者 1）。

④ 桥接故障：由两个或多个存储单元之间的短路或者桥接所引起的故障。

耦合故障可以通过先升序对所有存储单元进行写、读操作，再降序对所有存储单元进行写、读操作的方法来进行检测。

（4）临近向量敏感故障。

临近向量敏感故障是指一个存储单元的内容或者其改变能力受到另一个存储单元内容的影响，如图 8.78 所示。

（5）地址译码故障。

地址与存储单元一一对应，一旦地址译码逻辑发生故障，即出现地址译码故障（Address Decode Fault），就会出现以下 4 种故障中的一种或多种。

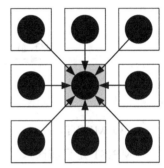

图 8.78　临近向量敏感故障

① 对于给定的地址，不存在相对应的存储单元。

② 对于一个存储单元，没有相对应的地址。

③ 对于给定的地址，可以访问多个固定的存储单元。

④ 对于一个存储单元，可以通过多个地址对其进行访问。

（6）数据保留故障。

数据保留故障是指存储单元不能在规定时间内有效保持其数据值而出现的故障。这是一类动态故障，可以模拟 DRAM 数据刷新中数据固定和 SRAM 静态数据丢失等故障，对 ROM 和闪存十分重要。

8.4.2　嵌入式存储器的可测试设计技术

嵌入式存储器的可测试设计技术包括直接测试、利用嵌入式处理器进行测试和 MBIST。

（1）直接测试。

直接测试是指利用自动测试设备进行测试，可以轻易实现多种高质量测试算法。在测试机台上实现的算法越复杂，对测试机台的存储器容量要求越高，测试费用也越高；在测试机台上不易实现对嵌入式存储器的全速测试。此外，受芯片引脚限制，对芯片内的大容量嵌入式存储器进行直接测试往往不太现实。

（2）利用嵌入式处理器进行测试。

利用嵌入式处理器进行测试时，测试算法的修改和实现可以通过灵活修改处理器软件程序来完成，而不需要修改硬件，如图 8.79 所示。但是处理器并没有与所有嵌入式存储器直接相连，通过编写或修改软件程序实现测试算法需要耗费大量人力，也很难对存储程序的存储器进行测试。

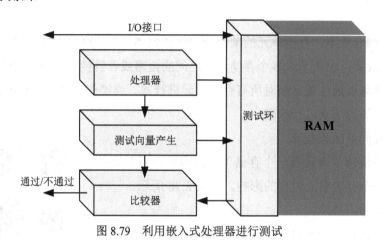

图 8.79　利用嵌入式处理器进行测试

（3）MBIST。

MBIST 是目前嵌入式存储器可测试设计的主流技术，以合理的面积开销对单个嵌入式存储器进行彻底的测试。MBIST 又可分为 RAM BIST 和 ROM BIST。

MBIST 可以自动实现通用存储器测试算法，达到高测试质量、低测试成本的目的；可以利用系统时钟进行全速测试，从而覆盖更多缺陷，缩短测试时间；可以为每一个存储单元提供自诊断功能（Self-Diagnosis Function）和自修复功能（Self-Repair Function）。

由于 RAM 可读可写，因此要从读和写两个方面对其进行测试，RAM BIST 的原理如图 8.80 所示。RAM BIST 的关键在于施加测试向量的时序，最常用的是 March 算法。

ROM 所存数据在正常工作状态下只能读取，不能即时修改或重新写入，因此 ROM BIST 没有测试向量生成电路。ROM BIST 的原理如图 8.81 所示。由于 ROM 中的信息多种多样，因此其响应分析非常复杂。一种常用的响应分析器是多输入特征寄存器（Multiple Input Signature Register，MISR），其原理是先对输出响应进行压缩得到响应特征，再针对该响应特征进行比对，从而确认 ROM 数据的正确性和可靠性。

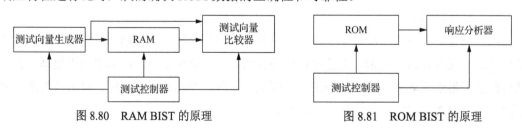

图 8.80　RAM BIST 的原理　　　　　　图 8.81　ROM BIST 的原理

（1）MBIST 功能。

通常情况下，MBIST 电路可以筛选出失效器件。特殊的 MBIST 电路还可以提供自诊断和自修复功能。通过添加冗余或备用的存储单元行和列，及时将测试中的故障进行修复和替换。

（2）MBIST 算法。

针对 RAM 和 ROM 共有的故障类型，MBIST 可以基于各种算法生成多种测试向量，每种测试向量都着重测试一种特定的电路类型或故障类型。

March 算法是比较流行的存储器测试方法，可检测出绝大多数常见的存储器缺陷。其基本思想是反复对每一个地址进行读/写 0 或 1 操作，保证每 2 个字节之间的测试码出现 00、01、10、11 四种情况至少各一次；为了检查高低地址读/写顺序故障，分别进行地址递增和地址递减两种操作。自提出后，March 算法已进行过多次改进，出现了很多变种，构成了一个高效嵌入式存储器测试方法集。

（3）MBIST 架构。

存储器电路模型一般由 3 个基本模块组成：地址解码器、读/写控制电路和存储单元阵列，如图 8.82 所示。

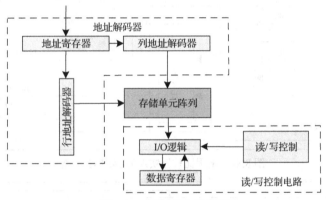

图 8.82　存储器电路模型

MBIST 设计针对存储器的一种或多种缺陷特别设计一种或多种测试算法，其实现电路包括测试向量产生电路、BIST 控制电路和响应分析器三部分。不同的测试算法的测试向量产生电路可生成多种测试向量，有限状态机控制 BIST 控制电路对存储器的读/写操作，响应分析器可以用比较器实现，也可以用 MISR 电路实现。

MBIST 电路执行 3 项基本操作：将测试向量写入存储器、读回结果、将读回的结果与预期结果相比较，如图 8.83 所示。

采用比较器实现的 MBIST 电路如图 8.84 所示，该电路提供了 2 个标志输出信号：测试结束（test_done）和失败标记（fail_h），以通知系统测试进程的状态和结果。测试结束时，test_done 置为高电平；在测试过程中发现错误时，fail_h 置为高电平并保持至测试结束。

采用 MISR 实现的 MBIST 电路如图 8.85 所示。

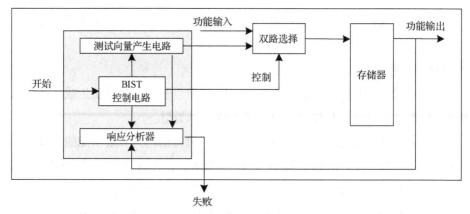

图 8.83　MBIST 电路

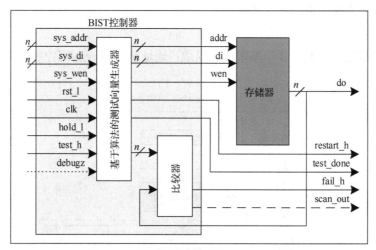

图 8.84　采用比较器实现的 MBIST 电路

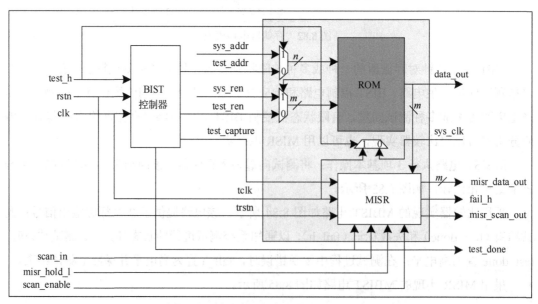

图 8.85　采用 MISR 实现的 MBIST 电路

图 8.86 所示为带扫描旁路的 MBIST 电路。在测试模式下，将输入和输出连接起来可使原来不可控和不可观察的逻辑变化反映到扫描链上，使之变得间接可控和可观察，从而提高整个芯片的测试覆盖率。RAM 的输入位宽大于输出位宽，故可用异或门连接，此时可设置所有其他输入为 0 或 1。

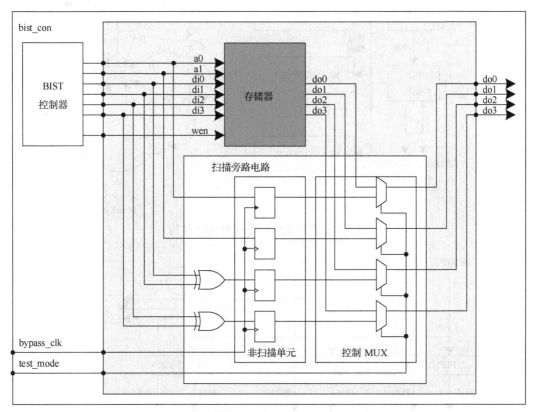

图 8.86 带扫描旁路电路的 MBIST 电路

（4）多片 SRAM 的 MBIST 结构。

对于图 8.87 所示的多片 SRAM 串行 MBIST 结构，由于嵌入的 SRAM 大小各不相同，其前端实现较复杂。复用同一套 MBIST 结构虽然可以节省面积，但不利于时序收敛及绕线，往往需要使 SRAM 靠近与之有逻辑关系的功能单元，从而为芯片整体物理版图的设计带来限制；当 SRAM 的数量较大时，逐一测试虽然能降低功耗，但可能导致测试时间延长，测试成本提高。

对于图 8.88 所示的多片 SRAM 并行 MBIST 结构，由于 SRAM 各成体系、互不干扰，前、后端实现都很容易，因此芯片的测试时间短，但会增加芯片的面积和功耗，当功耗超过电源网络供电上限时会导致芯片烧掉。

😊 MBIST EDA 工具

MBIST EDA 工具支持多种测试算法，可针对一个或多个嵌入式存储器自动创建 RAM

BIST 逻辑，并完成 RAM BIST 逻辑与嵌入式存储器的连接；能够在多个嵌入式存储器之间共享 BIST 控制器，实现并行测试。此外，其还具有故障的自动诊断功能。

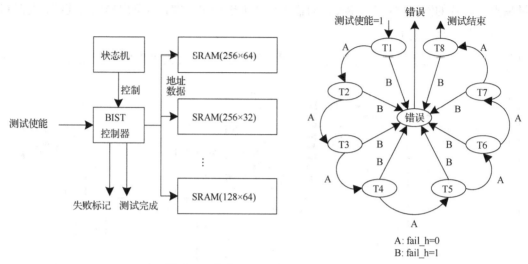

图 8.87 多片 SRAM 串行 MBIST 结构

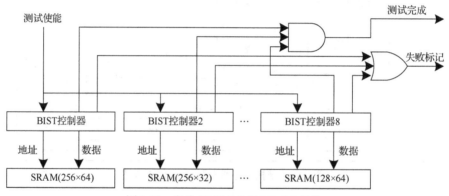

图 8.88 多片 SRAM 并行 MBIST 结构

8.5 边界扫描测试技术

边界扫描测试是一种可测试结构技术，是为解决印制电路板（PCB）上芯片与芯片之间的互连测试提出的解决方案，于 1990 年成为 IEEE 标准，即 IEEE 1149.1，通常又称为 JTAG 调试标准，该标准规定了边界扫描的测试端口、测试结构和操作指令，其核心是在芯片引脚与内核逻辑之间添加边界扫描单元，如图 8.89 所示。JTAG 协议的主要功能有两种：一种是用于测试芯片的电气特性；另一种是用于芯片调试。现在大多数的高级器件都支持 JTAG 协议，如 ARM 处理器、DSP 和 FPGA 等。

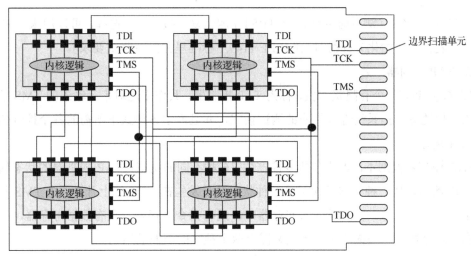

图 8.89　边界扫描测试

8.5.1　JTAG 总线

（1）JTAG 结构。

JTAG 结构主要包括 TAP（Test Access Port，测试访问接口）、TAP 控制器（TAP Controller）和寄存器组，如图 8.90 所示。

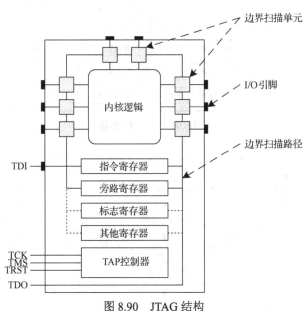

图 8.90　JTAG 结构

① TAP。

TAP 是一个通用接口，通过 TAP 可以访问 JTAG 结构中的寄存器组，包括旁路寄存器、标志寄存器、指令寄存器和数据寄存器等，边界扫描链是数据寄存器的一种。

JTAG 接口分为 TDI（测试数据输入接口）、TDO（测试数据输出接口）、TMS（测试模式选择接口）、TCK（测试时钟接口）、TRST［测试复位接口，可选择，可以用来对 TAP 控制器进行复位（初始化），此接口在 IEEE 1149.1 标准里并没有强制要求］。

② TAP 控制器。

JTAG 内部有一个有限状态机，称为 TAP 控制器，其作用是对串行输入的 TMS 信号进行译码，使边界扫描系统进入相应的测试模式，并且产生该模式下所需的各个控制信号，如图 8.91 所示。

TAP 控制器根据不同的操作指令能产生 16 种不同的状态，TAP 控制器的状态转移图如图 8.92 所示。从一种状态切换至另一种状态总是发生在 TCK 的上升沿，由 TMS 从两种状态中选择一种状态。在测试向量寄存器中，既有指令寄存器，又有数据寄存器，为了区分是指令还是数据，扫描链路中的状态图有两个独立的类似的结构。

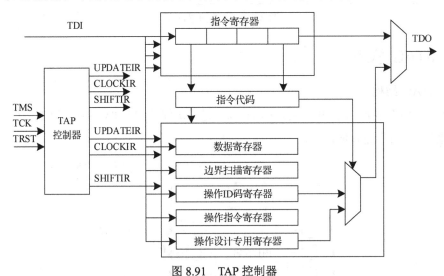

图 8.91　TAP 控制器

图 8.92　TAP 控制器的状态转移图

（2）JTAG 接口标准。

目前，JTAG 接口的连接有三种标准，即 10 针接口、14 针接口和 20 针接口，其对应的引脚和描述如表 8.2 所示。

表 8.2 JTAG 接口对应的引脚和描述

10 针接口	14 针接口	20 针接口	引脚	描述
2	13	2	VCC	电源
10	2、4、6、8、10、14	4、6、8、10、12、14、16、18、20	GND	
9	9	9	TCK	测试时钟
5	5	5	TDI	测试数据输入
6	11	13	TDO	测试数据输出
7	7	7	TMS	测试模式选择
3	3	3	nTRST	测试系统复位信号
4	12	15	nRESET	目标系统复位信号
1	1	1	VTref	目标板参考电压，接电源
8		11	RTCK	测试时钟返回信号
		17、19	NC	空脚

8.5.2 边界扫描

边界扫描是指在芯片的每一个 I/O 引脚上增加一个存储单元，将这些存储单元连成一个扫描通路，构成一条扫描链。由于此扫描链分布在芯片的边缘，故称为边界扫描链。

边界扫描一般与 JTAG 混称。但除了边界扫描，JTAG 还可以实现对芯片内部某些信号的控制。

图 8.93 中，在内核逻辑与 I/O 引脚之间增加了一个名为边界扫描单元（Boundary Scan Cell，BSC）的多功能存储器。

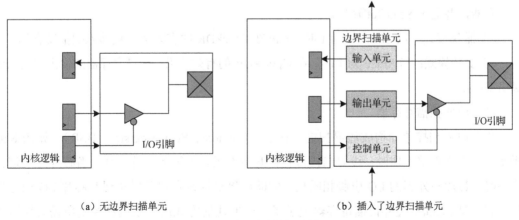

（a）无边界扫描单元　　　　　　　　　　（b）插入了边界扫描单元

图 8.93 边界扫描单元的插入

（1）边界扫描单元。

图 8.94 所示为带移位和更新节点的标准边界扫描单元的结构和真值表。

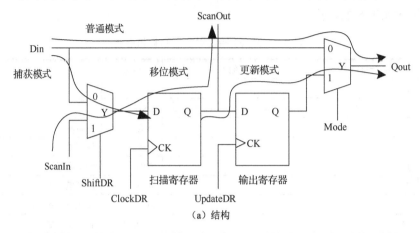

（a）结构

模式	ShiftDR	ClockDR	UpdateDR	Mode
普通模式				0
移位模式	1	×		
捕获模式	0	×		
更新模式			×	1

（b）真值表

图 8.94　带移位和更新节点的标准边界扫描单元的结构和真值表

（2）边界扫描单元的操作。

① 普通模式：当 Mode 为 0 时，边界扫描单元处于普通模式，Din 通过多路选择器传输到 Qout。

② 移位模式：当 ShiftDR 为 1 时，扫描数据 ScanIn 在 ClockDR 的有效边沿被移入扫描寄存器，并通过 ScanOut 输出。

③ 捕获模式：当 ShiftDR 为 1 时，Din 在 ClockDR 的有效边沿被移入扫描寄存器。

④ 更新模式：当 Mode 为 1 时，在 UpdateDR 的有效边沿，扫描寄存器的输出被更新到输出寄存器。

（3）边界扫描寄存器。

所有边界扫描单元构成边界扫描寄存器（Boundary Scan Register，BSR），如图 8.95 所示。当芯片正常工作时，边界扫描寄存器是透明的，不影响芯片工作；当芯片处于调试状态时，芯片与外围的 I/O 引脚相隔离，借助边界扫描寄存器可以实现对芯片 I/O 信号的观察和控制。因此，边界扫描寄存器提供了一个便捷的方式用以观测和控制所需要调试的芯片。

（4）边界扫描链。

芯片 I/O 引脚上的边界扫描寄存器可以相互连接起来，在芯片的周围形成一个边界扫描链。芯片通常会提供一条或多条独立的边界扫描链，用以实现完整的测试功能。

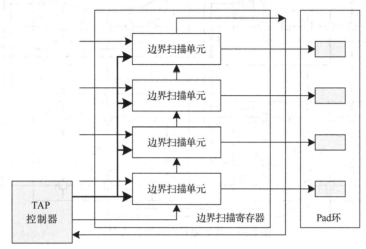

图 8.95 边界扫描寄存器

（5）边界扫描原理。

通过边界扫描链可以将数据串行输入被测单元，并且从相应端口串行读出。在此过程中，可以实现以下 3 方面的测试。

① 芯片级测试：对芯片本身进行测试和调试。芯片工作在普通模式，通过从输入端输入测试向量，并观察串行移位的输出响应进行调试。

② 板级测试：检测集成电路和 PCB 之间的互连。将一块 PCB 上所有具有边界扫描功能的集成电路中的边界扫描寄存器连接在一起，通过一定的测试向量可以发现器件是否丢失或者摆放错误，同时可以检测引脚的开路和短路故障。

③ 系统级测试：在板级集成后，通过对板上 CPLD 或者闪存的在线编程，实现系统级测试。

其中，最主要的功能是进行芯片的板级测试。

JTAG 测试允许多个器件通过 JTAG 接口串联在一起，形成一个 JTAG 链（又称菊花链），其可以实现对各个器件的单独测试。在图 8.96 所示的菊花链结构中，连接 JTAG 接口 TDO 的器件为菊花链上的第一个器件，连接 JTAG 接口 TDI 的器件为菊花链上的最后一个器件。前一个器件的 TDI 和后一个器件的 TDO 连接在一起，菊花链上所有器件的 TMS、TCK 连接在一起。

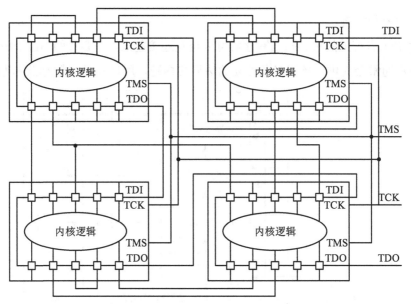

图 8.96　基于边界扫描的板级测试

小结

- DFT 是指在芯片设计过程中引入测试逻辑，增加电路中信号的可控性和可观察性，通过电路实际输出与期望值的对比来确定电路工作的正确性，从而快速筛选量产芯片。

- DFT 的测试方法可分为特定 DFT 和结构性 DFT，主要使用两种设计流程：在 RTL 设计阶段插入 DFT 和在网表中插入 DFT。

- 缺陷是指在芯片制造过程中，因加工条件不正常和工艺设计有误等造成的开路、短路等物理异常；故障是指由缺陷引起的电路异常；误差是指由故障导致的系统功能偏差和错误；漏洞是指由设计问题造成的功能错误。

- 在芯片测试中，通过测量芯片的实际输出并将其与预期输出相比较来确定或评估内部电路功能和性能。半导体制造中的良率泛指良品生产率，是检验代工厂和封测厂实力的标准之一。

- 在扫描设计中，将电路中的普通触发器替换为扫描触发器，并连接起来形成扫描链，通过测试向量实现固定型故障测试和全速测试。

- 在 BIST 技术中，从外部施加必要的控制信号，通过运行内置的自测试硬件和软件来检查被测电路故障。其中 MBIST 技术最为常用。

- 在边界扫描测试技术中，在芯片引脚与内核逻辑之间增加边界扫描单元，然后连接成扫描链，可以控制和观察芯片引脚和内部电路的状态。